高等学校数字智能产教融合系列教材

U0749112

计算机网络实训

胡燕 程德杰 周子恒 主编

景旭 陈志忠 张毅华 寇伟 李珂 杨培会 副主编

清华大学出版社

北京

内 容 简 介

本书依据计算机网络技术岗位的需求精心设计,涵盖新建公司基础网络搭建、公司内部网络保障、公司集团化网络服务、公司边界网络部署、公司网络安全防护、公司业务对外服务以及网络综合实践 7 个项目。每个项目基于实际工作任务设计学习任务,旨在帮助学生提升中小型网络的设计与实施能力。

本书既适用于计算机网络技术及相关专业的学生,也适用于信息技术领域的从业人员,以及对计算机网络技术感兴趣的非专业人士。

图书在版编目(CIP)数据

计算机网络实训 / 胡燕,程德杰,周子恒主编.
北京 : 清华大学出版社,2025.6. -- (高等学校数字
智能产教融合系列教材). -- ISBN 978-7-302-69669-8

Ⅰ. TP393

中国国家版本馆 CIP 数据核字第 20259E8C45 号

责任编辑:田在儒
封面设计:刘 键
责任校对:刘 静
责任印制:沈 露

出版发行:清华大学出版社
   网   址:https://www.tup.com.cn,https://www.wqxuetang.com
   地   址:北京清华大学学研大厦 A 座   邮 编:100084
   社 总 机:010-83470000   邮 购:010-62786544
   投稿与读者服务:010-62776969,c-service@tup.tsinghua.edu.cn
   质量反馈:010-62772015,zhiliang@tup.tsinghua.edu.cn
   课件下载:https://www.tup.com.cn,010-83470410
印 装 者:天津鑫丰华印务有限公司
经 销:全国新华书店
开 本:185mm×260mm 印 张:16   字 数:387 千字
版 次:2025 年 6 月第 1 版   印 次:2025 年 6 月第 1 次印刷
定 价:49.00 元

产品编号:109830-01

前 言

随着信息技术的迅猛发展,计算机网络已经成为现代社会不可或缺的基础设施。无论在教育、医疗、金融领域,还是在工业、交通、军事等领域,计算机网络都发挥着至关重要的作用。编者作为高职教师,深知培养具备实际操作能力和职业素养的网络技术人才的重要性。因此,结合多年的教学经验和行业需求,编写了本书,旨在帮助学生系统地掌握计算机网络的基础知识和实用技能。

一、教材编写的背景与意义

1. 行业需求驱动

随着互联网的普及和物联网、云计算、大数据等新兴技术的兴起,计算机网络人才的需求日益旺盛。特别是在新华三(H3C)这样的网络设备厂商的推动下,网络技术的更新换代速度不断加快,对技术人员的专业素养提出了更高的要求。因此,编写一本紧密结合行业实际、注重实践操作的计算机网络实训教材显得尤为迫切。

2. 教学改革的需要

传统的计算机网络教学往往注重理论知识的传授,而忽视了实践操作能力的培养。而在高职教育中,培养学生的动手能力、解决实际问题的能力至关重要。因此,本书在编写过程中,特别注重理论与实践的结合,通过大量的实训项目,提高学生的实际操作能力和职业素养。

3. H3C 技术的领先地位

H3C 作为全球领先的网络设备供应商,其产品在国内外市场上具有广泛的应用和深远的影响力。H3C 的网络设备操作系统 Comware 以高效、稳定、可靠的特点,得到了广大用户的认可。因此,将 H3C 技术作为本书的核心内容,不仅可以帮助学生掌握比较前沿的网络技术,还可以为他们的就业和职业发展打下坚实的基础。

二、教材的特点与内容安排

1. 内容先进,紧跟技术发展

本书在编写过程中,充分考虑了计算机网络技术的发展动态,特别是 H3C 技术的新进展。我们力求通过本书,使学生能够掌握网络技术新知识,了解行业发展趋势,为未来的职业发展做好准备。

2. 知识实用,注重实践操作

本书在内容安排上,特别注重知识的实用性和可操作性。我们设计了大量的实训项目,每个实训项目都包含详细的操作步骤和注意事项,帮助学生通过实际操作,加深对网络技术的理解和掌握。同时,我们还结合了大量的实际案例,让学生能够在真实的工作环境中进行模拟操作,提高解决实际问题的能力。

3. 结构合理,循序渐进

本书在结构上采用了循序渐进的方式,从基础的网络原理、网络设备介绍开始,逐步深入网络配置、网络组建、网络管理与仿真等高级内容。这样的结构安排,既符合学生的认知规律,又能够帮助学生逐步建立起完整的计算机网络知识体系。

三、学习计划及建议

计算机网络技术一般被设置为计算机网络技术、信息安全应用技术、物联网应用技术专等专业核心课,而计算机网络实训是计算机网络技术中重要的实践组成部分,建议安排在"计算机网络基础""网络互联技术""局域网组网技术"等课程之后开设。建议安排学时为64 学时(16 周,4 学时/周),不同学校可以根据学生实际学习情况调整课程安排。

具体教学单元实施教学建议如下。

项　目	任 务 清 单	建议学时
项目 1　新建公司基础网络搭建	任务 1.1　基础网络设计图绘制及模拟环境搭建	4
	任务 1.2　新建公司基础网络搭建	8
项目 2　公司内部网络保障	任务 2.1　公司部门间通信	8
	任务 2.2　公司网络保障优化	10
项目 3　公司集团化网络服务	任务 3.1　实现总公司网络通信	4
	任务 3.2　实现分公司网络通信	6
项目 4　公司边界网络部署	任务 4.1　公司边界同区域通信	2
	任务 4.2　公司边界不同区域通信	2
项目 5　公司网络安全防护	任务 5.1　公司交换机防护设置	4
	任务 5.2　公司防火墙防护设置	4
项目 6　公司业务对外服务	任务 6.1　公司广域网接入服务	2
	任务 6.2　实现分公司远程接入	2
项目 7　网络综合实践	任务 7.1　富华园区网络建设	4
	任务 7.2　富华集团办公网络建设	4

四、教材编写与分工

本书由胡燕、程德杰、周子恒任主编,景旭、陈志忠、张毅华、寇伟、李珂、杨培会任副主编。胡燕编写项目 2,程德杰编写项目 3,周子恒编写项目 6,景旭、陈志忠编写项目 1,张毅华、寇伟编写项目 4,李珂、杨培会编写项目 5,项目 7 由编写团队共同完成。由于编者水平有限,书中难免存在疏漏和不足之处,恳请广大读者批评指正。

本书是多年教学经验和行业实践相结合的产物,希望本书能够帮助学生系统地掌握计算机网络的基础知识和实用技能,为他们的就业和职业发展打下坚实的基础。同时,也希望本书能够为广大教师提供一份有价值的参考资料,促进计算机网络教学的改革与发展。在未来的教学过程中,将继续探索和实践,不断完善和更新教材内容,以适应行业发展和人才培养的需要。

编　者

2025 年 1 月

目 录

教学资源与更新

项目 1

新建公司基础网络搭建

在数字化时代,网络已成为企业运营与发展的基石,它不仅关系着企业各个部门之间的信息流通,更是企业对外展示形象、开展业务合作的重要窗口。对于一家新建公司而言,构建一个稳定、高效、可扩展的基础网络架构,是确保其顺利启航、快速发展的关键一步。

在踏上网络建设的征途之前,清晰的设计蓝图与可靠的模拟测试环境是不可或缺的两大支柱。本项目将首先聚焦于基础网络设计图绘制,通过有效使用 Visio 等专业工具,学会如何根据公司的实际需求,构建出既符合规范又便于理解的网络拓扑图。然后深入探讨"模拟环境搭建"的实用技巧,通过使用 HCL 模拟器等虚拟软件,模拟真实网络环境进行配置与测试,使学者在安全无虞的环境中大胆尝试各种网络配置,为正式部署打下坚实基础。最后通过搭建基础网络环境,实现对网络结构的理解,以及对网络搭建的基础知识的掌握,同时具备交换机配置的初步技能。

任务 1.1   基础网络设计图绘制及模拟环境搭建

1.1.1   任务陈述

新公司成立,李华作为公司的网络架构师,需要带领公司网络部的同人完成新公司基础网络设计。为了实现更好的网络架构,需要先通过设计软件完成基础网络设计图的绘制,并通过模拟环境搭建网络设计模型模拟真实环境进行试运行,以确保网络架构的运行性能。本次任务旨在通过 Microsoft Visio 软件完成公司基础网络设计图的绘制,并通过 HCL 模拟器搭建一个简化的网络环境,以便直观体现公司基础网络架构、组件间的连接关系以及数据流动路径。

1.1.2   任务分析

1. 需求分析

(1)绘制基础网络设计图,清晰展现网络中各个节点及其连接方式。

（2）理解网络组件功能，了解路由器、交换机、服务器、工作站等网络设备的基本功能。

（3）基于设计图模拟环境搭建，验证网络配置的可行性和数据的传输路径。

2. 知识要求

（1）了解常见网络设备（路由器、交换机、防火墙）及其功能。

（2）掌握 Visio 软件的基本操作。

（3）掌握 HCL 模拟器的基本操作方法。

3. 技能要求

（1）能够使用 Visio 软件绘制网络拓扑图。

（2）能够利用 HCL 模拟器搭建网络模拟环境。

4. 任务拓扑

用 Visio 绘制基础网络拓扑，如图 1-1-1 所示。

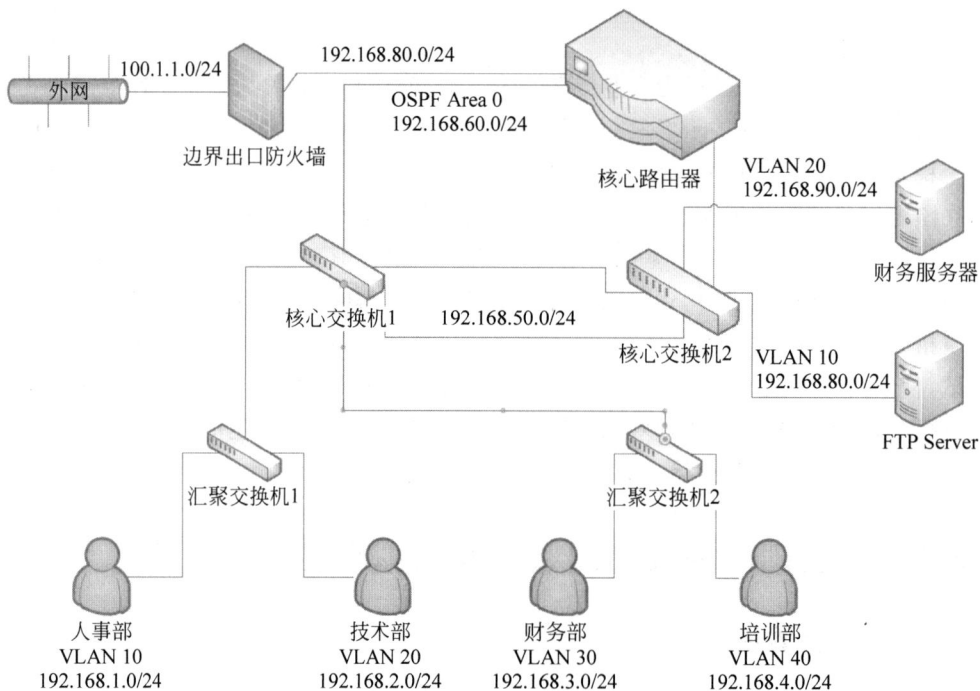

图 1-1-1　用 Visio 绘制基础网络拓扑图

1.1.3　知识准备

1.1.3.1　网络拓扑图绘制

Microsoft Visio 是一款功能强大的图表和矢量图形应用程序，自 1992 年由 Visio Corporation 推出以来，Visio 凭借灵活的绘图功能和广泛的应用场景，在业界赢得了广泛的认可。微软于 2000 年收购 Visio Corporation 后，继续发展和完善这款软件，使其成为制作流程图、组织结构图、网络图等多种图形和图表的首选工具。

1．Visio 的版本概述

Visio 提供多种版本，以满足不同用户的需求。其主要版本包括以下几种。

Visio 轻量级版本是基于 Web 的 Visio 版本，可以通过 Web 浏览器访问 Visio，进行基本关系图的查看和编辑，如流程图、框图、维恩图等。但该版本不支持查看或编辑更复杂的图表类型，如工程图和软件开发计划，仅支持 .vsdx 文件格式，而不支持 .vsd 文件格式。

Visio 桌面版是传统的基于桌面客户端的应用，包括 Visio 2010、Visio 2013、Visio 2016、Visio 2019 和 Visio 2021 等多个版本。最新的 Visio 2021 集成了所有旧版本的功能，并进行了优化。该版本功能全面，能提供完整的绘图功能，支持各种复杂的图表和图形创建。

Visio 订阅版有 Visio 计划 1 和 Visio 计划 2 两个版本：Visio 计划 1 类似于轻量级版本，但功能更为全面，同样是基于 Web 的产品形态；而 Visio 计划 2 则是在 Visio 计划 1 的基础上增加了 Visio 桌面应用（Windows），提供超过 25 万种形状和合作伙伴创建的解决方案，其价格相对较高。

2．Visio 的主要功能

（1）绘制图形和图表。Visio 支持创建多种类型的图形和图表，主要包括以下几种。

① 流程图：展示业务流程、工作流程和决策流程。

② 组织结构图：展示公司或团队的组织架构和职责分配。

③ 网络图：设计和规划网络布局，包括局域网、广域网和互联网连接。

④ 数据库模型：创建实体关系图（ERD），帮助设计和理解数据库结构。

⑤ 软件和系统架构图：展示软件组件、系统架构及其关系。

⑥ 项目管理图：如甘特图，用于规划和跟踪项目进度。

⑦ 业务流程图（BPMN）：描述业务流程，包括活动、事件和网关等元素。

⑧ 思维导图：组织和展示思想、概念及其之间的关系。

⑨ UML 图：用于软件开发，包括用例图、类图和序列图等。

⑩ 电气工程图：包括电路图和电气布线图等。

（2）提供绘图模版、支持多种格式。Visio 提供了丰富的绘图工具和模板，用户可以根据需要选择合适的模板和工具来创建所需的图表。同时，Visio 还支持导入和导出多种文件格式，方便与其他软件集成和分享。

（3）支持多人协作。Visio 支持多人协作，用户可以邀请团队成员共同编辑图表，或通过 Visio 的 Web 版本在线共享，极大地提高了团队的工作效率和沟通效果。

3．Visio 软件的使用步骤

（1）Visio 2013 的安装。

① 双击 Visio 2013 安装文件，进入安装页面。接受软件许可协议，单击"继续"按钮进入下一步，如图 1-1-2 所示。

② 出现如图 1-1-3 所示的选择软件安装类型界面，默认情况下选择"立即安装"，也可以根据安装的个性需求、安装路径的指定等因素选择"自定义"安装，单击"自定义"按钮将出现如图 1-1-4 所示界面。

③ 单击"立即安装"按钮后立即进入下一步安装过程，将出现如图 1-1-5 所示的 Visio 软件安装进度显示界面。

笔记

教学视频

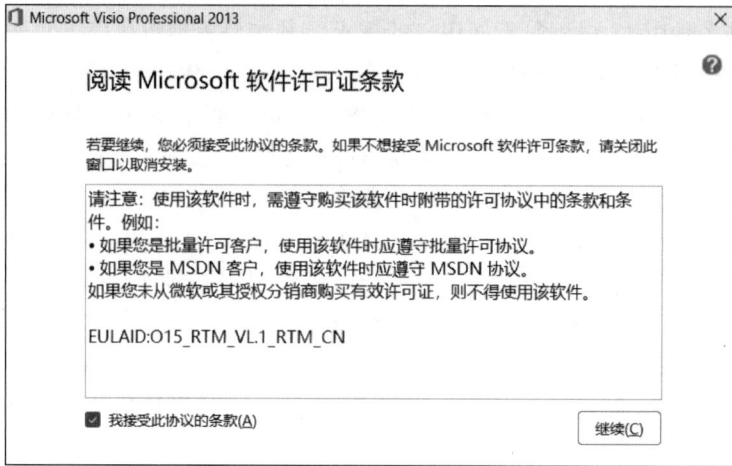

图 1-1-2　接受软件许可协议

图 1-1-3　选择软件安装类型

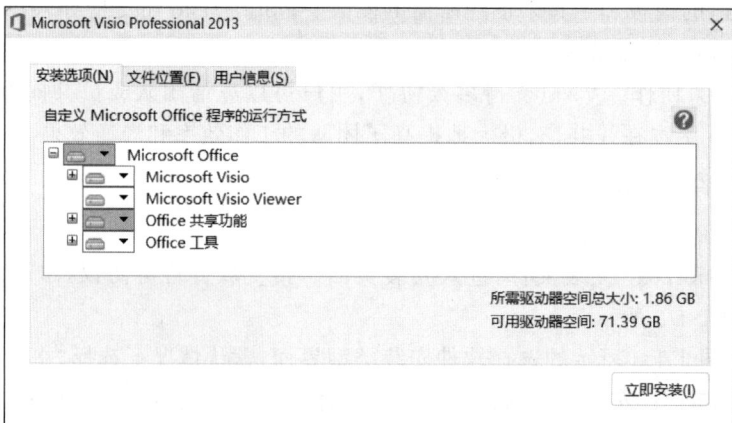

图 1-1-4　选择自定义安装

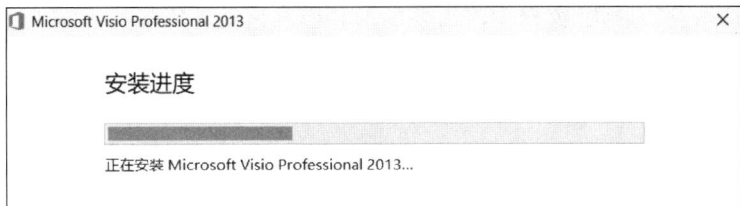

图 1-1-5 安装进度显示

④ Visio 2013 安装完成,显示如图 1-1-6 所示的安装结束界面。

图 1-1-6 安装完成

(2) Visio 2013 的使用。

① 启动 Visio 并选择模板。打开 Visio 软件,通过如图 1-1-7 所示新建任务界面,选择所需的模板,如基本流程图、组织结构图等。如果没有合适的模板,可以选择"基本关系图"从头开始。

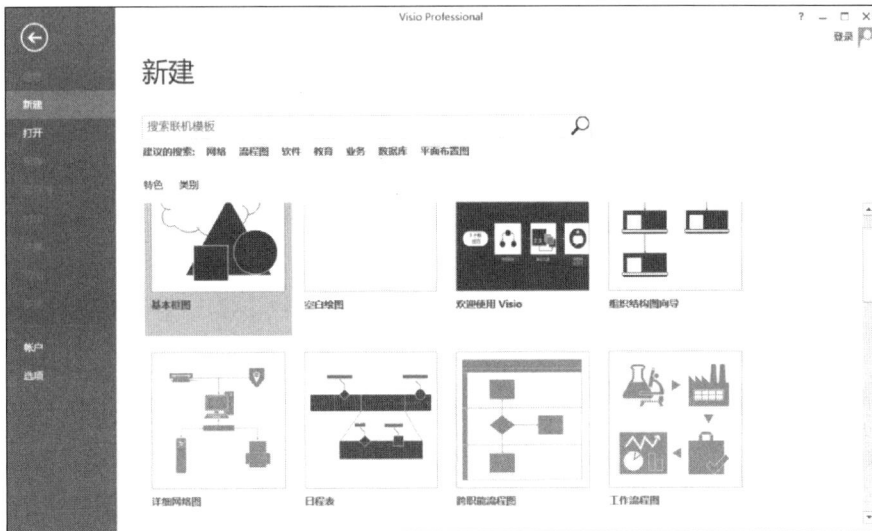

图 1-1-7 新建任务

教学视频

② 绘制图形。从"形状"窗口中将需要的形状模具拖动到所需的画布上,然后用鼠标拖动箭头连接形状,Visio 会自动吸附到形状的连接点,帮助创建整洁的流程图。双击形状可以编辑其中的文字,确保每个步骤都有清晰的描述,如图 1-1-8 所示。

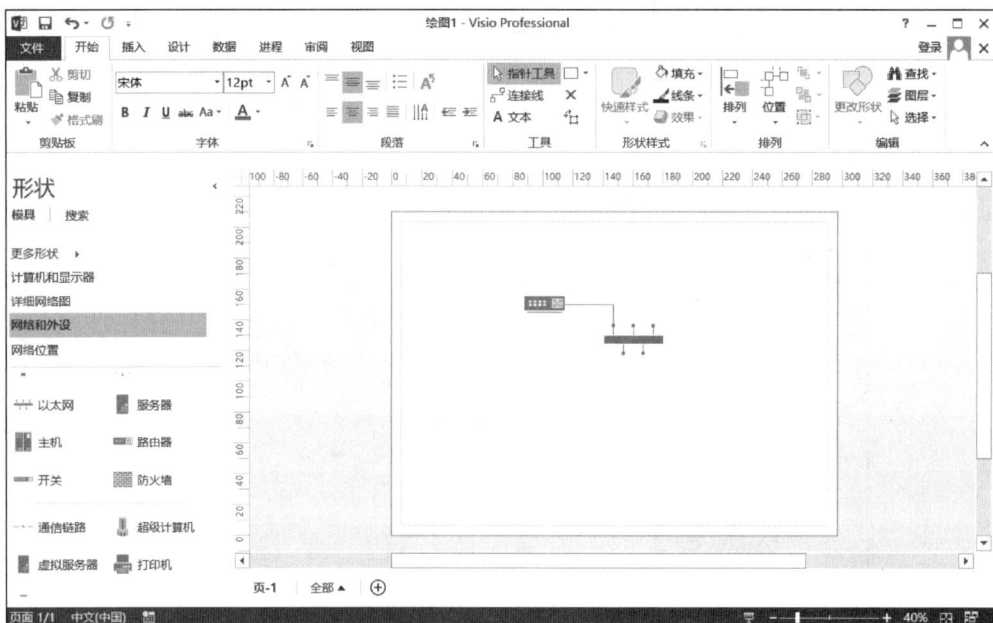

图 1-1-8　绘制图形

③ 格式化图表。使用对齐工具和布局工具整理流程图,确保它既美观又易于阅读。调整形状的颜色、线条样式和字体样式,使流程图更加专业。如果需要,可以添加额外的注释或连接线来解释流程图中的某些部分。

④ 保存和导出。完成流程图后,通过文件菜单保存 Visio 文件。可以导出为 PDF、图片或其他格式,以便在其他应用程序中使用或分享,如图 1-1-9 所示。

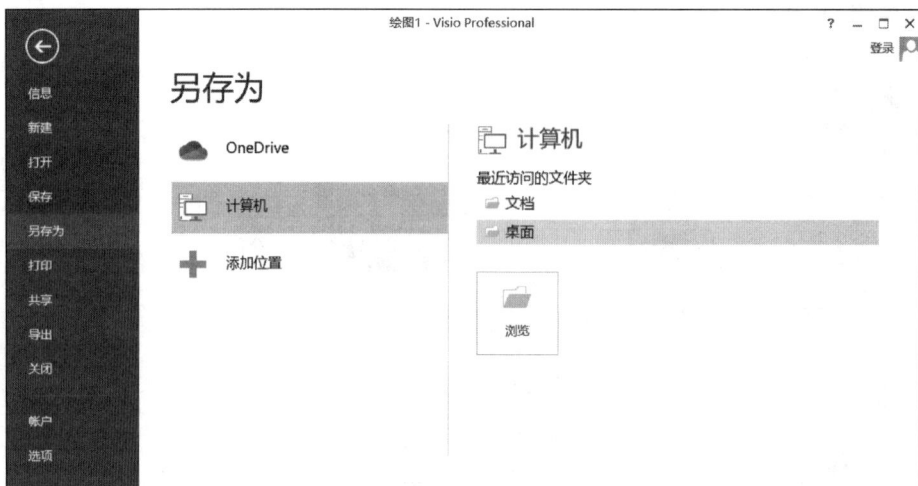

图 1-1-9　保存文件

1.1.3.2　模拟环境使用

大多数网络生产厂家都开发了相应的模拟器,可以帮助网络设备使用者快速了解设备的使用和配置,常用的网络模拟软件有 GNS3、Packet Tracer 等,接下来将以新华三 H3C 模拟器为例,讲述模拟器的基本使用技巧。

1. HCL 模拟器简介

HCL 模拟器是一款功能强大的图形化全真网络设备模拟软件,可用于模拟新华三公司多种型号的路由器、交换机、防火墙等网络设备进行虚拟组网、配置、调试及 PC 的全部功能。

安装 HCL 模拟器的主机环境要求如下。

CPU：主频不低于 1.2GHz　　　　　内核数目：不低于 2 核

内存：不低于 4GB　　　　　　　　硬盘：不低于 80GB

操作系统：不低于 Windows 7　　　　支持 VT-x 或 AMD-V 硬件虚拟技术

2. 模拟器安装及使用

(1) 下载模拟器。

访问新华三官网下载模拟器。下载版本为 HCL v5.10.3 的模拟器,也可以下载其他版本的模拟器,本文以 HCL v5.10.3 模拟器为例进行讲解。

(2) 安装 HCL 模拟器。

① 打开下载好的安装文件,首先选择安装期间使用的语言,如图 1-1-10 所示。此时选择"简体中文"进行安装。

② 运行安装向导,如图 1-1-11 所示。

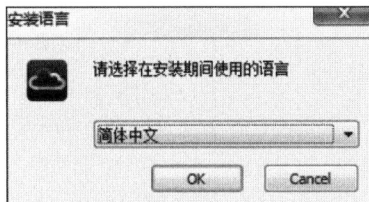

图 1-1-10　选择安装期间使用的语言　　　　　图 1-1-11　运行安装向导

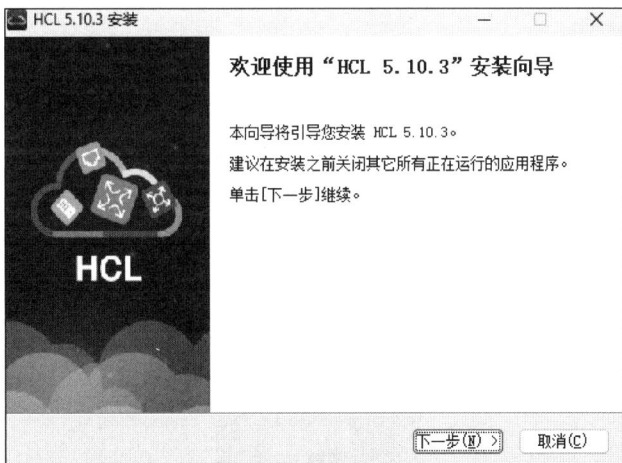

③ 接受软件安装许可协议,如图 1-1-12 所示。

④ 选择软件安装位置(推荐默认设置),如图 1-1-13 所示。

⑤ 完成模拟器安装,如图 1-1-14 所示。

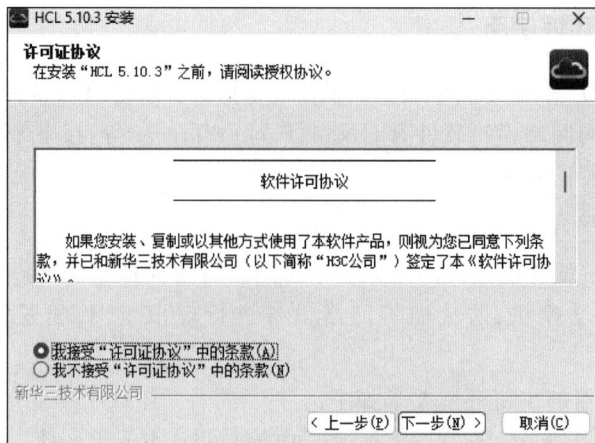

图 1-1-12　接受软件安装许可协议

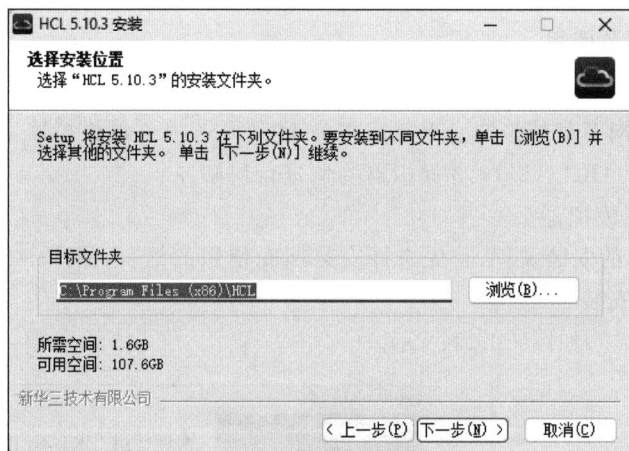

图 1-1-13　选择软件安装位置

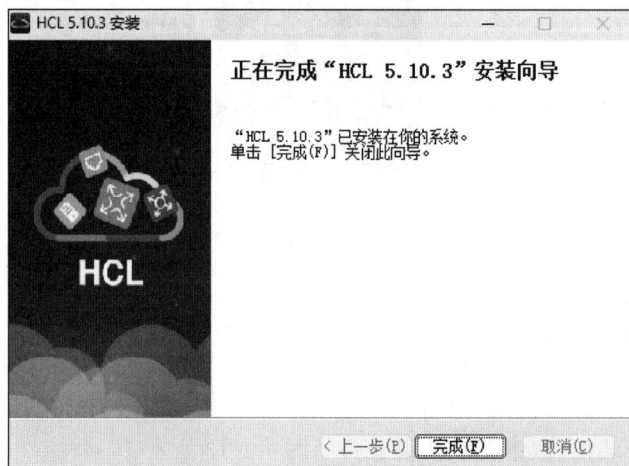

图 1-1-14　完成模拟器安装

（3）使用 HCL 模拟器。

① 安装好后的 HCL 模拟器会在桌面上生成如图 1-1-15 所示的图标。双击该图标即可启动华三模拟器。

图 1-1-15　HCL 桌面图标

② 在打开的 HCL 模拟器窗口界面中，通过"新建工程"打开"新建工程"对话框，新建一个项目工程，如图 1-1-16 所示。

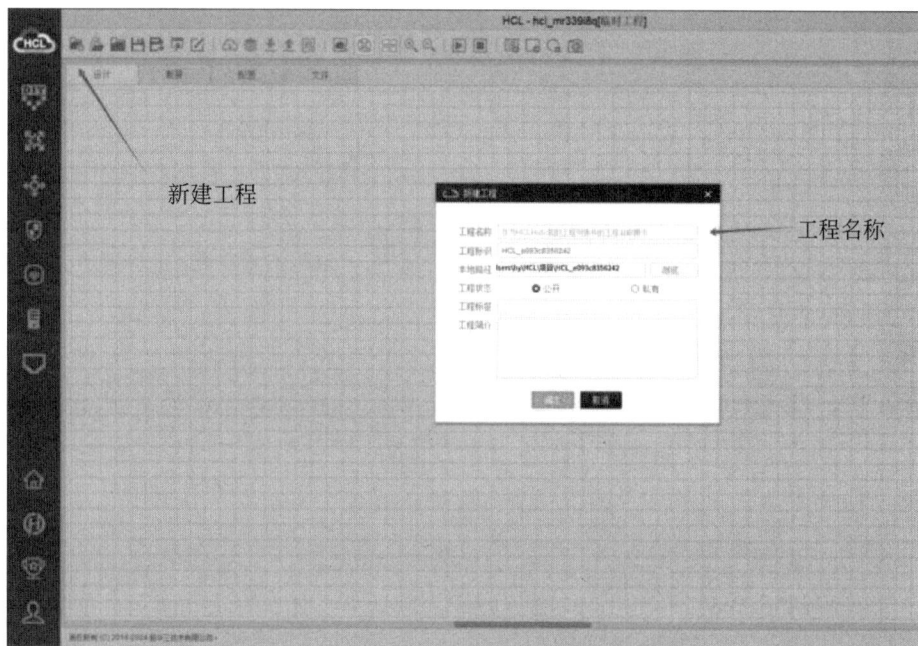

图 1-1-16　新建工程

③ 项目建立好后，会出现如图 1-1-17 所示的窗口界面，通过窗口左边的快捷菜单可以实现添加网络设备、搭建网络模拟环境等功能。

④ 在添加了相应的网络设备后，就会出现对应的网络设备图标，指向该图标右击就可以启动该设备，如图 1-1-18 所示。

⑤ 启动设备后，指向网络设备图标右击，即可启动命令行终端进行相应的配置，如图 1-1-19 所示。

⑥ 使用命令进行网络设备的配置，如图 1-1-20 所示。

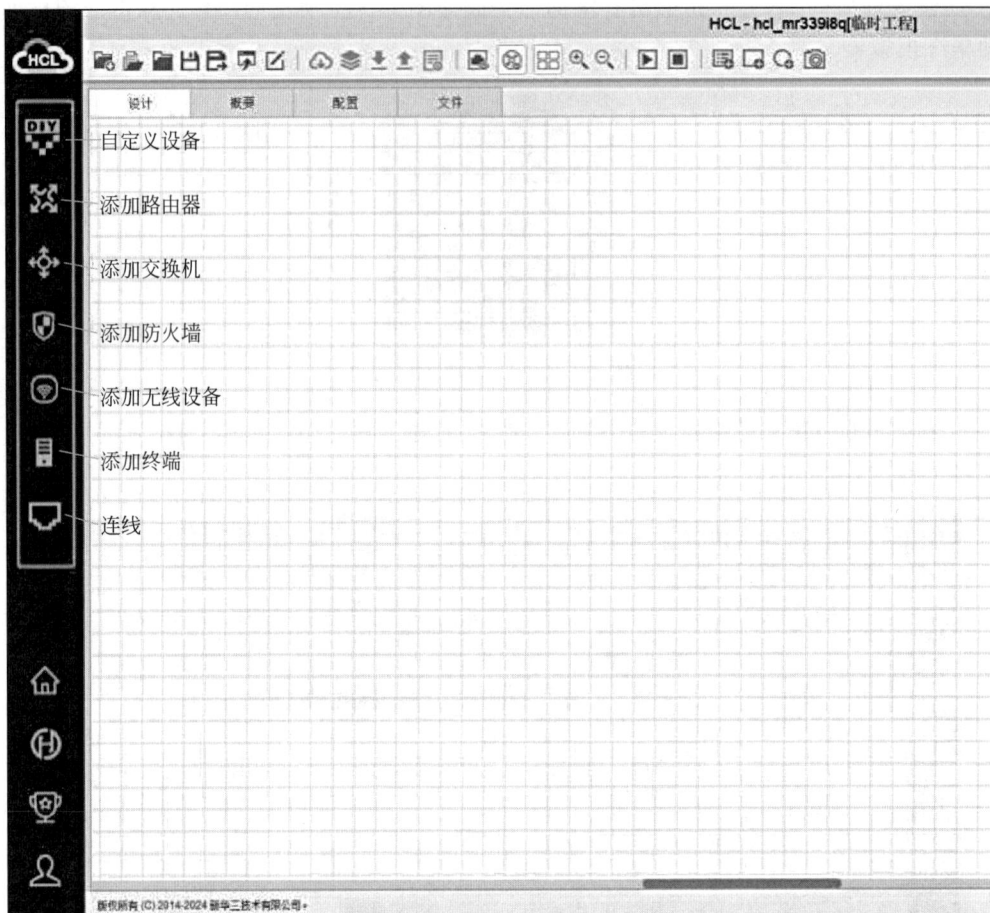

图 1-1-17　新建一个项目工程

图 1-1-18　启动设备

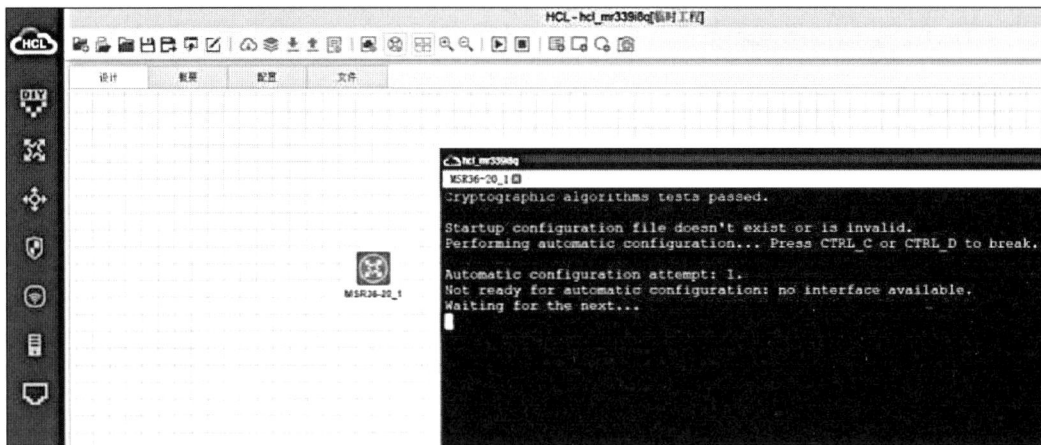

图 1-1-19 启动命令行终端

```
[H3C]interface g0/0
[H3C-GigabitEthernet0/0]ip ad
[H3C-GigabitEthernet0/0]ip address 192.168.1.1 24
[H3C-GigabitEthernet0/0]
```

图 1-1-20 配置网络设备

1.1.4 任务实施

1.1.4.1 绘制网络图

(1) 启动 Microsoft Visio 2013,得到如图 1-1-21 所示的 Visio 工作窗口。

图 1-1-21 Visio 工作窗口

(2) 单击"文件"菜单,出现如图 1-1-7 所示新建界面。选择"网络"模板类别中的"详细网络图"模板,单击"创建"按钮创建作图任务,如图 1-1-22 所示。

(3) 从 Visio 界面左边的"形状"窗口中,选择并拖曳网络设备图标到绘图区,完成网络设备的绘制,如图 1-1-23 所示。

(4) 右击网络设备图标,在弹出的快捷工具栏中选择"连线图标" ,使用连接线工具连接各个网络设备,表示物理或逻辑连接关系,如图 1-1-24 所示。

笔记

　　（5）在完成网络设备连接后，双击网络设备图标即可在网络设备旁添加文本说明，描述设备名称、IP 地址、子网掩码等关键信息，如图 1-1-25 所示。

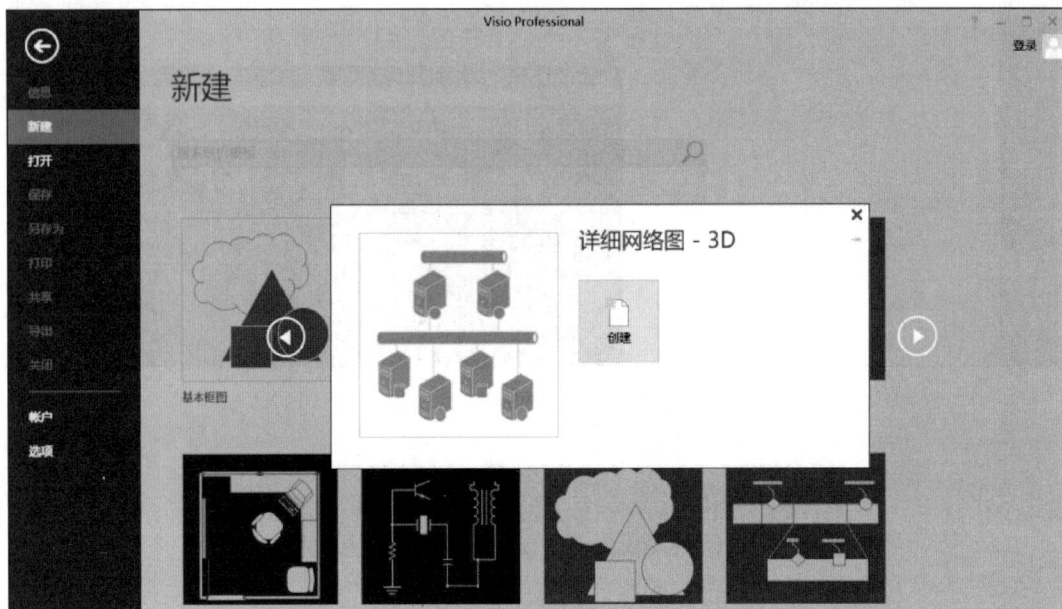

图 1-1-22　创建作图任务

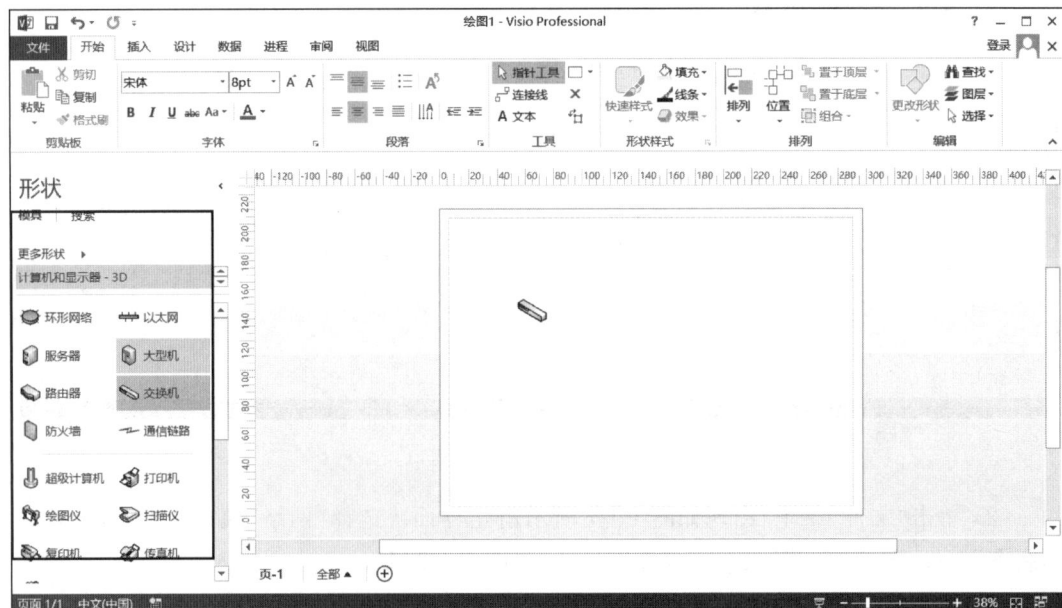

图 1-1-23　绘制网络设备

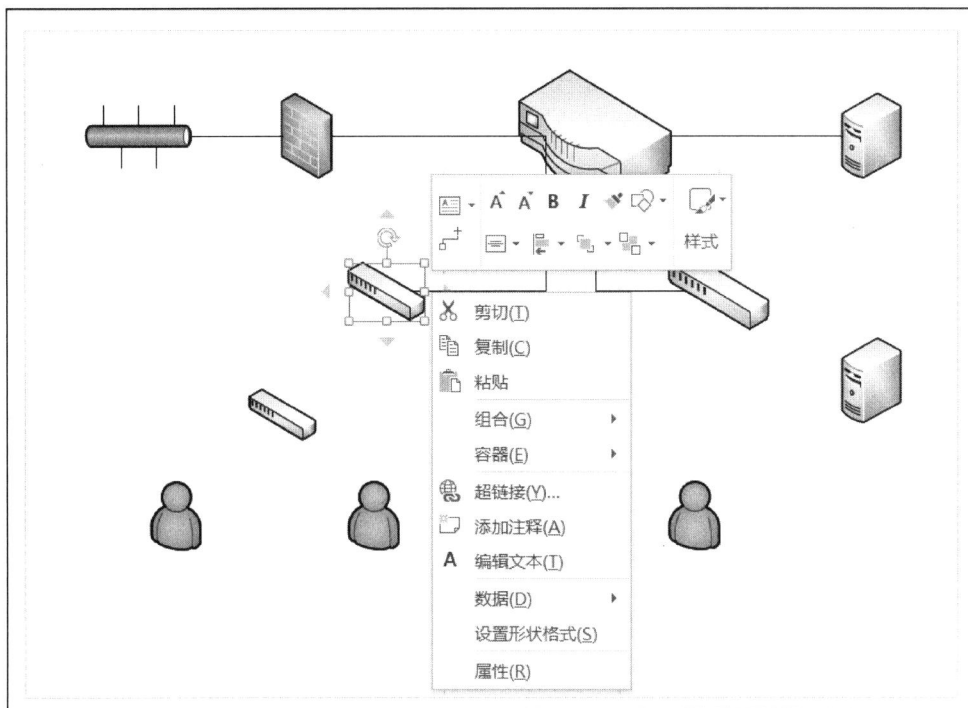

图 1-1-24　连接网络设备

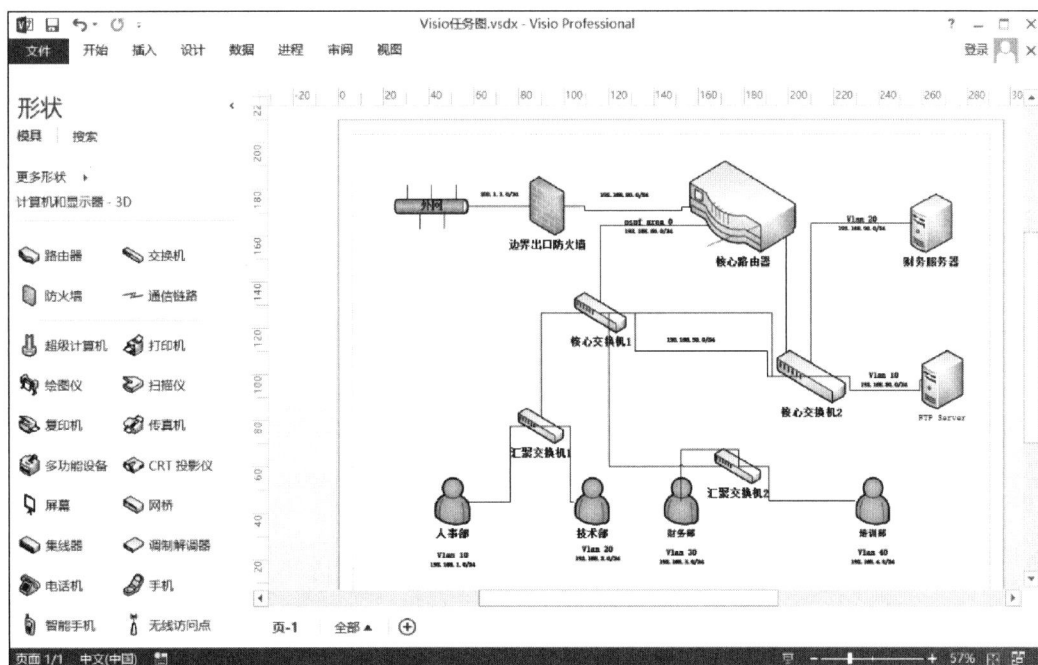

图 1-1-25　添加文本说明

笔记

（6）调整设备位置和连接线，使图表清晰易读，优化图表布局，完成网络图绘制任务，如图 1-1-26 所示。

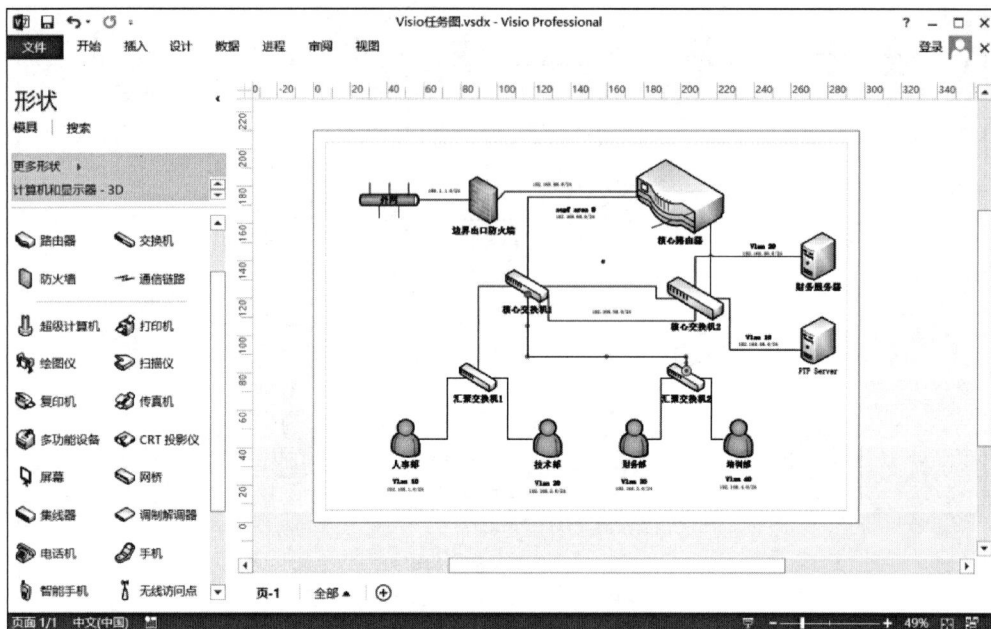

图 1-1-26　完成网络图绘制

1.1.4.2　模拟环境搭建

（1）启动 HCL 模拟器，创建模拟项目，并添加所需的 H3C 网络设备，如图 1-1-27 所示。

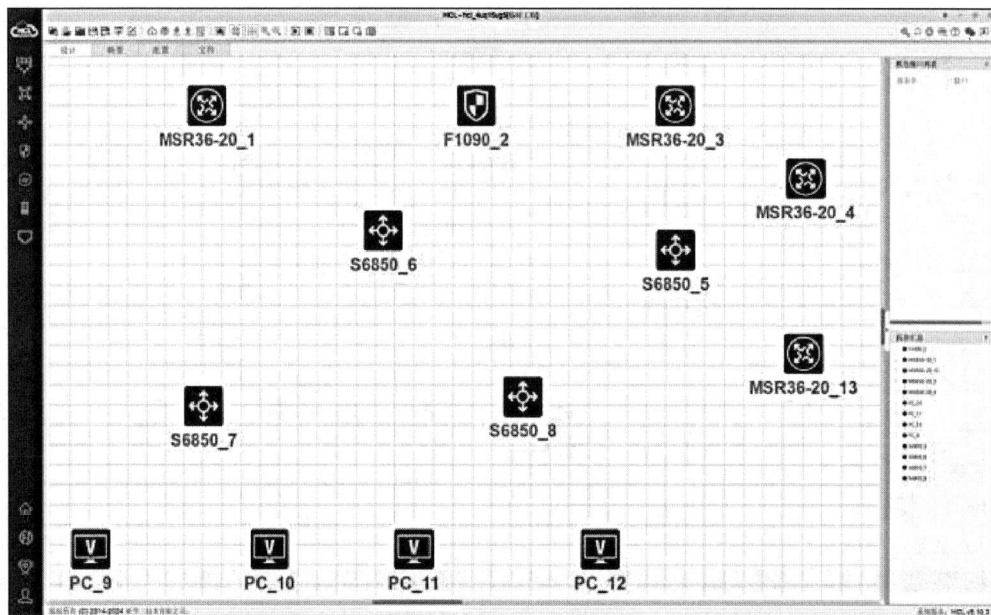

图 1-1-27　添加网络设备

（2）按照需求使用线缆连接网络设备，如图 1-1-28 所示。

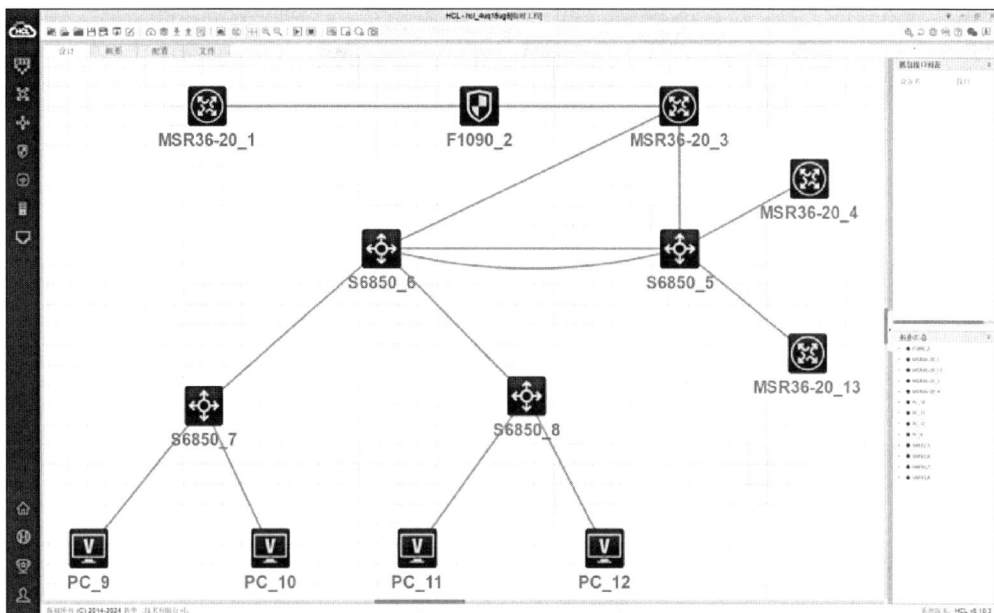

图 1-1-28　连接网络设备

（3）按照网络设计图的要求，在 HCL 模拟器中配置网络设备的 IP 地址、子网掩码、路由协议等参数，如图 1-1-29 所示。

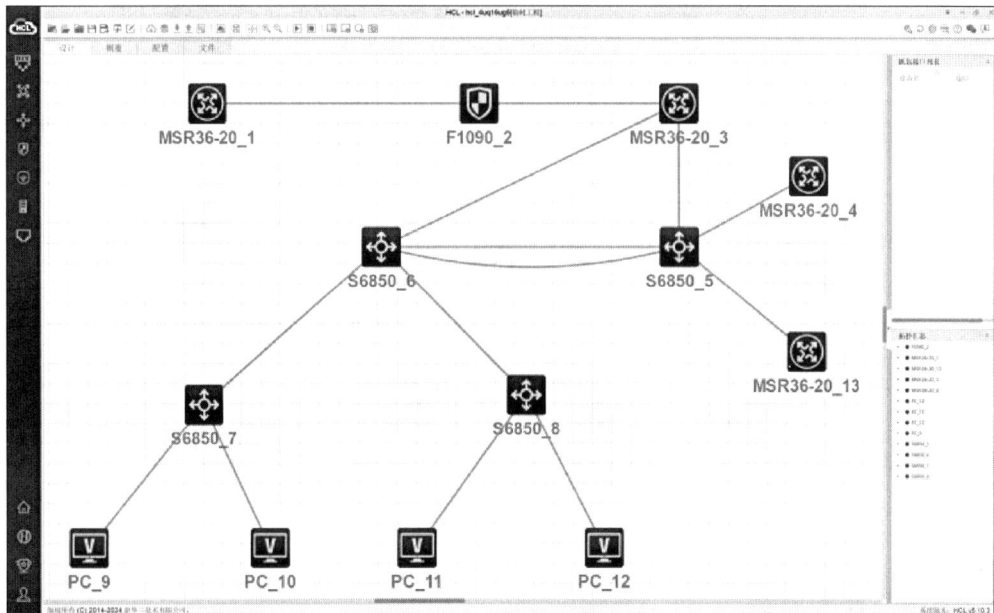

图 1-1-29　配置网络设备

（4）在设计图中添加相应的信息标注，如图 1-1-30 所示。

（5）美化网络设计图，得到最终的网络拓扑图，如图 1-1-31 所示。

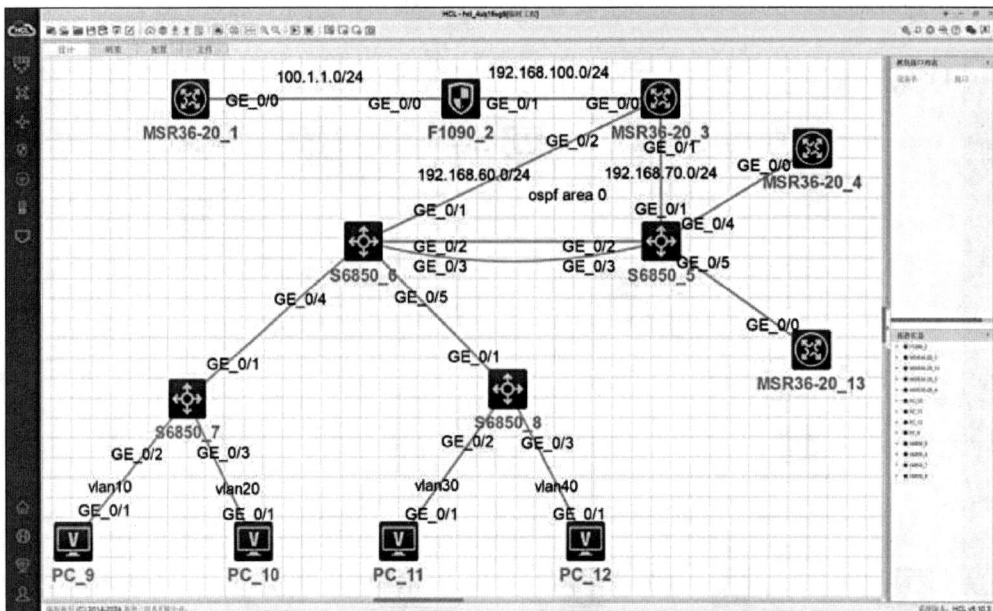

图 1-1-30　添加信息标注

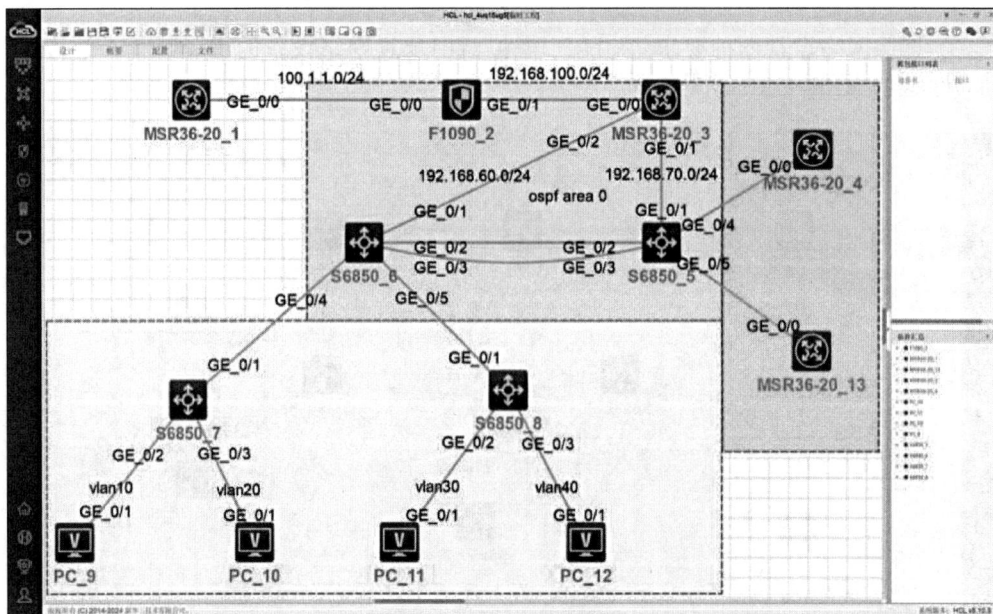

图 1-1-31　网络拓扑图

1.1.5　任务总结

本任务旨在提升学生的网络设计与配置技能,通过具体的任务掌握使用 Microsoft Visio 绘制网络设计图的方法,以及利用 HCL 模拟器搭建并管理虚拟网络环境的操作方法。

1.1.6　任务工单

任务工单一

工作任务单基础信息				
工单编号		工单名称	基础网络设计图绘制及模拟环境搭建	
工单来源	教材配套	工单提供		
工单介绍	掌握网络设计图绘制及新华三模拟环境搭建			
工单环境	计算机一台，H3C Cloud Club，Microsoft Visio 2013			
接 单 人	班级：	姓名：	学号：	岗位：
团队成员	组长：	其他组员：		

工作任务单主体	
任务介绍	新公司成立，李华作为公司的网络架构师，需要带领公司网络部的同人完成新公司基础网络设计，为了实现更好的网络架构，需要先通过设计软件完成基础网络设计图的绘制，并通过模拟环境搭建网络设计模型模拟真实环境进行试运行，以确保网络架构的运行性能。本次任务旨在通过 Microsoft Visio 软件完成公司基础网络设计图的绘制，并通过 HCL 模拟器搭建一个简化的网络环境，以便直观体现公司基础网络架构、组件间的连接关系以及数据流动路径。
预期目标	1. 掌握 Visio 的使用方法。 2. 掌握 HCL 模拟器的使用方法。
任务资讯 （10 分）	1. Visio 的具体用处是什么？ 2. HCL 模拟器相对于其他模拟软件有哪些优势？ 3. HCL 模拟器适用什么场景？

工作任务单质量控制			
	（与工作任务单主体部分相对应）		
实施 评价表	评分项	内容	思考及解决方法
	项目资讯(10 分)		
	项目计划(10 分)		
	环境部署(10 分)		
	任务实施(50 分)		
	任务总结(10 分)		
	其他(10 分)		
	合计		

任务工单二

工作任务单基础信息			
工单编号		工单名称	基础网络设计图绘制及模拟环境搭建
工单来源	教材配套	工单提供	
工单介绍	掌握网络设计图绘制及新华三模拟环境搭建		

续表

工作任务单基础信息				
工单环境	计算机一台，H3C Cloud Club，Microsoft Visio 2013			
接单人	班级：	姓名：	学号：	岗位：
团队成员	组长：	其他组员：		

工作任务单主体	
任务计划 （10分）	**子任务1：Visio绘制网络图** **子任务2：HCL搭建网络基础环境** 提示：项目计划仅作参考，请根据实际情况进行修改。
任务部署 （10分）	项目实施前应联系管理老师安排场地，领取相关设施设备，严格按照实训室操作规范进行项目实施，完成项目后需要将所有设备设施恢复原位，资料规范存档，并将实训场地清理干净。

工作任务单质量控制	
教师评语	

任务工单三

工作任务单基础信息			
工单编号		工单名称	基础网络设计图绘制及模拟环境搭建
工单来源	教材配套	工单提供	
工单介绍	掌握网络设计图绘制及新华三模拟环境搭建		
工单环境	计算机一台，H3C Cloud Club，Microsoft Visio 2013		
接单人	班级：　　　姓名：　　　学号：　　　岗位：		
团队成员	组长：　　　其他组员：		

工作任务单主体		
任务实施 （50分）	**子任务1：Visio绘制网络图** （1）安装Visio。 （2）熟悉Visio基本使用方法。 （3）在Visio中完成网络图绘制并将主要过程截图上传。 **子任务2：HCL搭建网络基础环境** （1）下载并安装HCL。 （2）熟悉HCL基本使用方法。 （3）在HCL中完成网络基础环境搭建并将主要过程截图上传。	
任务总结 （10分）	**1. 过程记录** | 序号	内容	思考及解决方法 | |---|---|---| | | | | **2. 编写完成本项目的工作总结** **3. 答辩**	

续表

	工作任务单质量控制	
	说明：使用者使用笔绘制，有条件的可以放入教学平台自动生成。	
综合能力评定	内容 / 分数 / 综合能力评定雷达图 学习内容 学习表现 实践应用 自主学习 协助创新	综合能力评定雷达图

任务 1.2 新建公司基础网络搭建

1.2.1 任务陈述

在网络架构师李华的带领下，公司网络部完成了图纸的设计，通过模拟环境搭建了网络设计模型，接下来将进行实际的公司基础网络搭建。本次任务将采用 H3C 网络设备，包括交换机、路由器等，完成公司办公区域的网络基础设施建设，实现 IP 地址的有效管理、办公网络的互联互通及基础的安全隔离措施。

1.2.2 任务分析

1. 需求分析

（1）网络拓扑设计：根据公司办公室布局，设计合理的网络拓扑结构，确保网络高效、稳定。

（2）IP 地址规划：采用 VLSM（可变长子网掩码）技术进行 IP 地址分配，确保地址有效利用，同时便于后续扩展。

（3）网络安全：设置基本的访问控制策略，如 VLAN 划分，以增强网络安全性。

（4）冗余设计：考虑网络冗余，确保单点故障不影响整体网络运行。

2. 知识要求

（1）熟悉网络连接线制作方法。

（2）掌握交换机与路由器的基本配置命令。

（3）掌握 VLAN 技术及应用方法。

3．技能要求

（1）熟练制作网络连接线。

（2）熟悉网络设备的安装、加电与基本配置。

（3）能够配置 VLAN 并测试。

4．任务拓扑

网络拓扑如图 1-2-1 所示。

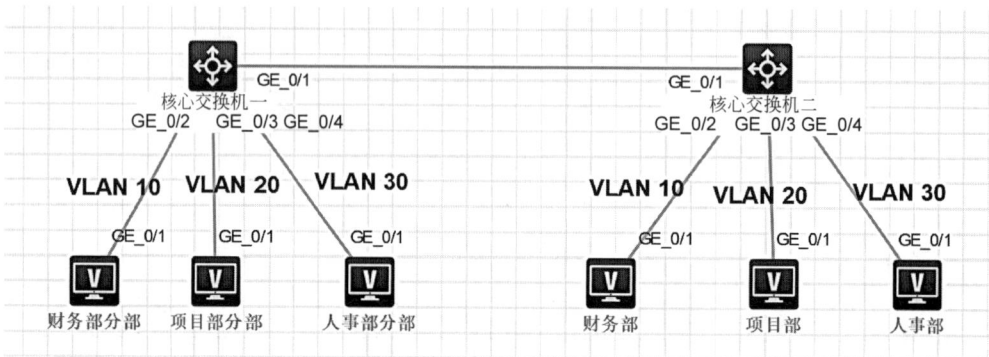

(c) 成果图

图 1-2-1　网络拓扑图

1.2.3　知识准备

1.2.3.1　VLSM 与超网

1．VLSM

可变长子网掩码（Variable Length Subnet Mask，VLSM）是一种用于优化 IP 地址的技术，旨在更有效地利用 IPv4 地址空间。在传统的子网划分中，所有子网都使用相同长度的子网掩码，子网大小固定，无法灵活适应不同网络的实际需求。VLSM 则能根据具体需求为不同的子网分配不同长度的子网掩码，从而根据实际需求对子网进行更精细的划分。

1）VLSM 的基本原理

VLSM 的核心思想是从原有的主机位中借用一部分作为网络位，以创建更小的子网。子网掩码用于区分 IP 地址中的网络部分和主机部分，其中全 1 的部分代表网络位，全 0 的部分代表主机位。在 VLSM 中，子网掩码的长度不再固定，而是根据实际需要变化形成"可变长"子网掩码。

2）VLSM 的实现步骤

（1）确定网络需求。需要详细了解每个子网的需求，包括每个子网所需的主机数量。

（2）选择合适的子网掩码。根据每个子网的需求，选择合适的子网掩码。选择子网掩码时要在确保每个子网有足够的主机地址的同时避免浪费。

（3）划分子网。根据选择的子网掩码，将整个网络划分为多个子网。在划分过程中，应避免地址重叠，确保每个子网都有唯一的网络地址。

（4）分配 IP 地址。根据划分的子网，给每个子网分配具体的 IP 地址范围。

（5）配置网络设备。在网络设备（如路由器和交换机）上配置相应的路由和子网信息，以确保网络的正常通信。

3）VLSM 示例

假设有一个 192.168.1.0/24 的网络,需要将其划分为几个子网以满足不同的需求。具体需求如下。

（1）子网 A 需要 50 个 IP 地址。

（2）子网 B 需要 30 个 IP 地址。

（3）子网 C 需要 20 个 IP 地址。

（4）子网 D 需要 10 个 IP 地址。

根据需求,可以选择的子网掩码和 IP 地址范围如下。

（1）子网 A：/26(64 个地址,62 个可用),IP 地址范围：192.168.1.0～192.168.1.63。

（2）子网 B：/27(32 个地址,30 个可用),IP 地址范围：192.168.1.64～192.168.1.95。

（3）子网 C：/27(32 个地址,30 个可用),IP 地址范围：192.168.1.96～192.168.1.127。

（4）子网 D：/28(16 个地址,14 个可用),IP 地址范围：192.168.1.128～192.168.1.143。

通过 VLSM 技术,可以有效地利用 IP 地址资源,满足不同子网的需求,同时避免浪费。

2. 超网

超网(Supernetting)也称无类别域间路由选择(Classless Inter-Domain Routing,CIDR),是与子网划分相反的概念,是一种将多个连续的 IP 地址空间合并成一个更大的 IP 地址空间的技术。在子网划分中,一个大网络被分割成多个较小的子网;而在超网中,多个具有相似网络前缀的网络被聚合成一个超级网络(超网),以提高网络路由效率和 IP 地址利用率。

1）超网的基本原理

超网消除了传统的分类 IP 地址和子网划分的概念,将 32 位的 IPv4 地址划分为网络前缀和主机号两部分。超网使用斜线记法(也称为 CIDR 记法)进行标示,即在 IP 地址后面加上斜线"/",然后写上网络前缀所占位数。通过 CIDR,具有相同网络前缀的多个 IP 地址可以被视为一个 CIDR 地址块。

超网的实现依赖于可变长度子网掩码(VLSM)和无类别域间路由选择(CIDR)技术。CIDR 将子网掩码向左移动(增加网络部分的位数),使得多个原本独立的网络地址变得连续且共享同一个更大的网络前缀,从而达到缩短子网掩码长度的目的,将多个连续的网络地址聚合成一个更大的网络。

2）超网的实现步骤

（1）确定网络地址和子网掩码。这些网络地址必须是连续的,且子网掩码长度相同或可以通过调整变得相同。

（2）聚合网络地址。通过比较各个网络地址的二进制表示,找出其公共前缀部分。然后将子网掩码向左移动(缩短),使得新的子网掩码能够覆盖这些公共前缀部分,并形成一个更大的网络地址范围。

（3）验证聚合结果。验证聚合后的网络地址是否符合超网的规则,包括连续性、大小相同以及可分割性等。同时,确保聚合后的网络地址不会与现有的其他网络地址发生冲突。

（4）更新路由表。在路由器上更新路由表,将原本多个网络地址的路由条目替换为一个指向超网的路由条目。当数据包到达路由器时,路由器只需要根据超网的路由条目进行转发,而无须再逐个匹配具体的网络地址。

3）超网实例

假设有四个连续的 C 类网络地址：172.16.0.0/24、172.16.1.0/24、172.16.2.0/24、172.16.3.0/24。

这些网络的子网掩码都是 24 位,且网络地址是连续的,可以将这些网络聚合成一个更大的超网。

首先,观察这四个网络的二进制表示,发现它们的前 22 位是相同的。因此,可以将子网掩码向左移动 2 位(从 24 位变为 22 位),得到新的子网掩码 255.255.252.0。这样,这四个网络就被聚合成了一个超网 172.16.0.0/22。

1.2.3.2 双绞线制作

双绞线作为计算机网络中最常用的传输介质之一,其制作质量直接影响网络的稳定性和通信效率。双绞线由两条相互绝缘的铜导线按一定密度互相绞合在一起,具有抗电磁干扰能力强、传输距离远、成本低廉等优点。在计算机网络中,双绞线通常用于连接计算机、交换机、路由器等设备,实现数据的快速传输。

1. 所需工具及材料

1）工具

（1）双绞线网线钳：用于剪断双绞线、剥除外皮及压接水晶头。

（2）剪刀(可选)：用于初步修剪双绞线长度。

（3）网线测试仪：用于检测制作完成的双绞线是否合格。

2）材料

（1）双绞线：网络数据传输的主要通道,常见的有 CAT5e、CAT6 等类型。

（2）RJ-45 水晶头：用于双绞线的两端连接,确保信号稳定、可靠传输。

制作双绞线的材料及工具如表 1-2-1 所示。

表 1-2-1　制作双绞线的材料及工具

材　料		工　具	
双绞线	RJ-45 水晶头	网线钳	测线器

2. 制作步骤

1）准备工作

根据实际需要,使用剪刀或网线钳将双绞线剪至合适长度,一般留有适当余量以便后续操作。

注意：确保双绞线无破损、断裂或扭曲,以保证传输质量。

2）剥线

将切剪好长度的双绞线一端插入网线钳的剥线缺口中,握紧网线钳,轻轻旋转一圈,让刀口划开双绞线的保护胶皮,然后剥除胶皮。

注意:剥线长度应控制在 12～15mm,过长或过短均会影响后续操作。

3)理线

剥除胶皮后,会露出八条颜色不同的芯线。将这八条芯线分开,并按照一定的顺序排列。然后使用网线钳的剪刀口将排列好的芯线顶端修剪整齐,确保长度一致。

注意:双绞线由 4 对 8 芯铜线按照一定的规则绞织而成,每个线对由不同颜色进行标识。其中 1、2 用于发送,3、6 用于接收,4、5、7、8 是双向线。

由 ANSI/EIA/TIA 三大协会联合发布的国际通用的双绞线标准是:T568A 和 T568B。双绞线的线序示意图如图 1-2-2 所示。

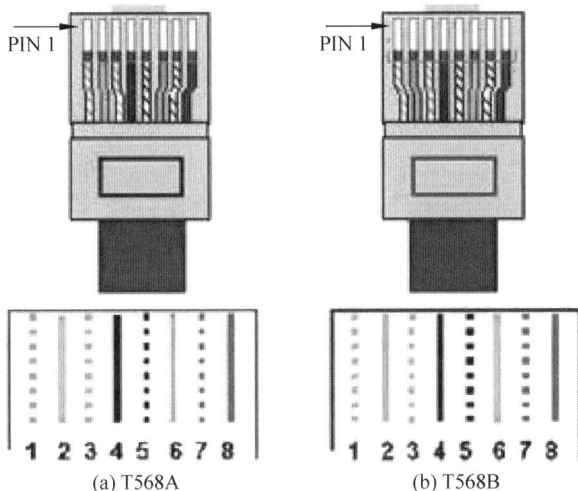

图 1-2-2 双绞线的线序示意图

T568A 的线序:白绿、绿、白橙、蓝、白蓝、橙、白棕、棕。

T568B 的线序:白橙、橙、白绿、蓝、白蓝、绿、白棕、棕。

4)插线

取一个 RJ-45 水晶头,检查其针脚是否完好无损。将修剪整齐的双绞线线芯按照排列顺序插入水晶头的线槽中。

注意:要将线芯插到底部,不能弯曲或扭曲。

5)压线

将插好线芯的水晶头插入网线钳的压线插槽中,用力压下网线钳的手柄,使水晶头的针脚与双绞线的线芯紧密接触并压接牢固。

6)重复操作

完成一端的水晶头制作后,按照相同的方法制作另一端的水晶头。

注意:两端线芯的排列顺序必须完全一致。

7)检测与测试

使用网线测试仪对制作完成的双绞线进行检测是确保质量的关键步骤。将双绞线的两端分别插入网线测试仪的 RJ-45 接口并接通电源。如果测试仪上的 8 个绿色指示灯都顺利闪过,则表明制作成功;如果某个指示灯未闪烁,则说明插头中存在断路或接触不良现象,需重新制作。

注意:

① 选择合适的线缆。根据所需传输速率和距离选择合适的双绞线类型和线径。

② 控制剥线长度。剥线长度要适中,既不能过长也不能过短,以免影响信号传输和美观。

③ 保持绞合紧密。双绞线中的两根线芯要保持紧密的绞合状态,以减少干扰和信号损失。

④ 注意线芯交错。双绞线中的线芯要交错排列,以减少信号串扰和干扰。

⑤ 正确连接方式。采用标准的 T568A 或 T568B 连接方式,确保线缆的正常工作。

⑥ 防止电磁干扰。制作过程中应尽量避免靠近电磁干扰源如电源线、电机等。

⑦ 注意线缆弯曲半径。线缆在安装和使用时要注意弯曲半径不能过小,以免影响性能和寿命。

1.2.3.3 设备安装及访问

1. 设备安装

在计算机网络的建设和维护中,网络设备的正确安装是基础且至关重要的一环,H3C 网络设备的物理安装要求(电源连接、网线布置以及设备的初步配置等)至关重要,将对后续的远程访问和网络服务产生深远的影响。

1) 准备工作

在开始安装设备之前,作为一个优秀的网络人员,一定要确保已准备好以下相应的物品。

(1) H3C 网络设备:如交换机、路由器等。

(2) 电源线和电源适配器:根据设备型号选择合适的电源线和电源适配器。

(3) 网线:根据实际需求选择长度和数量,通常为 RJ-45 接口的双绞线。

(4) 安装工具:如螺丝刀、静电手环等。

(5) 安装环境:确保安装环境符合设备要求,包括温度、湿度、防尘等。

(6) 用户手册:详细阅读并遵循设备的用户手册。

2) 电源连接

(1) 检查电源插座,确保电源插座供电稳定,电压符合设备要求。

(2) 连接电源线,将电源线的一端连接到设备的电源接口,另一端连接到电源插座。注意检查电源线接头是否牢固,避免松动或短路。

(3) 在确认所有连接无误后,开启电源开关,观察设备指示灯是否正常亮起。

3) 网线连接

(1) 识别接口。H3C 网络设备通常具有多个接口,包括 WAN 口(广域网接口,通常标记为 Internet 或 WAN)、LAN 口(局域网接口,如 LAN1 等)以及 Console 口(控制台接口)。

(2) 连接 WAN 口。将一条网线的一端连接到设备的 WAN 口,另一端连接到宽带猫(或光猫)的 LAN 口。确保网线接头插入到位,避免松动。

(3) 连接 LAN 口。根据需要,将其他网线的一端连接到设备的 LAN 口,另一端连接到计算机、打印机或其他网络设备的网络接口。

4) 检查连接

插好所有网线后,检查连接是否牢固,确保每个接口都插紧,避免松动导致网络不稳定。

2．设备访问

远程访问网络设备是网络管理中不可或缺的一部分，它允许管理员从任何位置对设备进行配置、监控和维护。在日常工作中，大多通过 Console 口、Telnet 和 SSH 三种方式远程访问 H3C 网络设备。

1）通过 Console 口访问

Console 口是网络设备上的一个物理接口，通常用于设备的初始配置。通过 Console 口访问设备需要使用专用的 Console 线（一般为 RJ-45 转 DB-9 或 DB-25）和终端软件（如PuTTY）。用 Console 口访问设备步骤如下。

（1）连接 Console 线。将 Console 线的一端连接到设备的 Console 口，另一端连接到计算机的串口（或使用 USB 转串口适配器），如图 1-2-3 所示。

图 1-2-3　连接 Console 线

（2）打开终端软件。启动终端软件，设置正确的串口参数（如波特率、数据位、停止位等），如图 1-2-4 所示。

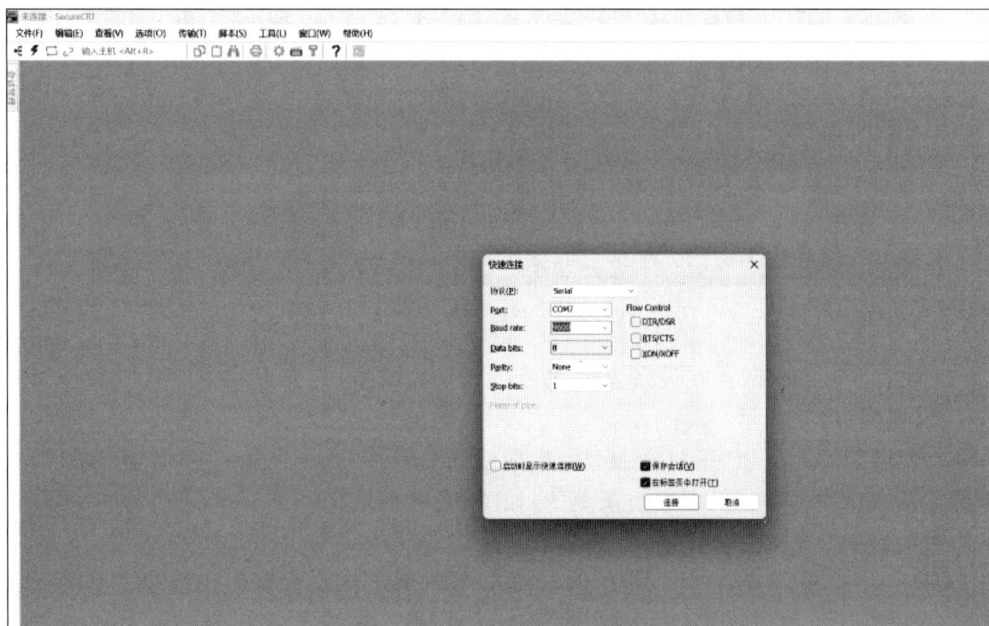

图 1-2-4　打开终端软件

（3）登录设备。在终端软件中输入登录命令，按照提示输入用户名和密码即可登录设备，如图 1-2-5 所示。

注意：首次登录时可能需要进行初始配置。

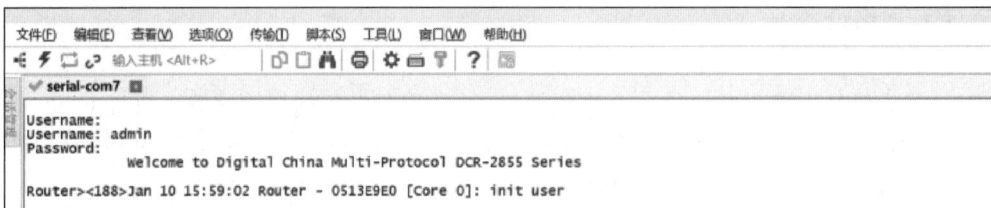

图 1-2-5　通过 Console 口登录设备

2）通过 Telnet 访问

Telnet 是一种用于远程计算机上登录和操作的网络协议。通过 Telnet 访问 H3C 网络设备需要设备支持 Telnet 服务，并在设备上配置相应的登录账号和权限。用 Telnet 访问设备步骤如下。

（1）开启 Telnet 服务。在设备上通过命令行开启 Telnet 服务，并设置 vty 线路的登录模式为账号密码登录，如图 1-2-6 所示。

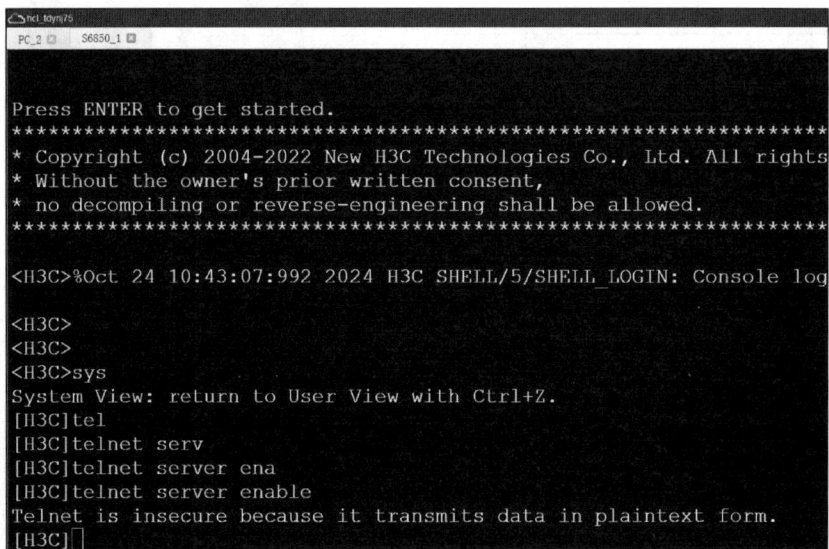

图 1-2-6　开启 Telnet 服务

（2）配置账号和权限。在设备上创建可以登录的账号，并设置相应的权限和登录方式（Telnet），如图 1-2-7 所示。

（3）登录设备。在 PC 上打开命令行界面或终端软件，输入 telnet［设备 IP 地址］命令，按照提示输入用户名和密码即可登录设备，如图 1-2-8 所示。

3）通过 SSH 访问

SSH（Secure Shell）是一种加密的网络协议，用于在不安全的网络中提供安全的远程登录服务。与 Telnet 相比，SSH 更加安全，因为它提供了数据加密和完整性校验功能。用 Telnet 访问设备步骤如下。

图 1-2-7　配置账号和权限

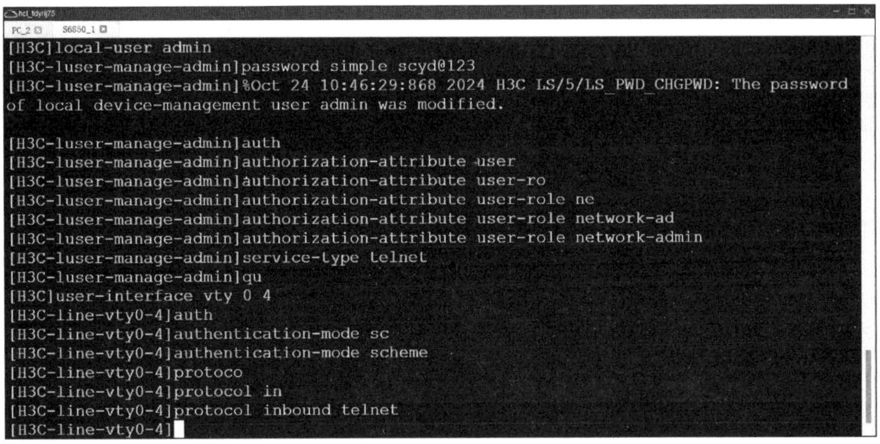

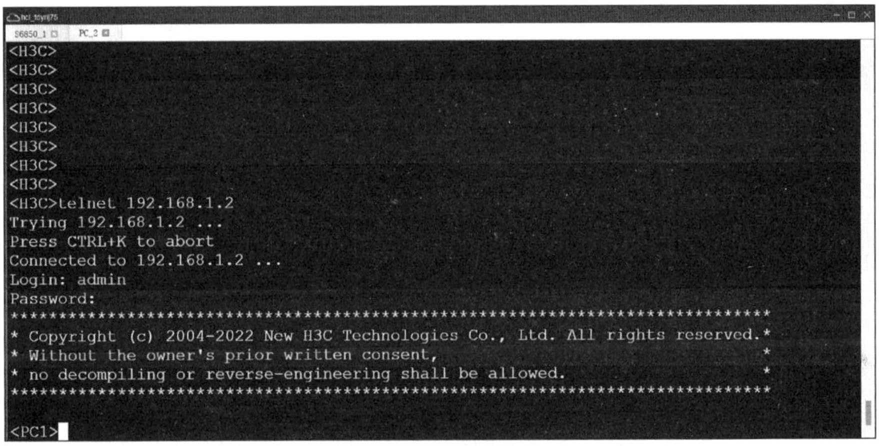

图 1-2-8　通过 Telnet 登录设备

（1）创建密钥和账号。在设备上创建 SSH 密钥和允许 SSH 登录的账号，如图 1-2-9 所示。

（2）连接设备。使用 SSH 客户端软件，输入设备的 IP 地址和端口号（默认为 22），尝试建立加密连接，如图 1-2-10 所示。

（3）登录设备。连接成功后，输入正确的用户名和密码即可登录设备，如图 1-2-11 所示。

1.2.3.4　交换机的基础命令

交换机作为计算机网络中的重要设备，承担着数据包的转发与交换任务。交换机的基本配置命令，通常包括系统命名、接口配置、VLAN（虚拟局域网）的创建与划分等。通过这些基础命令的学习，能够掌握交换机的基本配置方法，为后续的网络管理和故障排除打下坚实的基础。

教学视频

```
[H3C]
[H3C]ssh server enable
[H3C]public-key local create rsa
The local key pair already exists.
Confirm to replace it? [Y/N]:y
The range of public key modulus is (512 ~ 4096).
If the key modulus is greater than 512, it will take a few minutes.
Press CTRL+C to abort.
Input the modulus length [default = 1024]:
Generating Keys...
.
.
Create the key pair successfully.
[H3C]public-key local create dsa
The range of public key modulus is (512 ~ 2048).
If the key modulus is greater than 512, it will take a few minutes.
Press CTRL+C to abort.
Input the modulus length [default = 1024]:
Generating Keys...
.
.
Create the key pair successfully.
[H3C]
```

```
Create the key pair successfully.
[H3C]local
[H3C]local-user
[H3C]local-user admin
[H3C-luser-manage-admin]passw
[H3C-luser-manage-admin]password sim
[H3C-luser-manage-admin]password simple scyd@123
[H3C-luser-manage-admin]au
[H3C-luser-manage-admin]authorization-attribute user-role net
[H3C-luser-manage-admin]authorization-attribute user-role network-admin
[H3C-luser-manage-admin]service-type ssh
[H3C-luser-manage-admin]qu
[H3C]user-interface vtp 0 4
                    ^
 % Wrong parameter found at '^' position.
[H3C]user-interface vty 0 4
[H3C-line-vty0-4]aut
[H3C-line-vty0-4]authentication-mode scheme
[H3C-line-vty0-4]protocol inbound ssh
[H3C-line-vty0-4]
```

图 1-2-9　创建 SSH 密钥和账号

```
<H3C>ssh 192.168.1.2
Username: admin
Press CTRL+C to abort.
Connecting to 192.168.1.2 port 22.
The server is not authenticated. Continue? [Y/N]:y
Do you want to save the server public key? [Y/N]:y
admin@192.168.1.2's password:
Enter a character ~ and a dot to abort.
***************************************************************
* Copyright (c) 2004-2022 New H3C Technologies Co., Ltd. All rights reserved.*
* Without the owner's prior written consent,                  *
* no decompiling or reverse-engineering shall be allowed.     *
***************************************************************

<H3C>
<H3C>
<H3C>
<H3C>
<H3C>
<H3C>
```

图 1-2-10　通过 SSH 连接设备

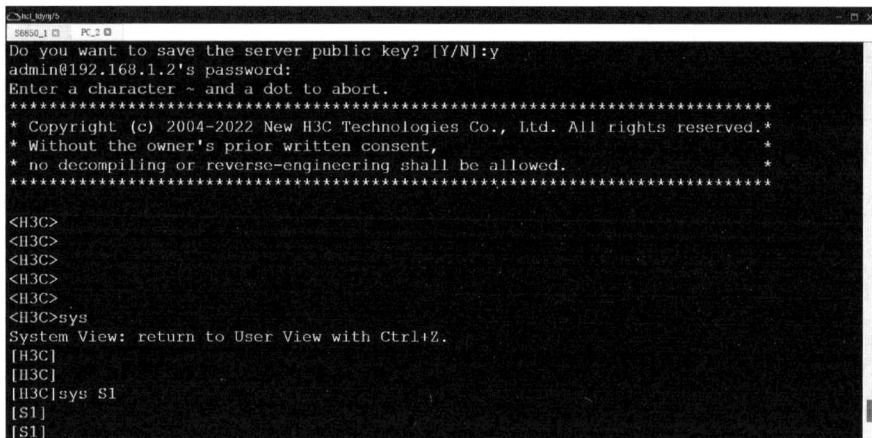

图 1-2-11　通过 SSH 成功登录设备

1. 系统命名与视图模式

1）系统命名

交换机在配置时,首先需要对设备进行命名,以便于管理和识别。以 H3C 交换机为例,进入系统视图模式后,使用 sysname 命令为设备命名。

```
<H3C>system-view
System View: return to User View with Ctrl+Z.
[H3C]sysname SwitchA
```

在以上命令中,system-view 命令用于进入系统视图模式,而使用命令

```
sysname SwitchA
```

则会将设备命名为 SwitchA。

2）视图模式

交换机支持多种视图模式,如用户视图、系统视图、接口视图等。在不同的视图模式下,可以执行不同的配置命令。使用 quit 命令可以退出当前视图模式,返回上级视图或用户视图。

```
[SwitchA]quit
<SwitchA>
```

2. 接口配置

接口配置是交换机配置中的重要部分,涉及接口的启用、关闭、速度设置、双工模式设置等。

1）进入接口视图

以 H3C 交换机为例,使用 interface Ethernet<interface_id>命令进入指定接口的配置模式。

```
<SwitchA>system-view
[SwitchA]interface Ethernet 1/0/1
[SwitchA-Ethernet1/0/1]
```

2) 启用或关闭接口

在接口视图下,可以使用 no shutdown 命令启用接口,使用 shutdown 命令关闭接口。

```
[SwitchA-Ethernet1/0/1]no shutdown
[SwitchA-Ethernet1/0/1]shutdown
```

3) 设置接口速度和双工模式

为了保证数据传输的高效性,可以设置接口的速度和双工模式。例如,将接口速度设置为 100Mbps,双工模式设置为全双工。

```
[SwitchA-Ethernet1/0/1]speed 100
[SwitchA-Ethernet1/0/1]duplex full
```

3. VLAN 创建与划分

VLAN(Virtual Local Area Network,VLAN)的创建与划分是交换机配置中的核心任务之一,用于实现局域网内的逻辑隔离。

1) 创建 VLAN

在系统视图下,使用 vlan<vlan_id>命令创建 VLAN,并进入 VLAN 配置模式。VLAN 的 ID 范围是 1~4094。

```
[SwitchA]vlan 10
[SwitchA-vlan10]
```

2) 为 VLAN 命名

在 VLAN 配置模式下,使用 name<vlan_name>命令为 VLAN 命名,以便于识别和管理。

```
[SwitchA-vlan10]name Finance
```

3) 将接口加入 VLAN

创建 VLAN 后,需要将交换机上的接口划分到相应的 VLAN 中。在接口视图下,使用 port access vlan<vlan_id>命令将接口加入指定的 VLAN 中。

```
[SwitchA-Ethernet1/0/1]port link-type access
[SwitchA-Ethernet1/0/1]port access vlan 10
```

在上述命令中,port link-type access 命令用于设置接口的访问模式为 access 模式,这是将接口加入 VLAN 的前提。

4) 查看 VLAN 配置

为了验证 VLAN 的配置是否正确,可以使用 display vlan 命令查看当前交换机上的 VLAN 配置信息。

```
[SwitchA]display vlan
```

4. 端口安全控制

端口安全控制是交换机配置中的重要功能,用于设置接口的最大连接数、绑定 MAC 地址等,以保证设备的安全。

1)设置接口的最大连接数

在接口视图下,使用 port-security maximum＜max_num＞命令设置接口的最大连接数。

```
[SwitchA-Ethernet1/0/1] port-security maximum 3
```

2)绑定 MAC 地址

为了进一步增强端口的安全性,可以将 MAC 地址与接口进行绑定。使用命令 mac-address 来实现。

```
<H3C>system-view
[H3C]interface GigabitEthernet1/0/1
[H3C-GigabitEthernet1/0/1]mac-address 00e0-fc00-0001
[H3C-GigabitEthernet1/0/1]quit
```

以上命令实现 MAC 地址 00e0-fc00-0001 绑定到 GigabitEthernet1/0/1 接口上。

1.2.4 任务实施

1. 网络拓扑设计

根据任务需求,绘制设计网络拓扑图,明确交换机位置及连接方式,如图 1-2-1 所示。

2. IP 地址规划

利用 VLSM 原则规划 IP 地址,为不同部门和区域分配合适的子网,具体规划如表 1-2-2 所示。

表 1-2-2 不同部门和区域 IP 地址规划表

设　　备	端　　口	VLAN	IP 地址
核心交换机一	G1/0/2	VLAN 10	
	G1/0/3	VLAN 20	
	G1/0/4	VLAN 30	
核心交换机二	G1/0/2	VLAN 10	
	G1/0/3	VLAN 20	
	G1/0/4	VLAN 30	
财务部分部	G1/0/1		192.168.1.1/24
项目部分部	G1/0/1		192.168.1.2/24
人事部分部	G1/0/1		192.168.1.3/24
财务部	G1/0/1		192.168.1.4/24
项目部	G1/0/1		192.168.1.5/24
人事部	G1/0/1		192.168.1.6/24

3. 物理连接

完成网络设备的安装与双绞线制作,实现设备间的物理连接,如图 1-2-12 所示。

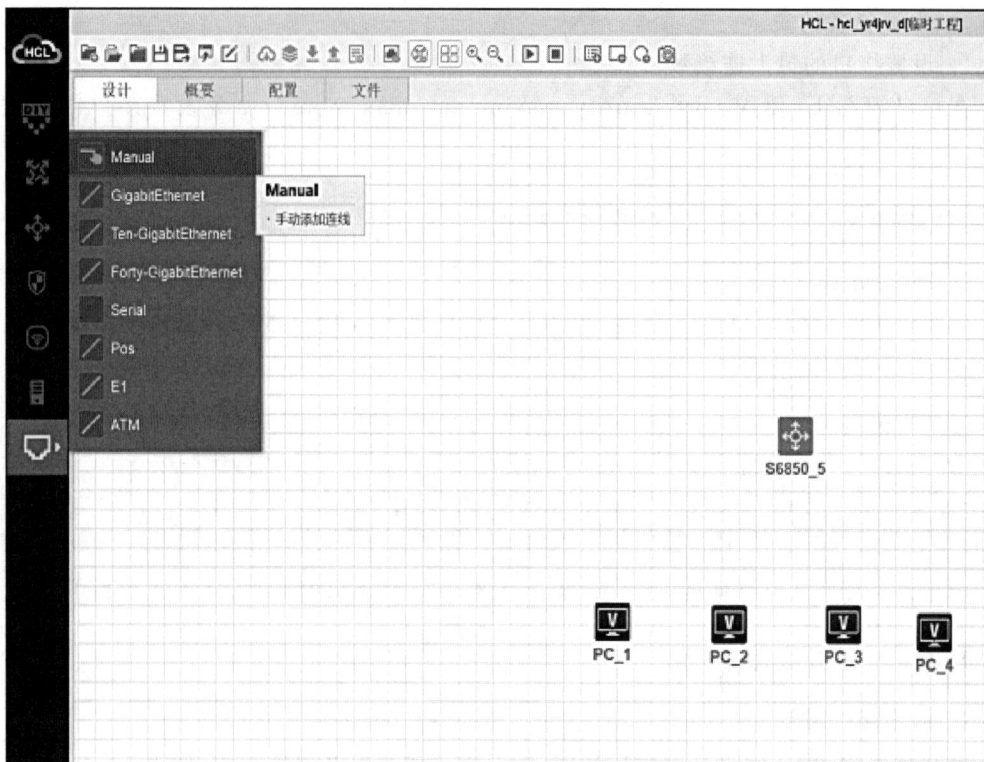

(a) 选择连接介质

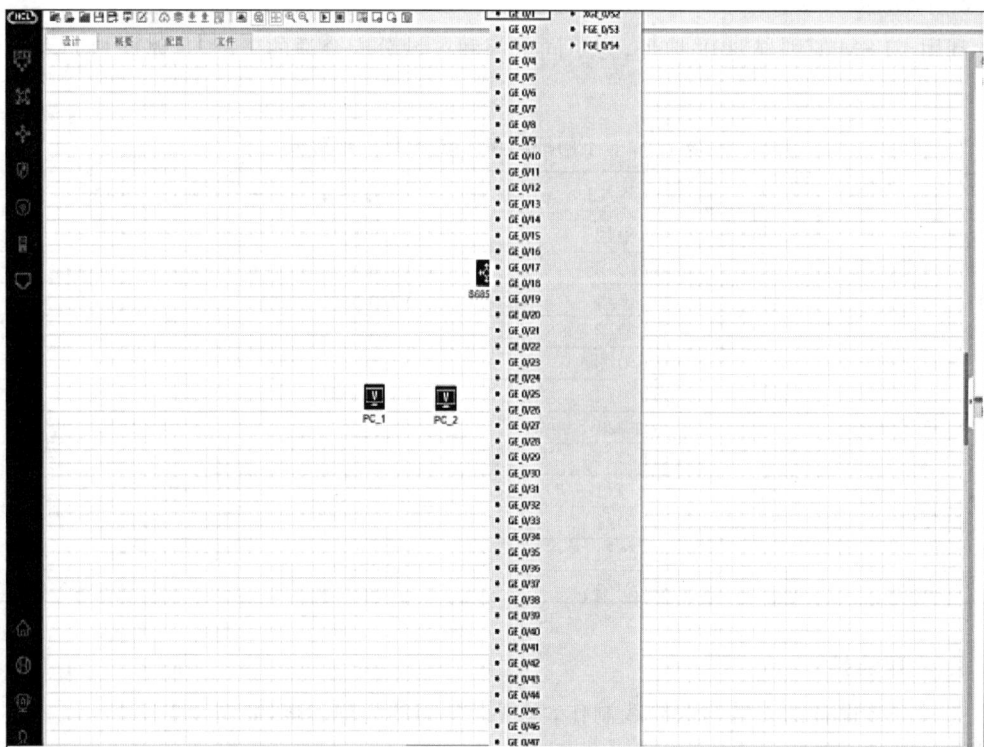

(b) 选择交换机端口

图 1-2-12　基础网络物理连接

4. 设备配置

（1）登录交换机，配置系统名称、时间等基本信息。

核心交换机一的配置如下：

```
<H3C>system-view
System View: return to User View with Ctrl+Z.
[H3C]sysname HXSW1
```

核心交换机二的配置如下：

```
<H3C>system-view
System View: return to User View with Ctrl+Z.
[H3C]sysname HXSW2
```

（2）配置 VLAN，为不同部门划分逻辑网络。

核心交换机一的配置如下：

```
[HXSW1]vlan 10
[HXSW1-vlan10]port GigabitEthernet 1/0/2
[HXSW1-vlan10]quit
[HXSW1]vlan 20
[HXSW1-vlan20]port GigabitEthernet 1/0/3
[HXSW1-vlan20]quit
[HXSW1]vlan 30
[HXSW1-vlan30]vlan 30
[HXSW1-vlan30]quit
```

核心交换机二的配置如下：

```
[HXSW2]vlan 10
[HXSW2-vlan10]port GigabitEthernet 1/0/2
[HXSW2-vlan10]quit
[HXSW2]vlan 20
[HXSW2-vlan20]port GigabitEthernet 1/0/3
[HXSW2-vlan20]quit
[HXSW2]vlan 30
[HXSW2-vlan30]port  GigabitEthernet 1/0/4
[HXSW2-vlan30]
[HXSW2-vlan30]quit
```

（3）配置接口，设置 VLAN 归属及 IP 地址，如图 1-2-13 所示。

图 1-2-13　配置接口 IP 地址

笔记

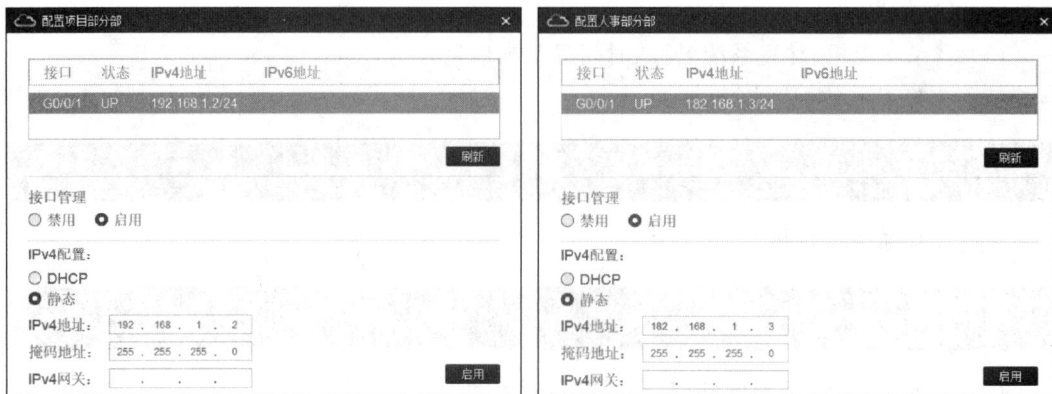

图　1-2-13(续)

（4）在核心交换机一上将 G1/0/1 接口配置为 Trunk 链路,并允许 VLAN 10、VLAN 20 和 VLAN 30 通过。

```
[HXSW1]interface GigabitEthernet 1/0/1
[HXSW1-GigabitEthernet1/0/1]port link-type trunk
[HXSW1-GigabitEthernet1/0/1]port trunk permit vlan 10 20 30
[HXSW1-GigabitEthernet1/0/1]quit
```

（5）在核心交换机二上将 G1/0/1 接口配置为 Trunk 链路,并允许 VLAN 10、VLAN 20 和 VLAN 30 通过。

```
[HXSW2]interface GigabitEthernet 1/0/1
[HXSW2-GigabitEthernet1/0/1]port link-type trunk
[HXSW2-GigabitEthernet1/0/1]port trunk permit vlan 10 20 30
[HXSW2-GigabitEthernet1/0/1]quit
```

5. 测试与调优

测试网络连通性,验证 VLAN 隔离效果。当计算机在同一 VLAN 时,计算机之间能相互连通,如图 1-2-14 所示。

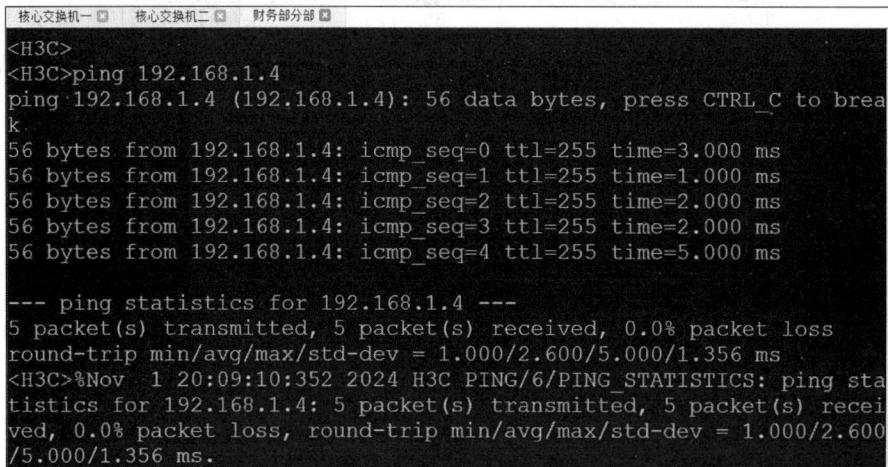

```
核心交换机一 ⊗    核心交换机二 ⊗    财务部部分 ⊗
<H3C>
<H3C>ping 192.168.1.4
ping 192.168.1.4 (192.168.1.4): 56 data bytes, press CTRL_C to brea
k
56 bytes from 192.168.1.4: icmp_seq=0 ttl=255 time=3.000 ms
56 bytes from 192.168.1.4: icmp_seq=1 ttl=255 time=1.000 ms
56 bytes from 192.168.1.4: icmp_seq=2 ttl=255 time=2.000 ms
56 bytes from 192.168.1.4: icmp_seq=3 ttl=255 time=2.000 ms
56 bytes from 192.168.1.4: icmp_seq=4 ttl=255 time=5.000 ms

--- ping statistics for 192.168.1.4 ---
5 packet(s) transmitted, 5 packet(s) received, 0.0% packet loss
round-trip min/avg/max/std-dev = 1.000/2.600/5.000/1.356 ms
<H3C>%Nov  1 20:09:10:352 2024 H3C PING/6/PING_STATISTICS: ping sta
tistics for 192.168.1.4: 5 packet(s) transmitted, 5 packet(s) recei
ved, 0.0% packet loss, round-trip min/avg/max/std-dev = 1.000/2.600
/5.000/1.356 ms.
```

图 1-2-14　同一 VLAN 相互连通

当计算机在不同 VLAN 时,计算机之间相互不通,如图 1-2-15 所示。

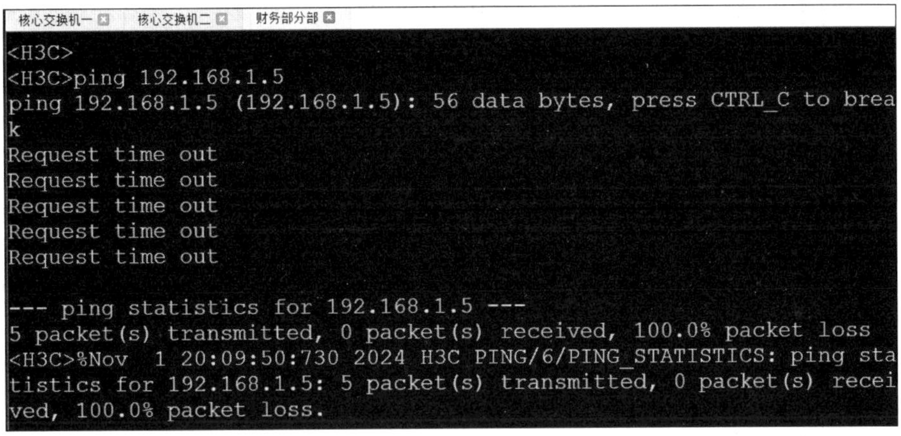

图 1-2-15 同一 VLAN 相互不通

1.2.5 任务总结

通过本任务,学生将学会为新建公司搭建基础网络环境,确保办公区域内的网络互联互通及基本安全隔离。在任务执行过程中,需要理解并应用 VLSM 进行 IP 地址规划,创建 VLAN 实现逻辑上的网络分段,以提高效率和安全性。同时,需要熟悉 H3C 路由器和交换机的基本配置命令,包括接口配置、路由设置等,增强实际操作能力。

1.2.6 任务工单

任务工单一

工作任务单基础信息			
工单编号		工单名称	交换机基础命令
工单来源	教材配套	工单提供	
工单介绍	了解交换机基础命令配置		
工单环境	计算机一台,H3C Cloud Club		
接 单 人	班级:	姓名:	学号: 岗位:
团队成员	组长:	其他组员:	
工作任务单主体			
任务介绍	李华是一家小型企业的网络工程师,负责构建和维护公司的内部网络。公司网络由若干个交换机和路由器组成,为了使得内部网络按照需求互通,提高网络性能,李华决定熟悉 H3C 的模拟器设备,使公司不同区域的 H3C 设备实现正确的、高效的共享路由信息,确保公司内部路由信息的正确传递,实现公司网络的连通性和稳定性。		
预期目标	(1) 了解交换机基础命令的使用方法。 (2) 了解 VLAN 的简单配置。		

笔记

	工作任务单主体
任务资讯 （10分）	（1）交换机基础命令有哪些？ （2）这些交换机基础命令在哪里可以查看？ （3）VLAN适用什么场景？

	工作任务单质量控制
综合能力 评定	说明：使用者使用笔绘制，有条件的可以放入教学平台自动生成。 表格及综合能力评定雷达图

综合能力评定表格：

内容	分数	综合能力评定雷达图
学习内容		
学习表现		
实践应用		
自主学习		
协助创新		

任务工单二

	工作任务单基础信息		
工单编号		工单名称	交换机基础命令
工单来源	教材配套	工单提供	
工单介绍	了解交换机基础命令配置		
工单环境	计算机一台，H3C Cloud Club		
接单人	班级：	姓名：	学号： 岗位：
团队成员	组长：	其他组员：	

	工作任务单主体
任务实施 （50分）	**子任务1：认识命令** （1）交换机基础命令的功能。 （2）交换机基础命令的用处。 **子任务2：使用命令** 在HCL模拟器演示VLAN配置过程，主要过程截图上传。 **子任务3：测试及文档制作** **1. 测试功能** 按照设计要求测试功能。 **2. 制作用户使用说明书** 参考帮助说明，制作用户使用说明书，并交给同学进行测试。

续表

笔记

工作任务单主体		

任务总结 (10分)	1. 过程记录		

序号	内容	思考及解决方法

2. 编写完成本项目的工作总结

3. 答辩

工作任务单质量控制	
教师评语	

任务工单三

工作任务单基础信息			
工单编号		工单名称	交换机基础命令
工单来源	教材配套	工单提供	
工单介绍	了解交换机基础命令配置		
工单环境	计算机一台,H3C Cloud Club		
接 单 人	班级: 姓名:	学号:	岗位:
团队成员	组长: 其他组员:		

工作任务单主体	
任务计划 (10分)	子任务1:认识命令 子任务2:使用命令 子任务3:测试及文档制作 提示:项目计划仅作参考,请根据实际情况进行修改。
任务部署 (10分)	项目实施前应联系管理老师安排场地,领取相关设施设备,严格按照实训室操作规范进行项目实施,完成项目后需要将所有设备设施恢复原位,资料规范存档,并将实训场地清理干净。

工作任务单质量控制	

说明:使用者使用笔绘制,有条件的可以放入教学平台自动生成。

综合能力 评定	内容	分数	综合能力评定雷达图
	学习内容		
	学习表现		
	实践应用		
	自主学习		
	协助创新		

练习题

1. 网络的延迟(delay)定义了网络把数据从一个网络节点传送到另一个网络节点所需要的时间。网络延迟包括(　　)。

    A. 介质访问延迟　　　　　　　　　　B. 传播延迟

    C. 交换延迟　　　　　　　　　　　　D. 队列延迟

2. 对于分组交换方式的理解,下列说法中正确的是(　　)。

    A. 传输的信息被划分为一定长度的分组,以分组为单位进行存储转发

    B. 每个分组都载有接收方和发送方的地址标识,分组可以不需要任何操作而直接转发,从而提高效率

    C. 分组交换是一种基于存储转发(Store-and-Forward switching)的交换方式

    D. 分组交换可以细分为基于帧的分组交换和基于信元的分组交换

3. 以下关于CSMA/CD的说法中正确的是(　　)。

    A. 信道空闲时站点才能开始传送它的帧

    B. CSMA/CD应用在总线型以太网中,主要解决在多个站点同时发送数据时如何检测冲突、确保数据有序传输的问题

    C. 当连在以太网上的站点要传送一个帧时,它必须等到信道空闲,即载波消失

    D. 如果两个站点同时开始传送,它们将侦听到信号的冲突,并暂停发送

4. 10G以太网一个最大改变就是它不仅可以在局域网中使用,还可应用于广域网中,其对应的规范包括(　　)。

    A. 10GBase-LW　　　B. 10GBase-EW　　　C. 10GBase-SW　　　D. 10GBase-LR

5. 以下关于星型网络拓扑结构的描述正确的是(　　)。

    A. 在星型拓扑中,某条线路的故障不影响其他线路下的计算机通信口

    B. 星型拓扑具有很高的健壮性,不存在单点故障的问题

    C. 星型拓扑易于维护

    D. 由于星型拓扑结构的网络是共享总线带宽,当网络负载过重时会导致性能下降

6. 以下关于电路交换和分组交换的描述正确的是(　　)。

    A. 电路交换延迟小,传输实时性强　　　B. 分组交换网络资源利用率低

    C. 分组交换延迟大,传输实时性差　　　D. 电路交换网络资源利用率高

7. OSI参考模型物理层的主要功能是(　　)。

    A. 建立端到端连接

    B. 在终端设备间传送比特流,定义了电压、接口、电缆标准和传输距离等

    C. 物理地址定义

    D. 将数据从某一端主机传送到另一端主机

8. 以下工作于OSI参考模型数据链路层的设备是(　　)。

    A. 集线器　　　　B. 交换机　　　　C. 路由器　　　　D. 中继器

9. 以下选项中属于网络接口层协议的是(　　)。

    A. SMTP　　　　B. PPP　　　　C. HDLC　　　　D. Ethernet

10. IP 协议对应于 OSI 参考模型的第(　　)层。

　　A. 2　　　　　　　　B. 5　　　　　　　　C. 3　　　　　　　　D. 1

11. TCP/IP 协议栈包括(　　)。

　　A. 表示层　　　　　B. 网络层　　　　　C. 传输层　　　　　D. 应用层

　　E. 网络接口层

12. 下面关于 OSI 参考模型的说法正确的是(　　)。

　　A. 物理层的数据称为比特(Bit)

　　B. 传输层的数据称为帧(Frame)

　　C. 网络层的数据称为段(Segment)

　　D. 数据链路层的数据称为数据包(Packet)

13. TCP 属于 OSI 参考模型的(　　)。

　　A. 会话层　　　　　B. 网络层　　　　　C. 传输层　　　　　D. 表示层

14. 提供端到端可靠数据传输和流量控制的是 OSI 参考模型的(　　)。

　　A. 传输层　　　　　B. 表示层　　　　　C. 网络层　　　　　D. 会话层

15. 在开放系统互连参考模型(OSI)中,以帧的形式传输数据流的是(　　)。

　　A. 数据链路层　　　B. 网路层　　　　　C. 会话层　　　　　D. 传输层

16. 在 OSI 参考模型中,加密是(　　)的功能。

　　A. 表示层　　　　　B. 物理层　　　　　C. 传输层　　　　　D. 会话层

17. PC1 通过 telnet 登录到 RTA,然后在 RTA 的远程登录界面 ftp 登录到 RTB,并获取 RTB 的配置文件,此时 RTA 存在(　　)个 TCP 连接。

　　A. 4　　　　　　　　B. 1　　　　　　　　C. 2　　　　　　　　D. 3

18. UDP 协议和 TCP 协议报文头部的共同字段有(　　)。

　　A. 校验和　　　　　B. 源端口　　　　　C. 目的端口　　　　D. 流量控制

　　E. 源 IP 地址　　　 F. 序列号

19. TCP 协议通过(　　)来区分不同的连接。

　　A. 端口号和 MAC 地址　　　　　　　　　B. 端口号

　　C. 端口号和 IP 地址　　　　　　　　　　D. IP 地址和 MAC 地址

20. 在如图 1-2-16 所示的 TCP 连接的建立过程中,SYN 中的 Y 部分应该填入(　　)。

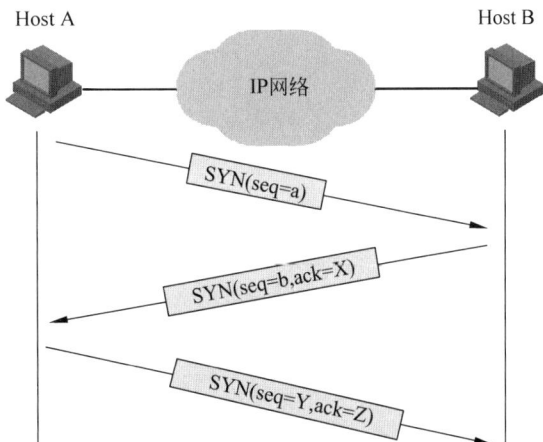

图 1-2-16　TCP 连接

A. a+1   B. a   C. b   D. b+1

21. 以下( )选项描述的参数可以唯一确定一条 TCP 连接。
   A. 其他选项都不对   B. 源端口号,源 IP 地址
   C. 目的端口号,目的 IP 地址   D. 源端口号,目的端口号
   E. 源 MAC 地址,目的 MAC 地址

22. 在 MSR 路由器上为 Telnet 配置用户名的时候,关于用户的优先级,以下说法正确的是( )。
   A. 数值越小,用户的优先级越高   B. 0 为访问级
   C. 1 为监控级   D. 2 为设备级
   E. 3 为管理级   F. 数值越小,用户的优先级越低

23. 在系统启动过程中,根据按快捷键( )系统将中断引导,进入 BootROM 模式。
   A. Ctrl+Z   B. Ctrl+A
   C. Ctrl+B   D. Ctrl+C

24. 在打开 debugging 调试以后,可以使用( )命令关掉 debugging。
   A. undo debugging all   B. undo terminal monitor
   C. no debugging all   D. undo terminal debugging

25. 在 MSR 路由器上使用 ping 命令时,可以用参数( )来设定所发送的 ICMP 报文长度。
   A. -b   B. -n   C. -c   D. -s

26. ping 实际上是基于( )协议开发的应用程序。
   A. TCP   B. ICMP   C. IP   D. UDP

项目 2

公司内部网络保障

随着企业业务的持续拓展及部门间合作的日益紧密,构建一个高效、稳定且安全的内部通信网络显得尤为重要。本项目通过优化网络架构、提升设备性能、加强安全防护等措施,全面升级企业内部网络通信体系,确保各部门间信息流通顺畅无阻,同时为企业的未来数字化转型奠定坚实的基础。

本项目将理论知识与仿真平台上的实践相结合,使网络维护人员掌握路由与交换技术、VLAN 划分原理、生成树协议、VRRP(虚拟路由冗余协议)等;熟悉主流交换机和路由器的配置与管理;了解网络安全基础,能够独立完成设备的配置与故障排除;具备网络拓扑设计与优化能力,能够根据企业业务需求,设计高效、可靠的网络架构;熟悉网络监控与诊断工具,用于日常网络维护和故障排查。

任务 2.1 公司部门间通信

2.1.1 任务陈述

李华是一家小型企业的网络工程师,负责构建和维护公司的内部网络。公司网络由若干个交换机和路由器组成,为了使得内部网络按照需求互通,提高网络性能,李华决定在内部自治系统间部署 VLAN,通过 VLAN 配置,公司不同区域的 H3C 设备实现正确、高效的共享路由信息,确保公司内部间路由信息的正确传递,实现公司网络连通性和稳定性。

2.1.2 任务分析

1. 需求分析

(1) 了解 VLAN 的基本概念和工作原理。

(2) 掌握 H3C 设备的基本配置命令和交换机之间链路类型配置方法。

(3) 能够配置 VLAN 间路由,从而实现交换机和路由器之间的路由信息交换。

2. 知识要求

（1）掌握三层交换机 VLAN 间路由的工作原理。

（2）掌握划分路由器子接口含义。

3. 技能要求

（1）熟悉配置三层交换机 VLAN 间路由和单臂路由。

（2）能够选取路由最优方案。

4. 任务拓扑

公司部门间通信拓扑图，如图 2-1-1 所示。

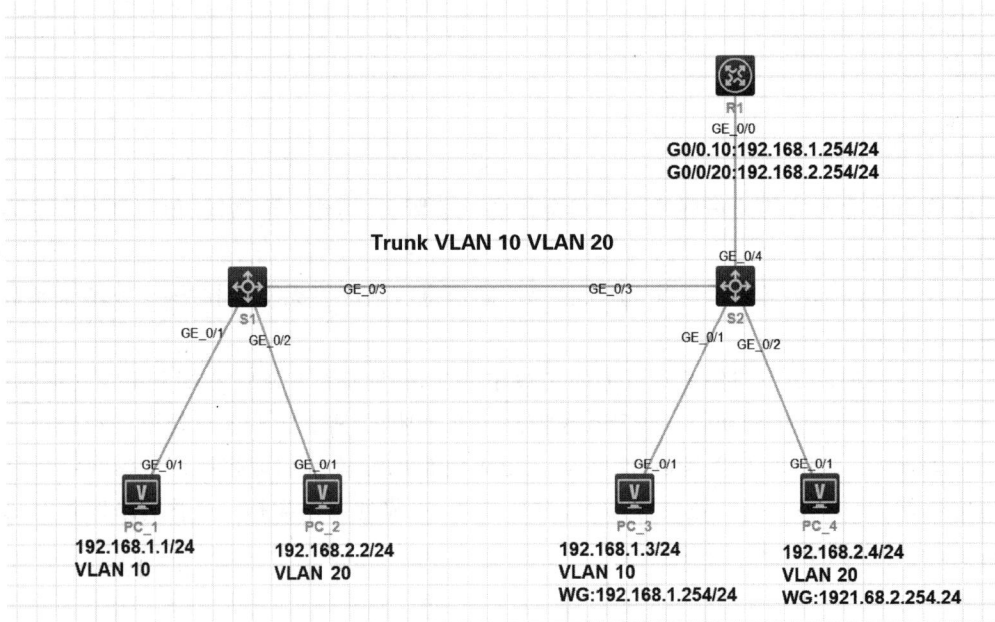

图 2-1-1　公司部门间通信拓扑图

2.1.3　知识准备

2.1.3.1　交换技术基础知识

1. 交换机分类

（1）以太网二层交换机：在园区网络中，交换机一般来说是距离终端用户最近的设备，用于终端接入园区网，接入层的交换机一般为二层交换机。

二层交换设备工作在 TCP/IP 对等模型的第二层，即数据链路层，它对数据包的转发是建立在 MAC(Media Access Control)地址基础之上的。

（2）以太网三层交换机：不同局域网之间的网络互通需要路由器来完成。随着数据通信网络范围的不断扩大和网络业务的不断丰富，网络间互访的需求越来越大，而路由器由于自身成本高、转发性能低、接口数量少等特点无法很好地满足网络发展的需求。因此，出现了三层交换机这种能实现高速三层转发的设备。

2．交换机的工作原理

二层交换机工作在数据链路层，它对数据帧的转发是建立在 MAC 地址基础之上的。交换机不同的接口发送和接收数据是独立的，各接口属于不同的冲突域，因此有效地隔离了网络中的冲突域。

二层交换设备通过学习以太网数据帧的源 MAC 地址来维护 MAC 地址与接口的对应关系（保存 MAC 与接口对应关系的表称为 MAC 地址表），通过其目的 MAC 地址来查找 MAC 地址表决定向哪个接口转发。

MAC 地址表记录了交换机学习到的其他设备的 MAC 地址与接口的对应关系。交换机在转发数据帧时，根据数据帧的目的 MAC 地址查询 MAC 地址表。如果 MAC 地址表中包含与该帧目的 MAC 地址对应的表项，则直接通过该表项中的相应接口转发该报文；如果 MAC 地址表中没有包含该帧目的 MAC 地址对应的表项，交换机将采取泛洪方式在除接收接口外的所有接口发送该报文。

3．交换机的三种数据帧处理行为

交换机会通过传输介质进入其接口的每一个帧进行转发操作，交换机的基本作用就是用来转发数据帧。

交换机对帧的处理行为共有以下三种。

（1）泛洪（Flooding）：交换机把从某一接口进来的帧通过所有其他的接口转发出去（注意，"所有其他的接口"是指除了这个帧进入交换机的那个接口以外的所有接口）。

（2）转发（Forwarding）：交换机把从某一接口进来的帧通过另一个接口转发出去（注意，"另一个接口"不能是这个帧进入交换机的那个接口）。

（3）丢弃（Discarding）：交换机把从某一接口进来的帧直接丢弃。

2.1.3.2　交换机接口类型

H3C 交换机提供了多种接口类型，以满足不同的网络需求。以下是 H3C 交换机常见的几种接口类型。

（1）以太网接口：交换机上用于连接网络设备如计算机、服务器等的标准接口。

（2）管理用以太网口：通常用来连接后台计算机完成系统的程序加载、调试等工作，也可以连接远端的网管工作站等设备以实现系统的远程管理。

（3）Console 口：用于本地管理交换机，通过 Console 线连接到计算机的串口，进行初始配置或故障排除。

（4）USB 口：部分 H3C 交换机型号支持 USB 接口，用于设备管理或软件备份等。

（5）Combo 接口：一个逻辑接口，在物理上对应设备面板上的一个电口和一个光口。电口与其对应的光口共用一个转发接口和接口视图，所以两者不能同时工作。当激活其中的一个接口时，另一个接口就自动处于禁用状态。

（6）Ten-GigabitEthernet 接口：一种万兆以太网接口，用于高速连接。

这些接口类型涵盖了 H3C 交换机在不同应用场景下的需求，从基本的网络连接到管理配置，以及高速数据传输等。具体机型支持的接口类型及接口数量可以参考产品的安装手册或硬件描述手册。

2.1.3.3　Access 接口与 Trunk 接口

1. Access 接口

Access 接口是交换机上用于连接终端设备并提供单个 VLAN 接入的接口类型。通过合理配置和管理 Access 接口,可以实现网络隔离、访问控制等功能,提高网络的安全性和可靠性。

1) 主要特点

(1) 单一 VLAN:Access 接口只能属于一个 VLAN,所有通过该接口进入的数据帧都会被打上该 VLAN 的标签。

(2) 默认 VLAN:通常情况下,Access 接口会自动归属于默认 VLAN(通常是 VLAN 1),但可以通过配置将其分配给其他 VLAN。

(3) 去标签:当数据帧从 Access 接口发送出去时,VLAN 标签会被去掉,确保终端设备接收到的是标准的以太网帧。

2) 配置步骤

配置接口类型:

```
[H3C-GigabitEthernet1/0/1] port link-type access
```

配置 Access 接口的所属 VLAN:

```
[H3C-GigabitEthernet1/0/1] port access vlan vlan-id
```

2. Trunk 接口

Trunk 接口是交换机上的一种接口类型,它可以允许多个 VLAN 的 tagged(标记)数据流和某一个 VLAN 的 untagged(未标记)数据流通过。Trunk 接口通常用于交换机与交换机之间或者交换机与路由器之间的连接,以实现不同 VLAN 间的通信。

1) 主要特点

(1) 多 VLAN 支持:Trunk 接口可以传输多个 VLAN 的流量,每个数据帧都会被打上相应的 VLAN 标签。

(2) VLAN 标签:Trunk 接口使用 IEEE 802.1Q 标准来添加和移除 VLAN 标签。

(3) 本地 VLAN:Trunk 接口可以配置一个本地 VLAN(Native VLAN),这个 VLAN 的数据帧在 Trunk 链路上不会被打上标签。

(4) 带宽利用率高:通过在一个物理链路上传输多个 VLAN 的流量,Trunk 接口可以有效地利用带宽资源。

2) 配置步骤

配置接口类型:

```
[H3C-GigabitEthernet0/0/1] port link-type trunk
```

配置 Trunk 接口加入指定 VLAN。

指定 VLAN 可以通过 Trunk 接口。例如,允许 VLAN 10、VLAN 20 和 VLAN 30 通过:

```
[H3C-GigabitEthernet0/0/1] port trunk permit vlan 10 20 30
```

如果需要允许所有 VLAN 通过,可以使用:

```
[H3C-GigabitEthernet0/0/1] port trunk permit vlan all
```

(可选)配置 Trunk 接口的默认 VLAN。

PVID 是指在 Trunk 链路上发送未标记帧(Untagged)时所使用的 VLAN ID。例如,将 PVID 设置为 VLAN 10:

```
[H3C-GigabitEthernet0/0/1] port trunk pvid vlan 10
```

2.1.3.4　配置交换机干道端口

1. 配置交换机干道端口介绍

在计算机网络配置中,配置交换机的干道端口(Trunk 接口)是一个重要的实践内容。干道端口允许多个 VLAN 的数据流通过,是连接不同 VLAN 的重要通道。

2. 配置交换机干道端口步骤

1)进入系统视图

在交换机命令行界面,输入 system-view 命令进入系统视图模式。

```
<H3C> system-view
System View: return to User View with Ctrl+Z.
[H3C]
```

2)进入以太网端口视图

输入 interface Ethernet X/Y/Z 命令进入要配置为干道端口的以太网端口视图。其中,X/Y/Z 表示端口号,例如 Ethernet 2/0/1。

```
[H3C] interface Ethernet 2/0/1
[H3C-Ethernet 2/0/1]
```

3)设置端口为干道模式

输入 port link-type trunk 命令将端口设置为干道模式。

```
[H3C-Ethernet2/0/1] port link-type trunk
```

4)允许指定 VLAN 通过

使用 port trunk permit vlan 命令允许指定的 VLAN 通过干道端口。可以指定单个 VLAN,也可以指定 VLAN 范围,或者使用 all 表示允许所有 VLAN 通过。

(1)允许单个 VLAN 通过:

```
[H3C-Ethernet2/0/1] port trunk permit vlan 10
```

（2）允许指定 VLAN 范围通过：

```
[H3C-Ethernet2/0/1] port trunk permit vlan 2 to 10
```

（3）允许所有 VLAN 通过：

```
[H3C-Ethernet2/0/1] port trunk permit vlan all
```

5）设置默认 VLAN

使用 port trunk pvid vlan 命令可以设置干道端口的默认 VLAN。干道端口的默认 VLAN 为 VLAN 10。

```
[H3C-Ethernet2/0/1] port trunk pvid vlan 10
```

6）保存配置

输入 write 命令或 save 命令保存配置，确保配置在交换机重启后仍然生效。

```
[H3C-Ethernet2/0/1] quit
[H3C] write
Saving configuration file to device...
Save the configuration successfully.
```

7）验证配置

可以通过 display current-configuration 命令查看当前配置，验证干道端口配置是否正确。

```
[H3C] display current-configuration interface Ethernet 2/0/1
#
interface Ethernet2/0/1
  port link-type trunk
  port trunk permit vlan all
  port trunk pvid vlan 10
#
```

2.1.3.5　VLAN 的划分及配置

1. VLAN 的划分

在网络通信中，计算机产生的数据帧可能不附带任何 VLAN 标签。对于支持 VLAN 功能的交换机而言，当接收到未标记（Untagged）的数据帧时，必须依据特定的划分标准将该帧分配至相应的 VLAN。以下是五种常见的 VLAN 划分方法。

1）基于接口分配

通过交换机的接口来确定 VLAN 的归属。

网络管理员事先为交换机的每个接口设定不同的 PVID（端口默认 VLAN 标识符）。当数据帧未携带 VLAN 标签进入交换机时，该帧将被赋予接口所指定的 PVID 标签，并在相应的 VLAN 内进行传输。

2）基于 MAC 地址分配

根据数据帧的源 MAC 地址来确定 VLAN 的归属。

网络管理员事先配置 MAC 地址与 VLAN ID 的映射表。当交换机接收到未标记帧时，根据映射表为数据帧添加相应的 VLAN 标签，并在指定的 VLAN 内进行传输。

3）基于 IP 子网分配

根据数据帧中的源 IP 地址和子网掩码来确定 VLAN 的归属。

网络管理员事先配置 IP 地址与 VLAN ID 的映射表。当交换机接收到未标记帧时，依据映射表为数据帧添加相应的 VLAN 标签，并在指定的 VLAN 内进行传输。

4）基于协议分配

根据数据帧所属的协议族类型及封装格式来确定 VLAN 的归属。

网络管理员事先配置以太网帧中协议域与 VLAN ID 的映射关系表。当交换机接收到未标记帧时，依据映射表为数据帧添加相应的 VLAN 标签，并在指定的 VLAN 内进行传输。

5）基于策略分配

依据配置的策略来确定 VLAN 的归属，该策略可包含接口、MAC 地址、IP 地址等多种组合方式。

网络管理员事先设置配置策略。当交换机接收到未标记帧，并且该帧符合配置的策略时，为数据帧添加相应的 VLAN 标签，并在指定的 VLAN 内进行传输。

2. VLAN 的配置

创建 VLAN：

```
[H3C] vlan 2                          # 创建单个 VLAN ID 号为 2
[H3C] vlan 4 to 100                   # 批量创建 VLAN 4 至 100
```

将指定端口加入当前 VLAN 中：

```
[H3C-vlan2] port Ethernet 0/4 to Ethernet0/7     # 将 4 到 7 号端口加入 VLAN 2
```

根据实际要求配置端口类型。

根据实际要求可进行 Access 端口与 Trunk 端口的相关配置。

2.1.3.6 路由器实现 VLAN 间通信

VLAN 技术的提出，满足了二层组网隔离广播域需求，使得属于不同 VLAN 的网络无法互访，但不同 VLAN 之间又存在相互访问的需求。因此，VLAN 之间需要借助三层设备实现互访。

1. 使用路由器实现 VLAN 间通信

使用路由器实现不同 VLAN 之间的通信可通过路由器的物理接口和子接口两种方式实现。

1）使用路由器的物理接口实现 VLAN 间路由

引入 VLAN 之后，每个交换机被划分成多个 VLAN，而每个 VLAN 对应一个 IP 网段。

笔记

实现不同 VLAN 路由,每个 VLAN 都要占用路由器的物理接口,即一个 VLAN 对应路由器一个物理接口。

如图 2-1-2 所示,路由器使用两个物理接口,分别作为 VLAN 10 及 VLAN 20 内 PC 的默认网关,使用路由器的物理接口实现 VLAN 之间的通信。

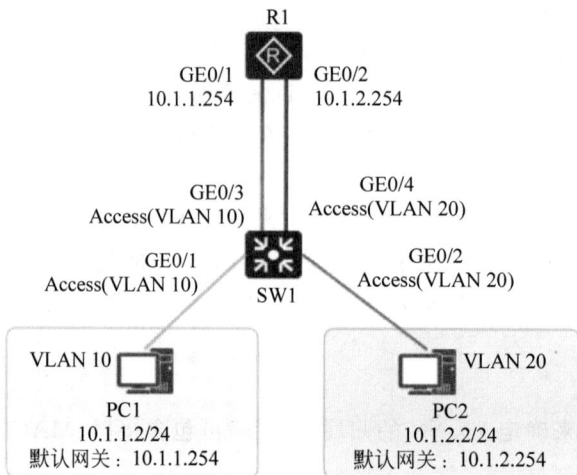

图 2-1-2 使用路由器的物理接口实现 VLAN 间通信

在 VLAN 数量较多时,这种方式要求占用路由器和交换机的大量物理接口,并需要大量的物理连线,且路由器作为三层转发设备其接口数量较少,因此这种方式成本较高、可扩展性太差。

2) 使用路由器子接口实现 VLAN 间路由(单臂路由)

为了避免物理端口和线缆的浪费,可简化连接方式,可以使用 802.1Q 封装和子接口,通过一条物理链路实现 VLAN 间路由。

如图 2-1-3 所示,R1 使用一个物理接口(GE0/1)与交换机 SW1 对接,并基于该物理接口创建两个子接口:GE0/1.10 及 GE0/1.20,分别使用这两个子接口作为 VLAN 10 及 VLAN 20 的默认网关。配置指令如下:

```
[R1]interface g0/0.10
[R1-GigabitEthernet0/0.10]vlan-type dot1q vid 10
[R1-GigabitEthernet0/0.10]ip address 10.1.1.254 24
[R1]interface g0/0.20
[R1-GigabitEthernet0/0.20]vlan-type dot1q vid 20
[R1-GigabitEthernet0/0.20]ip address 10.1.2.254 24
```

由于三层子接口不支持 VLAN 报文,当它收到 VLAN 报文时,会将 VLAN 报文当作非法报文而丢弃。因此,需要在子接口上将 VLAN Tag 剥掉,也就是需要 VLAN 终结(VLAN Termination)。

子接口终结 VLAN 的实质包含以下两个方面。

(1) 对接口接收到的报文,剥除 VLAN 标签后进行三层转发或其他处理。

(2) 对接口发出的报文,将相应的 VLAN 标签添加到报文中后再发送。

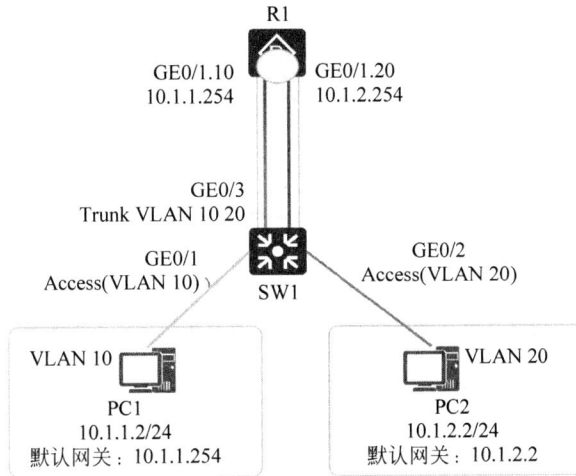

图 2-1-3　使用路由器子接口实现 VLAN 间通信

2. 使用三层交换机实现 VLAN 间通信

三层交换机技术通过为每个 VLAN 配置虚拟的三层接口,并利用硬件实现三层路由转发,有效解决了单臂路由技术存在的延迟和数据流压力问题,为 VLAN 间路由提供了高效、稳定的解决方案。

如图 2-1-4 所示,配置 VLANIF 接口如下:

```
# 创建 vlan
[SW1]vlan batch 10 20
# 配置 VLAN 配置虚拟的三层接口
[SW1] interface Vlanif 10
[SW1-Vlanif10] ip address 10.1.1.254 24
[SW1] interface Vlanif 20
[SW1-Vlanif20] ip address 10.1.2.254 24
```

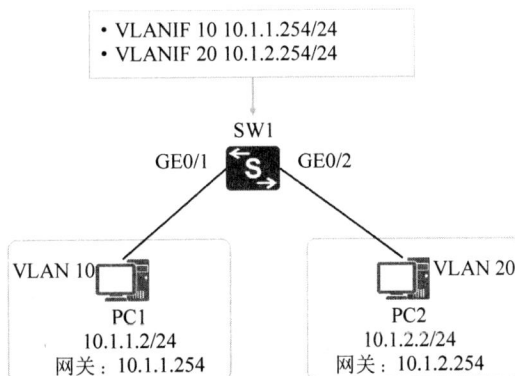

图 2-1-4　使用三层交换机实现 VLAN 间通信

2.1.4 任务实施

1. 基础配置

进入系统视图，并且修改设备名字。

交换机 S1 配置如下：

```
<H3C>system-view
[H3C]sysname S1
```

交换机 S2 配置如下：

```
<H3C>system-view
[H3C]sysname S2
```

路由器 R1 配置如下：

```
<H3C>system-view
[H3C]sysname R1
```

配置设备的基础 IP 地址，确保网络连通性，如图 2-1-5 所示。

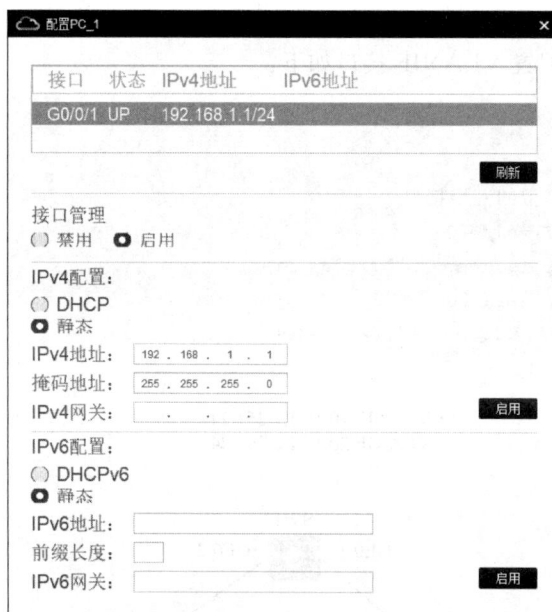

图 2-1-5　配置设备的基础 IP 地址

交换机 S1 配置如下：

```
[S1]vlan 10                            # 创建 vlan 10
[S1-vlan10]port g1/0/1                 # 将接口 g1/0/1 加入 vlan 10
[S1-vlan10]quit
[S1]vlan 20                            # 创建 vlan 20
```

```
[S1-vlan20]port g1/0/2                              # 将接口 g1/0/2 加入 vlan 20
[S1]interface G1/0/3
[S1-GigabitEthernet1/0/3]port link-type trunk       # 设置接口类型为 trunk
[S1-GigabitEthernet1/0/3]port trunk permit vlan 10 20
# 配置允许 vlan 10 和 vlan 20 通过
```

交换机 S2 配置如下：

```
[S2]vlan 10
[S2-vlan10]port g1/0/1
[S2-vlan10]quit
[S2]vlan 20
[S2-vlan20]port g1/0/2
[S2]interface G1/0/3
[S2-GigabitEthernet1/0/3]port link-type trunk
[S2-GigabitEthernet1/0/3]port trunk permit vlan 10 20
[S2]interface g1/0/4
[S2-GigabitEthernet1/0/4]port link-type trunk
[S2-GigabitEthernet1/0/4]port trunk permit vlan 10 20
```

测试 VLAN 是否隔离。

```
<H3C>ping 192.168.1.3
ping 192.168.1.3 (192.168.1.3): 56 data bytes, press CTRL_C to break
56 bytes from 192.168.1.3: icmp_seq=0 ttl=255 time=1.054 ms
56 bytes from 192.168.1.3: icmp_seq=1 ttl=255 time=1.351 ms
56 bytes from 192.168.1.3: icmp_seq=2 ttl=255 time=1.108 ms
56 bytes from 192.168.1.3: icmp_seq=3 ttl=255 time=1.358 ms
56 bytes from 192.168.1.3: icmp_seq=4 ttl=255 time=1.219 ms
```

```
<H3C>ping 192.168.2.2
ping 192.168.2.2 (192.168.2.2): 56 data bytes, press CTRL_C to break
Request time out
Request time out
Request time out
Request time out
Request time out
```

PC1 可以 ping 通 PC3，但无法 ping 通 PC2。

2. 配置单臂路由

路由器 R1 配置如下：

```
[R1]interface g0/0.1     # 创建子接口 g0/0.1
[R1-GigabitEthernet0/0.1]vlan-type dot1q vid 10
# 开启识别带有 dot1q 的帧，并绑定到 vlan 10
[R1-GigabitEthernet0/0.1]ip address 192.168.1.254 24
# 配置网关的 IP 地址 192.168.1.254/24
```

路由器 R2 配置如下：

```
[R1]interface g0/0.2     # 创建子接口 g0/0.2
[R1-GigabitEthernet0/0.2]vlan-type dot1q vid 20
# 开启识别带有 dot1q 的帧，并绑定到 vlan 20
[R1-GigabitEthernet0/0.2]ip address 192.168.2.254 24
# 配置网关的 IP 地址 192.168.2.254/24
```

在 PC3 和 PC4 上配置网关,如图 2-1-6 所示。

图 2-1-6 配置设备网关

查看 R1 上是否有到达网段的路由。

测试 PC3 是否能通 PC4。

2.1.5 任务总结

在本次任务中,深入探讨了 H3C 网络设备中 VLAN 的配置与应用。完成一系列的实践任务,要求掌握 VLAN 的基本概念、特点及其在自治系统(AS)内部的作用,还需要掌握如何在华三交换机和路由器上配置 VLAN。

2.1.6 任务工单

任务工单一

工作任务单基础信息					
工单编号		工单名称	公司部门间通信		
工单来源	教材配套	工单提供			
工单介绍	了解 VLAN 的原理与配置				
工单环境	计算机一台,H3C Cloud Club				
接 单 人	班级:	姓名:		学号:	岗位:
团队成员	组长:	其他组员:			

工作任务单主体	
任务介绍	李华是一家小型企业的网络工程师,负责构建和维护公司的内部网络。公司网络由若干个交换机和路由器组成,为了使得内部网络按照需求互通,提高网络性能,李华决定在内部自治系统间部署 VLAN,通过 VLAN 配置,公司不同区域的 H3C 设备实现正确、高效的共享路由信息,确保公司内部间路由信息的正确传递,实现公司网络连通性和稳定性。
预期目标	(1) 了解 VLAN 的优势。 (2) 掌握 VLAN 的使用方法。
任务资讯 (10分)	(1) 华三的链路类型有哪几种? (2) VLAN 有哪些优势? (3) 单臂路由适用什么场景?
任务计划 (10分)	子任务1:认识 VLAN 子任务2:使用 VLAN 子任务3:测试及文档制作 提示:项目计划仅作参考,请根据实际情况进行修改。
任务部署 (10分)	项目实施前应联系管理老师安排场地,领取相关设施设备,严格按照实训室操作规范进行项目实施,完成项目后需要将所有设备设施恢复原位,资料规范存档,并将实训场地清理干净。
任务实施 (50分)	子任务1:认识 VLAN (1) VLAN 概念、功能。 (2) VLAN 的配置。 子任务2:使用 VLAN (1) 下载安装 H3C Cloud Club。 (2) 熟悉 H3C Cloud Club 基本使用过程。 (3) 在 H3C Cloud Club 演示 VLAN 配置过程,主要过程截图上传。 子任务3:测试及文档制作 **1. 测试功能** 按照设计要求测试功能。 **2. 制作用户使用说明书** 参考帮助说明,制作用户使用说明书,并交给同学进行测试。

🕊️ **笔记**

工作任务单主体		

**任务总结
（10分）**

1. 过程记录

序号	内容	思考及解决方法

2. 编写完成本项目的工作总结

3. 答辩

工作任务单质量控制		

**实施
评价表**

（与工作任务单主体部分相对应）

评分项	内容	思考及解决方法
项目资讯（10分）		
项目计划（10分）		
环境部署（10分）		
任务实施（50分）		
任务总结（10分）		
其他（10分）		
合计		

教师评语

**综合能力
评定**

说明：使用者使用笔绘制，有条件的可以放入教学平台自动生成。

内容	分数	综合能力评定雷达图
学习内容		
学习表现		
实践应用		
自主学习		
协助创新		

任务工单二

工作任务单基础信息			
工单编号		工单名称	公司部门间通信
工单来源	教材配套	工单提供	
工单介绍	了解 VLAN 的原理与配置		
工单环境	计算机一台，H3C Cloud Club		
接 单 人	班级：	姓名：	学号：　　　　　　岗位：
团队成员	组长：　　　　　　其他组员：		

工作任务单主体	
任务资讯 （10分）	(1) 新华三的链路类型有哪几种？ (2) VLAN 有哪些优势？ (3) 单臂路由适用什么场景？
任务计划 （10分）	子任务1：认识 VLAN 子任务2：使用 VLAN 子任务3：测试及文档制作 小提示：项目计划仅作参考，请根据实际情况进行修改。

工作任务单质量控制	

| 实施
评价表 | （与工作任务单主体部分相对应） |

评分项	内容	思考及解决方法
项目资讯(10分)		
项目计划(10分)		
环境部署(10分)		
任务实施(50分)		
任务总结(10分)		
其他(10分)		
合计		

教师评语	

综合能力
评定

说明：使用者使用笔绘制，有条件的可以放入教学平台自动生成。

内容	分数	综合能力评定雷达图
学习内容		
学习表现		
实践应用		
自主学习		
协助创新		

综合能力评定雷达图

学习内容 100 90 80 70 60 50 40 30 20 10 0
协助创新　　学习表现
自主学习　　实践应用

笔记

任务工单三

工作任务单基础信息						
工单编号		工单名称	公司部门间通信			
工单来源	教材配套	工单提供				
工单介绍	了解 VLAN 的原理与配置					
工单环境	计算机一台,H3C Cloud Club					
接 单 人	班级:	姓名:		学号:		岗位:
团队成员	组长:	其他组员:				

工作任务单主体	
任务部署 (10 分)	项目实施前应联系管理老师安排场地,领取相关设施设备,严格按照实训室操作规范进行项目实施,完成项目后需要将所有设备设施恢复原位,资料规范存档,并将实训场地清理干净。

工作任务单质量控制	

(与工作任务单主体部分相对应)

	评分项	内容	思考及解决方法
实施 评价表	项目资讯(10 分)		
	项目计划(10 分)		
	环境部署(10 分)		
	任务实施(50 分)		
	任务总结(10 分)		
	其他(10 分)		
	合计		

教师评语	

说明:使用者使用笔绘制,有条件的可以放入教学平台自动生成。

	内容	分数	综合能力评定雷达图
综合能力 评定	学习内容		
	学习表现		
	实践应用		
	自主学习		
	协助创新		

任务工单四

工作任务单基础信息

工单编号		工单名称	公司部门间通信
工单来源	教材配套	工单提供	
工单介绍	了解 VLAN 的原理与配置		
工单环境	计算机一台,H3C Cloud Club		
接 单 人	班级:	姓名:	学号: 岗位:
团队成员	组长:	其他组员:	

工作任务单主体

任务实施 (50分)	子任务 1:认识 VLAN (1) VLAN 概念、功能 (2) VLAN 的配置 子任务 2:使用 VLAN (1) 下载安装 H3C Cloud Club。 (2) 熟悉 H3C Cloud Club 基本使用过程。 (3) 在 H3C Cloud Club 演示 VLAN 配置过程,主要过程截图上传。 子任务 3:测试及文档制作 **1. 测试功能** 按照设计要求测试功能。 **2. 制作用户使用说明书** 参考帮助说明,制作用户使用说明书,并交给同学进行测试。

工作任务单质量控制

实施 评价表	(与工作任务单主体部分相对应)		
	评分项	内容	思考及解决方法
	项目资讯(10分)		
	项目计划(10分)		
	环境部署(10分)		
	任务实施(50分)		
	任务总结(10分)		
	其他(10分)		
	合计		

教师评语	

综合能力 评定	说明:使用者使用笔绘制,有条件的可以放入教学平台自动生成。

内容	分数	综合能力评定雷达图
学习内容		
学习表现		
实践应用		
自主学习		
协助创新		

笔记

任务工单五

工作任务单基础信息				
工单编号		工单名称	公司部门间通信	
工单来源	教材配套	工单提供		
工单介绍	了解 VLAN 的原理与配置			
工单环境	计算机一台,H3C Cloud Club			
接单人	班级:	姓名:	学号:	岗位:
团队成员	组长:	其他组员:		

工作任务单主体	
任务总结 (10分)	**1. 过程记录** 序号 / 内容 / 思考及解决方法 **2. 编写完成本项目的工作总结** **3. 答辩**

1. 过程记录

序号	内容	思考及解决方法

2. 编写完成本项目的工作总结

3. 答辩

工作任务单质量控制	

(与工作任务单主体部分相对应)

	评分项	内容	思考及解决方法
实施 评价表	项目资讯(10分)		
	项目计划(10分)		
	环境部署(10分)		
	任务实施(50分)		
	任务总结(10分)		
	其他(10分)		
	合计		

教师评语	

说明:使用者使用笔绘制,有条件的可以放入教学平台自动生成。

综合能力 评定	内容	分数	综合能力评定雷达图
	学习内容		
	学习表现		
	实践应用		
	自主学习		
	协助创新		

任务 2.2　公司网络保障优化

2.2.1　任务陈述

李华是一家小型企业的网络工程师,负责构建和维护公司的内部网络。公司网络由若干个交换机和路由器组成,为了使得内部网络按照需求互通,提高网络性能,李华决定在内部自治系统间部署各种高可靠冗余技术,通过配置,公司不同区域的 H3C 设备实现正确、高效的共享路由信息,确保公司内部间路由信息的正确传递,实现公司网络连通性和稳定性。

2.2.2　任务分析

1. 需求分析

(1) 绘制基础网络设计图,清晰展现网络中各个节点及其连接方式。

(2) 基于设计图模拟环境搭建,部署各种高可靠冗余技术、优化网络性能,验证网络配置的可行性、正确性。

2. 知识要求

(1) 掌握 VRRP 基本概念及工作原理。

(2) 熟悉链路聚合的基本概念、链路聚合的模式。

(3) 掌握端口安全的原理。

3. 技能要求

(1) 掌握 IRF 堆叠配置方法。

(2) 掌握 VRRP 配置方法。

(3) 掌握端口安全的原理和配置方法。

(4) 掌握二层聚合配置方法。

4. 任务拓扑

(1) 堆叠与链路聚合拓扑图,如图 2-2-1 所示。

(2) VRRP 与端口安全拓扑图,如图 2-2-2 所示。

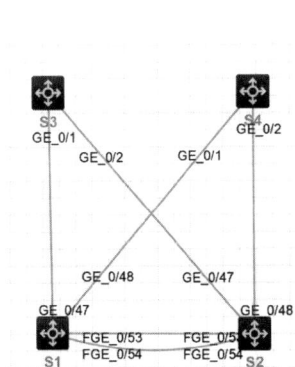

图 2-2-1　堆叠与链路聚合拓扑图

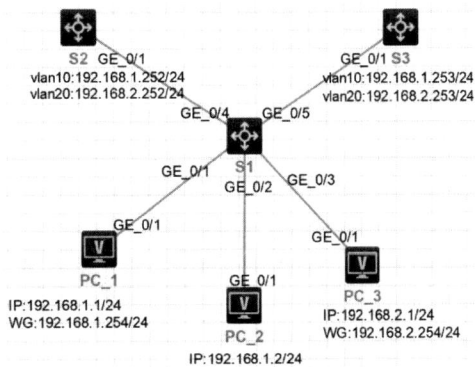

图 2-2-2　VRRP 与端口安全拓扑图

（3）STP 实验拓扑图，如图 2-2-3 所示。

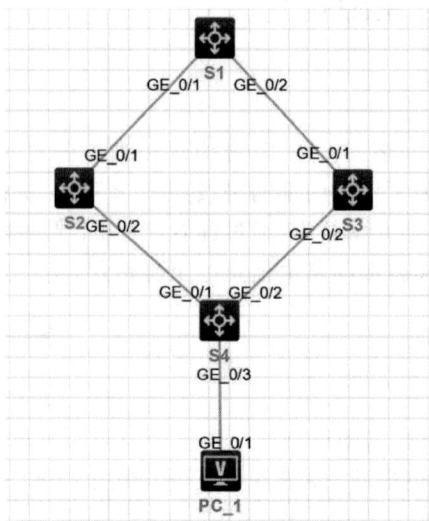

图 2-2-3　STP 实验拓扑图

2.2.3　知识准备

2.2.3.1　交换机级联与堆叠技术

1. 交换机级联

级联是将多台交换机通过普通端口或专用的级联（UpLink）端口连接起来，以扩展网络的覆盖范围和端口数量。级联设备之间逻辑上是独立的，不同厂商的设备理论上可以互相级联。级联一般使用普通双绞线，节约成本且不受距离限制，但需要注意避免超过一定数量的级联，以免引起广播风暴，导致网络性能下降。

2. 堆叠技术

堆叠技术允许将多台物理交换机虚拟化为一台逻辑设备，以简化管理和提高性能。华三的堆叠技术称为 IRF（Intelligent Resilient Framework）。

1）IRF 堆叠的优点

（1）简化管理：通过连接到任何一台设备的任何一个端口，即可登录统一的逻辑设备进行管理和配置。

（2）提高性能：IRF 架构形成后，端口数目和交换容量是各台成员设备之和，极大地提高了系统性能。

（3）弹性扩展：根据用户需求实现弹性扩展，新增设备加入或离开 IRF 架构时可以实现"热插拔"，不影响其他设备的正常运行。

（4）高可靠性：IRF 堆叠中的成员设备分为 Master 设备和 Slave 设备，提供 $1:N$ 的设备级备份。

2）堆叠建立过程

网络管理员在欲配置为堆叠主设备的网络设备上配置堆叠使用的私网 IP 地址范围，并创建堆叠。

将堆叠主设备与堆叠从设备相连的端口,以及堆叠从设备之间相连的端口配置为堆叠口。主设备自动将从设备加入堆叠中,并给加入堆叠的从设备分配成员编号。

网络管理员可以通过堆叠主设备登录任意一台堆叠从设备,并能对从设备进行各种配置操作。

3. IRF 配置

(1)进入 IRF 端口视图:

```
[H3C-Switch] irf-port member-id | port-number
```

(2)将 IRF 端口和物理端口绑定:

```
[H3C-Switch-irf-port1/1] port group interface interface-type interface-number
```

(3)配置 IRF 成员编号:

```
[H3C-Switch] irf member member-id renumber newmember-id
```

(4)配置堆叠中指定成员设备的优先级:

```
[H3C-Switch] irf member member-id priority priority
```

2.2.3.2 交换机 VRRP 部署

1. VRRP 概述

VRRP 通过将一组路由器组成备份组,创建一个虚拟路由器,并通过选举机制确定哪台路由器负责转发。局域网内的设备将这个虚拟路由器设置为默认网关。作为一种容错协议,VRRP 在提升网络可靠性的同时,简化了设备配置。它确保在局域网(如以太网)中,即使某台路由器发生故障,网络仍能通过其他路由器维持高可靠性连接,避免了网络中断的风险,且无须更改动态路由或路由发现协议的配置。

(1)VRRP 路由器:运行 VRRP 协议的路由器。

(2)VRID(Virtual Router Identifier,虚拟路由器标识符):一个 VRRP 组(VRRP Group)由多台协同工作的路由器(的接口)组成,使用相同的 VRID 进行标识。

(3)虚拟路由器:虚拟出来的逻辑设备,每个 VRRP 组只产生一台虚拟路由器。

(4)虚拟 IP 地址及虚拟 MAC 地址:虚拟路由器具备独立的 IP 地址和 MAC 地址。其 IP 地址由网络管理员在配置虚拟路由冗余协议(VRRP)时指定。一台虚拟路由器能够配置一个或多个 IP 地址,通常情况下,用户会将这些地址用作网关地址。至于虚拟 MAC 地址,其遵循特定的格式"00-00-5E-00-01-XX",其中"XX"代表虚拟路由器标识符(VRID)。

(5)Master 路由器:Master 路由器在一个 VRRP 组中承担报文转发任务。

(6)Backup 路由器:也被称为备份路由器。

(7)Priority:取值范围为 0~255,在选举 Master 路由器与 Backup 路由器时,依据优先级值,数值高者优先。若数值相同则比较 IP 地址,地址大者优先。

(8)抢占方式(默认激活):如果 Backup 路由器激活了抢占功能,当发现 Master 路由

笔记

教学视频

器的优先级比自己低时,立即切换至 Master 状态,成为新的 Master 路由器。

（9）非抢占方式：如果 Backup 路由器没有激活抢占功能,当发现 Master 路由器的优先级比自己低时,依然保持 Backup 状态,直到 Master 路由器失效。

2. VRRP 典型应用

1）VRRP 备份

在 VRRP 主备备份方式中,仅由 Master 路由器承担网关功能,如图 2-2-4 所示。当 Master 路由器出现故障时,其他 Backup 路由器会通过 VRRP 选举出一个路由器接替 Master 路由器的工作。只要备份组中仍有一个路由器正常工作,虚拟路由器就仍然正常工作。这样可以避免由于网关单点故障而导致网络中断。

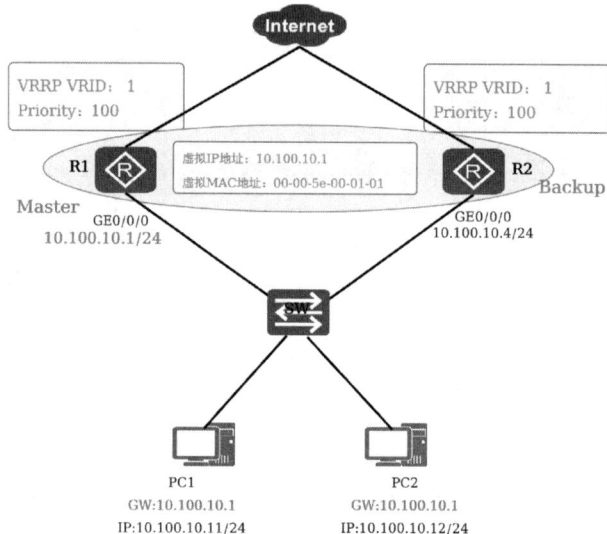

图 2-2-4　VRRP 备份

2）VRRP 负载分担

VRRP 负载分担模式涉及多个路由器共同工作,需配置两个以上备份组,每个组包含一个主路由器和多个备份路由器,如图 2-2-5 所示。同一路由器可加入多个备份组,拥有不同优先级。局域网主机的默认网关应设置为不同虚拟路由器地址,确保备份组内路由器优先级交叉对应,实现负载均衡。

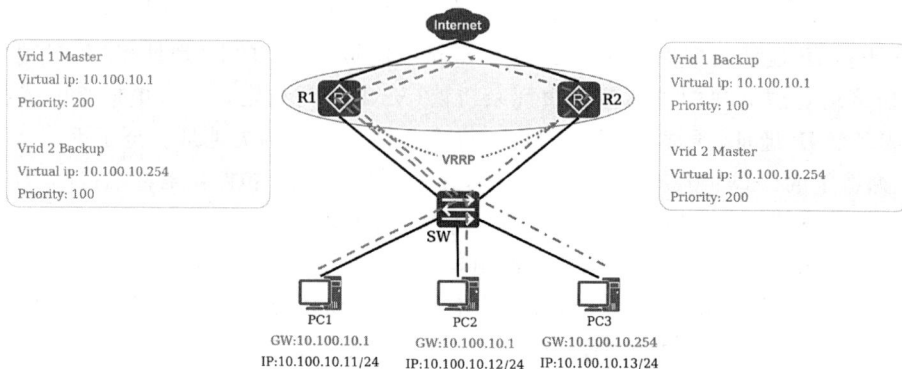

图 2-2-5　VRRP 负载分担

3）VRRP 监视上行端口

VRRP 可监视（Track）上行端口状态,当 Master 路由器连接上行链路的接口处于 Down 状态时,路由器主动降低自己的优先级,使得备份组内重新选择 Master 路由器,承担转发任务,如图 2-2-6 所示。

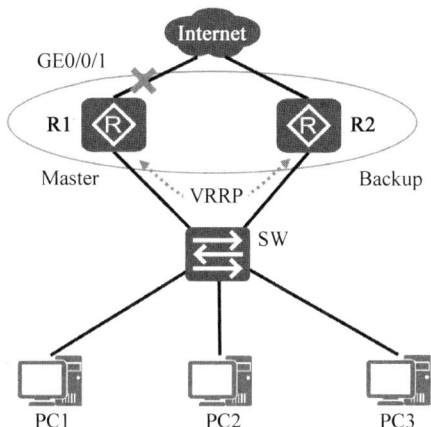

图 2-2-6　VRRP 监视上行端口

3. VRRP 基本配置

（1）创建 VRRP 备份组并给备份组配置虚拟 IP 地址：

```
[H3C-GigabitEthernet0/0/1]vrrp vrid virtual-router-id virtual-ip virtual-address
```

注意：各备份组之间的虚拟 IP 地址不能重复；同属一个备份组的设备接口需使用相同的VRID。

（2）设置路由器在备份组中的优先级：

```
[H3C-GigabitEthernet0/0/1]vrrp vrid virtual-router-id priority priority-value
```

注意：通常情况下,Master 设备的优先级应高于 Backup 设备。

（3）配置备份组中设备的抢占延迟时间：

```
[H3C-GigabitEthernet0/0/1]vrrp vrid virtual-router-id preempt-mode [ delay delay-value]
```

（4）配置 VRRP 备份组监视接口：

```
[H3C-GigabitEthernet0/0/1]vrrp vrid virtual-router-id track track-entry-number
{forwarder-switchover member-ip ip-address | priority reduced [ priority-reduced ] |
switchover | weight reduced [ weight-reduced ] }
```

默认情况下,未指定被监视的 Track 项。

2.2.3.3 交换机端口安全

1. 端口安全概述

端口安全(Port Security)是一种基于 MAC 地址对网络接入进行控制的安全机制,是对已有的 802.1X 认证和 MAC 地址认证的扩充。

端口安全的主要功能是通过定义各种端口安全模式,让设备学习合法的源 MAC 地址,以达到相应的网络管理效果。

端口安全的特性有 NeedToKnow 特性、入侵检测(Intrusion Protection)特性。

2. 端口安全模式

根据用户认证上线方式的不同,可以将端口安全模式划分为三类:MAC 地址学习类型、802.1X 认证类型、MAC 地址认证及与 802.1X 认证组合类型。

(1)MAC 地址学习类型包括 noRestrictions、autolearn、secure 三种安全模式。

(2)802.1X 认证类型包括 userLogin、userLoginSecure、userLoginSecureExt、userLoginWithOUI 四种安全模式。

(3)MAC 地址认证及与 802.1X 认证组合类型包括 macAddressWithRadius、macAddressOrUserLoginSecure、macAddressOrUserLoginSecureExt、macAddressElseUserLoginSecure、macAddressElseUserLoginSecureExt 五种安全模式。

3. 端口安全配置命令

(1)使能端口安全功能:

```
[sysname]port-security enable
```

(2)配置端口允许的最大安全 MAC 地址数:

```
[sysname-GigabitEthernet1/0/1]port-security max-mac-count count-value
```

(3)配置端口的安全模式:

```
[sysname-GigabitEthernet1/0/1]port-security port-mode {autolearn | mac-authentication | mac-else-userlogin-secure |mac-else-userlogin-secure-ext | secure | userlogin | userlogin-secure | userlogin-secure-ext | userlogin-secure-or-mac | userlogin-secure-or-mac-ext | userlogin-withoui}
```

(4)配置端口 NeedToKnow 特性:

```
[sysname-GigabitEthernet1/0/1]port-security ntk-mode {ntk-withbroadcasts | ntk-withmulticasts | ntkonly}
```

(5)配置入侵检测特性:

```
[sysname-GigabitEthernet1/0/1]port-security intrusion-mode {blockmac | disableport | disableport-temporarily}
```

2.2.3.4　交换机端口聚合技术

笔记

1. 聚合技术原理

链路聚合是将多条物理链路聚合在一起形成一条逻辑链路。链路聚合可以实现数据流量在聚合组中各个成员端口之间分担,以增加带宽。同时,同一聚合组的各个成员端口之间彼此动态备份,提高连接可靠性。

按照聚合方式的不同,链路聚合可以分为静态聚合和动态聚合两种模式。

（1）静态聚合：端口在不与对端设备进行信息交换的情况下,依据本端设备的相关信息进行操作。用户通过命令来创建或删除静态聚合组。

（2）动态聚合：端口的 LACP 协议自动使能,与对端设备交互 LACP 报文。选择参考端口,根据本端设备与对端设备交互信息。用户通过命令创建和删除动态聚合组。

教学视频

2. 端口聚合配置

1）静态聚合配置

（1）创建二层聚合端口：

```
[H3C-Switch] interface bridge-aggregation interface-number
```

（2）将以太网端口加入聚合组：

```
[H3C-Switch-Ethernet1/0/1] port link-aggregation groupnumber
```

2）动态聚合配置

（1）创建二层聚合端口：

```
[H3C-Switch] interface bridge-aggregation interface-number
```

（2）配置聚合组工作在动态聚合模式下：

```
[H3C-switch-Bridge-Aggregation1] link-aggregation mode dynamic
```

（3）将以太网端口加入聚合组：

```
[H3C-Switch-Ethernet1/0/1] port link-aggregation groupnumber
```

（4）配置系统的 LACP 协议优先级：

```
[H3C-Switch] lacp system-priority system-prionity
```

（5）配置端口的优先级：

```
[H3C-Switch-Ethemet1/0/1]link-aggregation port-priority port-priority
```

（6）配置聚合组的聚合负载分担模式：

```
[H3C-Switch]ink-aggregation load-sharing mode {destination-ip |destination-mac | destination-port| ingress-port| source-ip| source-mac| source-port}
```

2.2.4　任务实施

1. 在 S3 和 S4 上分别修改设备名

交换机 S3 配置如下：

```
<H3C>system-view
[H3C]sysname S3
```

交换机 S4 配置如下：

```
<H3C>system-view
[H3C]sysname S4
```

2. IRF 配置

（1）将 S1 和 S2 的物理接口关闭。

交换机 S1 配置如下：

```
[H3C]interface range f1/0/53 f1/0/54
[H3C-if-range]shutdown
```

交换机 S2 配置如下：

```
[H3C]interface range f2/0/53 f2/0/54
[H3C-if-range]shutdown
```

（2）配置堆叠组并激活 IRF。

交换机 S1 配置如下：

教学视频

```
[H3C]irf domain 100
[H3C]irf member 1 renumber 1
[H3C]irf-port 1/1
[H3C-irf-port1/1]port group interface f1/0/53      # 将 f1/0/53 加入堆叠组
[H3C-irf-port1/1]port group interface f1/0/54      # 将 f1/0/54 加入堆叠组
[H3C-irf-port1/1]quit
[H3C]irf-port-configuration active                 # 激活 IRF
[H3C]interface range f1/0/53 g1/0/54
[H3C-if-range]undo shutdown                         # 打开 f1/0/53 g1/0/54 物理接口
[H3C-if-range]quit
[H3C]save
[H3C]quit
<H3C>reboot
```

保存重启后堆叠组生效。

交换机 S2 配置如下：

```
[H3C]interface range f2/0/53 f2/0/54
[H3C-if-range]shutdown                              # 关闭物理接口
[H3C]irf domain 100
[H3C]irf member 1 renumber 2                        # 修改成员编号
[H3C]irf-port 1/2
[H3C-irf-port1/2]port group interface f2/0/53       # 将 f2/0/53 加入堆叠组
[H3C-irf-port1/2]port group interface f2/0/54       # 将 f2/0/54 加入堆叠组
[H3C-irf-port1/2]quit
[H3C]irf-port-configuration active                  # 激活 IRF
[H3C]interface range f2/0/53 f2/0/54
[H3C-if-range]undo shutdown                          # 打开 f2/0/53 f2/0/54 物理接口
[H3C-if-range]quit
[H3C]save
[H3C]quit
<H3C>reboot
```

保存重启后堆叠组生效。

（3）查看 irf 状态。

```
<H3C>dis irf
MemberID    Role      Priority  CPU-Mac          Description
*+1         Master    1         b0fc-27f5-0304   ---
  2         Standby   1         b0fc-2c2b-0404   ---

* indicates the device is the master.
+ indicates the device through which the user logs in.

The bridge MAC of the IRF is: b0fc-27f5-0300
Auto upgrade            : yes
Mac persistent          : 6 min
Domain ID               : 100
```

（4）在 S1 上修改名称为 SCYD，并在 S2 上检查是否同步。

S1：

```
<H3C>system-view
[H3C]sysname SCYD            # 修改名称为 SCYD
```

S2：

```
<H3C>
<SCYD>
<SCYD>
<SCYD>
```

3. 链路聚合配置

（1）创建 Bridge-Aggregation 1 聚合组。

交换机 SCYD 配置如下：

```
[SCYD]interface Bridge-Aggregation 1
[SCYD-Bridge-Aggregation1]quit
```

交换机 S3 配置如下：

```
[S3]interface Bridge-Aggregation 1
[S3-Bridge-Aggregation1]quit
```

交换机 S4 配置如下：

```
[S3]interface Bridge-Aggregation 1
[S3-Bridge-Aggregation1]quit
```

（2）将接口加入聚合组 1。
交换机 SCYD 配置如下：

```
[SCYD]interface rang g1/0/47 g1/0/48
[SCYD-if-range]port link-aggregation group 1
```

交换机 S3 配置如下：

```
[S3]interface rang g1/0/1 g1/0/2
[S3-if-range]port link-aggregation group 1
```

交换机 S4 配置如下：

```
[S3]interface rang g1/0/1 g1/0/2
[S3-if-range]port link-aggregation group 1
```

（3）在 SCYD，S3 和 S4 上分别查看聚合组状态。

```
[SCYD]display link-aggregation verbose
Loadsharing Type: Shar -- Loadsharing, NonS -- Non-Loadsharing
Port Status: S -- Selected, U -- Unselected, I -- Individual
Port: A -- Auto port, M -- Management port, R -- Reference port
Flags:  A -- LACP_Activity, B -- LACP_Timeout, C -- Aggregation,
        D -- Synchronization, E -- Collecting, F -- Distributing,
        G -- Defaulted, H -- Expired

Aggregate Interface: Bridge-Aggregation1
Aggregation Mode: Static
Loadsharing Type: Shar
Management VLANs: None
  Port            Status  Priority Oper-Key
  GE1/0/47(R)       S     32768    1
  GE1/0/48          S     32768    1
```

```
[S3]dis link-aggregation verbose
Loadsharing Type: Shar -- Loadsharing, NonS -- Non-Loadsharing
Port Status: S -- Selected, U -- Unselected, I -- Individual
Port: A -- Auto port, M -- Management port, R -- Reference port
Flags:  A -- LACP_Activity, B -- LACP_Timeout, C -- Aggregation,
        D -- Synchronization, E -- Collecting, F -- Distributing,
        G -- Defaulted, H -- Expired

Aggregate Interface: Bridge-Aggregation1
Aggregation Mode: Static
Loadsharing Type: Shar
Management VLANs: None
  Port            Status  Priority Oper-Key
  GE1/0/1(R)        S     32768    1
  GE1/0/2           S     32768    1
```

```
[S4]display link-aggregation verbose
Loadsharing Type: Shar -- Loadsharing, NonS -- Non-Loadsharing
Port Status: S -- Selected, U -- Unselected, I -- Individual
Port: A -- Auto port, M -- Management port, R -- Reference port
Flags:  A -- LACP_Activity, B -- LACP_Timeout, C -- Aggregation,
        D -- Synchronization, E -- Collecting, F -- Distributing,
        G -- Defaulted, H -- Expired

Aggregate Interface: Bridge-Aggregation1
Aggregation Mode: Static
Loadsharing Type: Shar
Management VLANs: None
 Port            Status  Priority Oper-Key
 GE1/0/1(R)       S       32768    1
 GE1/0/2          S       32768    1
```

2.2.4.1　VRRP 与端口安全

本任务的拓扑图如 2-2-2 所示,其实施步骤如下。

1. 基础配置

修改所有设备(除了终端设备)的名字,并且按照如图 2-2-7 所示配置终端 IP。

图 2-2-7　配置终端 IP

交换机 S1 配置如下:

```
<H3C>system-view
[H3C]sysname S1
```

交换机 S2 配置如下:

```
<H3C>system-view
[H3C]sysname S2
```

交换机 S3 配置如下：

```
<H3C>system-view
[H3C]sysname S3
```

2. VRRP 配置

（1）在交换机上创建 VLAN 10 和 VLAN 20。

交换机 S1 配置如下：

```
[S1]vlan 10
[S1-vlan10] vlan 20
[S1-vlan20]quit
```

交换机 S2 配置如下：

```
[S2]vlan 10
[S2-vlan10] vlan 20
[S2-vlan20]quit
```

交换机 S3 配置如下：

```
[S3]vlan 10
[S3-vlan10] vlan 20
[S3-vlan20]quit
```

（2）将交换机之间的链路配置 Trunk 链路并放行 VLAN。

交换机 S1 配置如下：

```
[S1]interface rang g1/0/4 g1/0/5
[S1-if-range]port link-type trunk
[S1-if-range]port trunk permit vlan 10 20
```

交换机 S2 配置如下：

```
[S2]interface g1/0/1
[S2-GigabitEthernet1/0/1]port link-type trunk
[S2-GigabitEthernet1/0/1]port trunk permit vlan 10 20
```

交换机 S3 配置如下：

```
[S3]interface g1/0/1
[S3-GigabitEthernet1/0/1]port link-type trunk
[S3-GigabitEthernet1/0/1]port trunk permit vlan 10 20
```

（3）在 S2 和 S3 上配置 VLAN 的三层地址。

交换机 S2 配置如下：

```
[S2]interface vlan 10
[S2-vlan-interface10]ip address 192.168.1.252 24
[S2-vlan-interface20]ip address 192.168.2.253 24
```

交换机 S3 配置如下：

```
[S3]interface vlan 10
[S3-vlan-interface10]ip address 192.168.1.253 24
[S3-vlan-interface20]ip address 192.168.2.253 24
```

（4）在 S2 和 S3 上配置 VLAN 10 以 S2 为网关，VLAN 20 以 S3 为网关。

交换机 S2 配置如下：

```
[S2]interface vlan 10
[S2-vlan-interface10]vrrp vrid 10 virtual-ip 192.168.1.254
[S2-vlan-interface10]vrrp vrid 10 priority 120
[S2]interface vlan 20
[S2-vlan-interface20]vrrp vrid 20 virtual-ip 192.168.2.254
```

交换机 S3 配置如下：

```
[S3]interface vlan 10
[S3-vlan-interface10]vrrp vrid 10 virtual-ip 192.168.1.254
[S3]interface vlan 20
[S3-vlan-interface20]vrrp vrid 20 virtual-ip 192.168.2.254
[S3-vlan-interface10]vrrp vrid 20 priority 120
```

（5）分别在 S2 和 S3 上查看 VRRP 主备情况。

```
[S2]display vrrp
IPv4 Virtual Router Information:
 Running mode : Standard
 Total number of virtual routers : 2
 Interface          VRID  State    Running Adver   Auth           Virtual
                                   Pri     Timer   Type           IP
 --------------------------------------------------------------------------
 Vlan10             10    Master   120     100     Not supported  192.168.1.254
 Vlan20             20    Backup   100     100     Not supported  192.168.2.254
```

```
[S3]display vrrp
IPv4 Virtual Router Information:
 Running mode : Standard
 Total number of virtual routers : 2
 Interface          VRID  State    Running Adver   Auth           Virtual
                                   Pri     Timer   Type           IP
 --------------------------------------------------------------------------
 Vlan10             10    Backup   100     100     Not supported  192.168.1.254
 Vlan20             20    Master   120     100     Not supported  192.168.2.254
```

3. 端口安全配置

（1）在 S1 上针对 PC1 和 PC2 开启 do1x 认证。

交换机 S1 配置如下：

```
[S1]interface g1/0/1
[S1-GigabitEthernet1/0/1]dot1x
[S1-GigabitEthernet1/0/1]quit
[S1]interface g1/0/2
[S1-GigabitEthernet1/0/2]dot1x
```

（2）在 S1 上创建用户。

交换机 S1 配置如下：

```
[S1]local-user yd666 class network
[S1-luser-network-yd666]password simple 123456          # 设置密码为 123456
[S1-luser-network-yd666]service-type lan-access          # 设置服务类型为 lan-access
```

（3）在 S1 上创建端口隔离组。

交换机 S1 配置如下：

```
[SW1]port-isolate group 1
[S1]interface g1/0/1
[S1-GigabitEthernet1/0/1]port-isolate enable group 1
[S1]interface g1/0/2
[S1-GigabitEthernet1/0/2]port-isolate enable group 1
```

2.2.4.2　STP 实验拓扑

本任务的拓扑图如 2-2-3 所示，其实施步骤如下。

1. 基础配置

修改所有设备的名字的步骤如下。

交换机 S1 配置如下：

```
<H3C>system-view
[H3C]sysname S1
```

交换机 S2 配置如下：

```
<H3C>system-view
[H3C]sysname S2
```

交换机 S3 配置如下：

```
<H3C>system-view
[H3C]sysname S3
```

交换机 S4 配置如下：

```
<H3C>system-view
[H3C]sysname S4
```

2. 查看 STP 运行情况

在 S1 上查看 STP 运行情况。

```
[S1]display stp
-------[CIST Global Info][Mode MSTP]-------
Bridge ID          : 32768.06c2-a99a-0200
Bridge times       : Hello 2s MaxAge 20s FwdDelay 15s MaxHops 20
Root ID/ERPC       : 32768.06c2-a99a-0200, 0
RegRoot ID/IRPC    : 32768.06c2-a99a-0200, 0
RootPort ID        : 0.0
BPDU-Protection    : Disabled
BPDU Filter        : Disabled
Bridge Config-
Digest-Snooping    : Disabled
TC or TCN received : 6
Time since last TC : 0 days 0h:5m:2s
```

在 S4 上查看 STP 运行情况。

```
[S4]display stp brief
MST ID   Port                Role   STP State   Protection
0        GigabitEthernet1/0/1 ROOT   FORWARDING  NONE
0        GigabitEthernet1/0/2 ALTE   DISCARDING  NONE
```

3. 修改优先级

在 S4 上修改优先级,使 S4 成为新的根桥。

交换机 S4 配置如下:

```
[S4]stp priority 4096
```

在 S4 上查看 STP 运行情况。

```
[S4]dis stp
-------[CIST Global Info][Mode MSTP]-------
Bridge ID          : 4096.06c3-9f00-0500
Bridge times       : Hello 2s MaxAge 20s FwdDelay 15s MaxHops 20
Root ID/ERPC       : 4096.06c3-9f00-0500, 0
RegRoot ID/IRPC    : 4096.06c3-9f00-0500, 0
RootPort ID        : 0.0
BPDU-Protection    : Disabled
BPDU Filter        : Disabled
Bridge Config-
Digest-Snooping    : Disabled
TC or TCN received : 6
Time since last TC : 0 days 0h:1m:34s
```

4. 修改 cost 值

在 S1 上查看 STP 阻塞情况。

```
[S1]display stp brief
MST ID   Port                Role   STP State   Protection
0        GigabitEthernet1/0/1 ROOT   FORWARDING  NONE
0        GigabitEthernet1/0/2 ALTE   DISCARDING  NONE
```

查看 S2 端口角色。

```
[S2]display stp brief
MST ID   Port                Role   STP State   Protection
0        GigabitEthernet1/0/1 DESI   FORWARDING  NONE
0        GigabitEthernet1/0/2 ROOT   FORWARDING  NONE
```

修改 S2 的 G1/0/1 口,修改 cost 值使得阻塞端口在 S2 上。

```
[S2]interface g1/0/2
[S2-GigabitEthernet1/0/2]stp cost 1000
```

再次在 S2 上查看端口状态，查看阻塞是否存在。

```
[S2-GigabitEthernet1/0/2]qu
[S2]display stp brief
MST ID    Port                      Role  STP State    Protection
0         GigabitEthernet1/0/1      ROOT  FORWARDING   NONE
          GigabitEthernet1/0/2      ALTE  DISCARDING   NONE
```

5. 配置边缘端口

在交换机上将所有连接终端的接口配置为边缘接口。

交换机 S4 配置如下：

```
[S4]interface g1/0/3
[S4-GigabitEthernet1/0/3]stp edged-port
```

验证。

```
[S4-GigabitEthernet1/0/3]stp edged-port
Edge port should only be connected to terminal. It will cause temporary loops if port G
igabitEthernet1/0/3 is connected to bridges. Please use it carefully.
```

6. 配置根桥保护

在 S4 连接交换机的端口上配置根桥保护。

```
[S4]int GigabitEthernet 1/0/1
[S4-GigabitEthernet1/0/1]stp root-protection
[S4]int GigabitEthernet 1/0/2
[S4-GigabitEthernet1/0/2]stp root-protection
```

2.2.5 任务总结

本次教学任务深入探讨了 H3C 网络设备中高可靠冗余技术的配置过程。通过实践操作，需要掌握各种高可靠冗余技术的基本概念、工作原理、配置步骤，同时掌握实际操作路由器进行 IRF、链路聚合、VRRP、STP 配置的方法。

为了进一步提升网络配置能力和综合素质，可以在本次教学任务的基础上进行以下任务拓展。

(1) IRF 堆叠角色选举。新设备加入、堆叠分裂或两个堆叠合并，角色选举规则如下：①当前主设备优先；②成员优先级大的优先；③系统运行时间长的优先；④CPU MAC 小的优先。

(2) VRRP 的监视接口功能。如果配置了监视指定接口的功能，当连接上行链路的接口处于 Down 或 Removed 状态时，该路由器将主动降低自己的优先级，使得备份组内其他路由器的优先级高于这个路由器，以便优先级最高的路由器成为 Master 路由器，承担转发任务。

2.2.6　任务工单

任务工单一

工作任务单基础信息				
工单编号		工单名称	公司网络保障优化	
工单来源	教材配套	工单提供		
工单介绍	了解高可靠冗余技术的原理与配置			
工单环境	计算机一台,H3C Cloud Club			
接单人	班级:　　　　姓名:　　　　　　学号:　　　　　岗位:			
团队成员	组长:　　　　其他组员:			
工作任务单主体				
任务介绍	李华是一家小型企业的网络工程师,负责构建和维护公司的内部网络。公司网络由若干个交换机和路由器组成,为了使得内部网络按照需求互通,提高网络性能,李华决定在内部自治系统间部署各种高可靠冗余技术,通过配置,公司不同区域的H3C设备实现正确、高效的共享路由信息,确保公司内部间路由信息的正确传递,实现公司网络连通性和稳定性。			
预期目标	(1) 了解高可靠冗余技术的优势。 (2) 掌握高可靠冗余技术的使用方法。 (3) 成功使得公司A与公司B业务网络通信。			
任务资讯 (10分)	(1) 不同高可靠冗余技术的区别有什么? (2) 高可靠冗余技术有哪些优势? (3) 不同高可靠冗余技术分别适用什么场景?			
任务计划 (10分)	**子任务1:认识高可靠冗余技术** **子任务2:使用高可靠冗余技术** **子任务3:测试及文档制作** 提示:项目计划仅作参考,请根据实际情况进行修改。			
任务部署 (10分)	项目实施前应联系管理老师安排场地,领取相关设施设备,严格按照实训室操作规范进行项目实施,完成项目后需要将所有设备设施恢复原位,资料规范存档,并将实训场地清理干净。			
任务实施 (50分)	**子任务1:认识高可靠冗余技术** (1) 高可靠冗余技术概念、功能。 (2) 高可靠冗余技术的配置。 **子任务2:使用高可靠冗余技术** (1) 下载安装H3C Cloud Club。 (2) 熟悉H3C Cloud Club基本使用方法。 (3) 在H3C Cloud Club演示IRF、链路聚合、VRRP、STP配置过程,主要过程截图上传。 **子任务3:测试及文档制作** **1. 测试功能** 按照设计要求测试功能。 **2. 制作用户使用说明书** 参考帮助说明,制作用户使用说明书,并交给同学进行测试。			

续表

笔记

工作任务单主体		

任务总结 （10分）	1. 过程记录		

序号	内容	思考及解决方法

2. 编写完成本项目的工作总结

3. 答辩

工作任务单质量控制		

（与工作任务单主体部分相对应）

	评分项	内容	思考及解决方法
实施 评价表	项目资讯(10分)		
	项目计划(10分)		
	环境部署(10分)		
	任务实施(50分)		
	任务总结(10分)		
	其他(10分)		
	合计		

教师评语	

说明：使用者使用笔绘制，有条件的可以放入教学平台自动生成。

综合能力 评定	内容	分数	综合能力评定雷达图
	学习内容		
	学习表现		
	实践应用		
	自主学习		
	协助创新		

任务工单二

工作任务单基础信息

工单编号		工单名称	公司网络保障优化
工单来源	教材配套	工单提供	
工单介绍	了解高可靠冗余技术的原理与配置		
工单环境	计算机一台，H3C Cloud Club		
接 单 人	班级：　　　姓名：　　　　学号：　　　　　岗位：		
团队成员	组长：　　　其他组员：		

工作任务单主体

任务资讯 （10分）	（1）不同高可靠冗余技术的区别有什么？ （2）高可靠冗余技术有哪些优势？ （3）不同高可靠冗余技术分别适用什么场景？

工作任务单质量控制

（与工作任务单主体部分相对应）

	评分项	内容	思考及解决方法
实施 评价表	项目资讯（10分）		
	项目计划（10分）		
	环境部署（10分）		
	任务实施（50分）		
	任务总结（10分）		
	其他（10分）		
	合计		

教师评语	

说明：使用者使用笔绘制，有条件的可以放入教学平台自动生成。

	内容	分数	综合能力评定雷达图
综合能力 评定	学习内容		
	学习表现		
	实践应用		
	自主学习		
	协助创新		

综合能力评定雷达图

学习内容
100
90
80
70
60
50
40
30
20
10
0

协助创新　　　　　　　　学习表现

自主学习　　　　　　实践应用

任务工单三

工作任务单基础信息					
工单编号		工单名称	公司网络保障优化		
工单来源	教材配套	工单提供			
工单介绍	了解高可靠冗余技术的原理与配置				
工单环境	计算机一台，H3C Cloud Club				
接 单 人	班级：	姓名：	学号：		岗位：
团队成员	组长：	其他组员：			

工作任务单主体	
任务计划 （10分）	**子任务1：认识高可靠冗余技术** **子任务2：使用高可靠冗余技术** **子任务3：测试及文档制作** 提示：项目计划仅作参考，请根据实际情况进行修改。
任务部署 （10分）	项目实施前应联系管理老师安排场地，领取相关设施设备，严格按照实训室操作规范进行项目实施，完成项目后需要将所有设备设施恢复原位，资料规范存档，并将实训场地清理干净。

工作任务单质量控制	

（与工作任务单主体部分相对应）

	评分项	内容	思考及解决方法
实施 评价表	项目资讯（10分）		
	项目计划（10分）		
	环境部署（10分）		
	任务实施（50分）		
	任务总结（10分）		
	其他（10分）		
	合计		

教师评语	

说明：使用者使用笔绘制，有条件的可以放入教学平台自动生成。

综合能力 评定	内容	分数	综合能力评定雷达图
	学习内容		
	学习表现		
	实践应用		
	自主学习		
	协助创新		

任务工单四

工作任务单基础信息				
工单编号		工单名称	公司网络保障优化	
工单来源	教材配套	工单提供		
工单介绍	了解高可靠冗余技术的原理与配置			
工单环境	计算机一台，H3C Cloud Club			
接单人	班级：	姓名：	学号：	岗位：
团队成员	组长：	其他组员：		

工作任务单主体	
任务实施（50分）	**子任务1：认识高可靠冗余技术** （1）高可靠冗余技术概念、功能。 （2）高可靠冗余技术的配置。 **子任务2：使用高可靠冗余技术** （1）下载安装H3C Cloud Club。 （2）熟悉H3C Cloud Club基本使用方法。 （3）在H3C Cloud Club演示IRF、链路聚合、VRRP、STP配置过程，主要过程截图上传。 **子任务3：测试及文档制作** **1．测试功能** 按照设计要求测试功能。 **2．制作用户使用说明书** 参考帮助说明，制作用户使用说明书，并交给同学进行测试。

工作任务单质量控制			
实施评价表	（与工作任务单主体部分相对应）		
	评分项	内容	思考及解决方法
	项目资讯（10分）		
	项目计划（10分）		
	环境部署（10分）		
	任务实施（50分）		
	任务总结（10分）		
	其他（10分）		
	合计		
教师评语			

综合能力评定	说明：使用者使用笔绘制，有条件的可以放入教学平台自动生成。		
	内容	分数	综合能力评定雷达图
	学习内容		
	学习表现		
	实践应用		
	自主学习		
	协助创新		

笔记

任务工单五

工作任务单基础信息						
工单编号		工单名称	公司网络保障优化			
工单来源	教材配套	工单提供				
工单介绍	了解高可靠冗余技术的原理与配置					
工单环境	计算机一台,H3C Cloud Club					
接 单 人	班级:	姓名:		学号:		岗位:
团队成员	组长:	其他组员:				

工作任务单主体

任务总结（10 分）

1. 过程记录

序号	内容	思考及解决方法

2. 编写完成本项目的工作总结

3. 答辩

工作任务单质量控制

（与工作任务单主体部分相对应）

实施评价表

评分项	内容	思考及解决方法
项目资讯(10 分)		
项目计划(10 分)		
环境部署(10 分)		
任务实施(50 分)		
任务总结(10 分)		
其他(10 分)		
合计		

教师评语

综合能力评定

说明：使用者使用笔绘制,有条件的可以放入教学平台自动生成。

内容	分数	综合能力评定雷达图
学习内容		
学习表现		
实践应用		
自主学习		
协助创新		

综合能力评定雷达图

学习内容
100 90 80 70 60 50 40 30 20 10 0

协助创新　　　　学习表现

自主学习　　　实践应用

练习题

1. 交换机通过记录端口接收数据帧中的( )和端口的对应关系来进行 MAC 地址表学习。

    A. 源 MAC 地址　　　　　　　　　B. 目的 IP 地址

    C. 目的 MAC 地址　　　　　　　　D. 源 IP 地址

2. 交换机上的以太帧交换依靠 MAC 地址映射表,这个表可以通过( )。

    A. 交换机之间相互交换目的地的位置信息　　B. 交换机自行学习

    C. 手工添加映射表项　　　　　　　　　　　D. 二层协议自动交互

3. PCA、PCB 分别与交换机 SWA 的端口 GigabitEthernet1/0/2、GigabitEthernet1/0/3 相连,服务器与端口 GigabitEthernet1/0/1 相连,如果使用端口隔离技术使 PC 间互相隔离,但 PC 都能够访问服务器,则需要在交换机上配置的命令是( )。

    A. [SWA-GigabitEthernet1/0/3] port-isolate enable group 1

    B. [SWA] port-isolate group 1

    C. [SWA-GigabitEthernet1/0/2] port-isolate enable group 1

    D. [SWA-GigabitEthernet1/0/1] port-isolate uplink-port

4. 下列选项中,基于 MAC 地址的 802.1X 认证的特点的是( )。

    A. 只要端口下的第一个用户认证成功,其他接入用户无须认证就可使用网络资源

    B. 端口下的所有接入用户需要单独认证

    C. 在端口下的第一个用户下线后,其他用户也会被拒绝使用网络

    D. 当某个用户下线时,只有该用户无法使用网络

5. PC 连接在交换机 SWA 的端口 GigabitEthernet1/0/2,IP 地址为 10.1.1.1,MAC 地址为 00-01-02-01-21-23。为了保证网络安全,需要在端口 GigabitEthernet1/0/2 上配置"MAC+IP+端口"绑定。下列选项中正确的命令是( )。

    A. [SWA] user-bind ip-address 10.1.1.1 ac-address 0001-0201-2123

    B. [SWA] user-bind ip-address 10.1.1.1

    C. [SWA-GigabitEthernet1/0/2] user-bind ip-address 10.1.1.1

    D. [SWA-GigabitEthernet1/0/2] user-bind ip-address 10.1.1.1 mac-address 0001-0201-2123

6. 交换机 SWA 的端口 GigabitEthernet1/0/1 连接有 PC。如果想要使交换机通过 802.1X 协议对 PC 进行本地认证,则需要在交换机上配置的命令是( )。

    A. [SWA-GigabitEthernet1/0/1] dot1x

    B. [SWA-luser-network-localuser] password simple hello

    C. [SWA] dot1x

    D. [SWA] local-user localuser class network

    E. [SWA-luser-network-localuser] service-type lan-access

7. 以下关于 Trunk 链路的描述正确的是( )。

    A. Trunk 链路可以承载带有不同 VLAN ID 的数据帧

B. 主机和交换机之间相连,交换机常用的链路类型为 Trunk 链路

C. Trunk 链路通常应用于交换机与交换机之间互连

D. 在 Trunk 链路上传送的数据帧都是带 VLAN ID 的

8. 根据交换机处理 VLAN 数据帧的方式,H3C 以太网交换机的端口类型分为(　　)。

A. Hybrid 端口　　　　B. Access 端口　　　C. Trunk 端口　　　D. 镜像端口

E. monitor 端口

9. 根据用户的需求,管理员需要在交换机 SWA 上新建一个 VLAN,并且该 VLAN 需要包括端口 GigabitEhernet1/0/2。根据以上要求,需要在交换机上配置的命令是(　　)。

A. [SWA]vlan 2

B. [SWA]vlan 1

C. [SWA-vlan1]port GigabitEthernet1/0/2

D. [SWA-vlan2]port GigabitEthernet1/0/2

10. 根据用户需求,管理员需要将交换机 SWA 的端口 GigabitEthernet1/0/1 配置为 Trunk 端口。下列选项中正确的配置命令是(　　)。

A. [SWA]undo port link-type access

B. [SWA]port link-type trunk

C. [SWA-GigabitEthernet1/0/1]port link-type trunk

D. [SWA-GigabitEthernet1/0/1]undo port link-type access

11. VLAN 划分的方法包括(　　)。

A. 基于端口属性的划分　　　　　　　B. 基于端口的划分

C. 基于协议的划分　　　　　　　　　D. 基于 MAC 地址的划分

E. 基于子网的划分

12. 以下关于 Trunk 端口的描述正确的是(　　)。

A. Trunk 端口发送数据帧时,当检查到数据带有可允许通过的 VLAN ID,并且该 ID 不是 PVID 时,则不对数据中的标签进行任何操作,直接发送

B. Trunk 端口的 PVID 值不可以修改

C. Trunk 端口接收到数据时,当检查到数据帧不带有 VLAN ID 时,数据在端口加上相应的 PVID 值作为 VLAN ID,在交换机内部进行转发

D. Trunk 端口发送数据时,当检查到数据带有与 PVID 相同的 VLAN ID 时,数据的标签会被剥离掉

13. 在交换机 SWA 上执行 display vlan 2 命令后,交换机输出如下:

```
< SWA> display vlan 2
VLAN ID:2
VLAN Type: static
Route interface: not configured
Description: VLAN 0002
Tagged Ports: none
Untagged Ports:
GigabitEthernet1/0/1  GigabitEthernet1/0/3  GigabitEthernet1/0/4
```

从以上输出可以判断(　　)。

　　A. 带有 VLAN 2 标签的数据帧离开端口 GigabitEthernet1/0/3 时需要剥离标签

　　B. 端口 GigabitEthernet1/0/1 是一个 Trunk 端口

　　C. VLAN 2 中包含了端口 GigabitEthernet1/0/1、GigabitEthernet1/0/3 和 GigabitEthernet1/0/4

　　D. 当前交换机存在的 VLAN 只有 VLAN 2

14. 要在以太网交换机之间的链路上配置 Trunk,并允许传输 VLAN 10 和 VLAN 20 的信息,则可以在交换机上配置(　　)。

　　A. [Switch] port link-type trunk

　　B. [Switch-GigabitEthernet1/0/1] port trunk permit vlan all

　　C. [Switch-GigabitEthernet1/0/1] port link-type trunk

　　D. [Switch] port link-type Access

　　E. [Switch-GigabitEthernet1/0/1] port trunk pvid vlan 10

15. 交换机 SWA 的端口 GigabiEthernet1/0/1 原来是 Access 端口类型,现在需要将其配置为 Hybrid 端口类型。下列选项中正确的配置命令是(　　)。

　　A. [SWA]undo port link-type trunk

　　B. [SWA]port link-type hybrid

　　C. [SWA-GigabitEthernet1/0/1]port link-type hybrid

　　D. [SWA-GigabitEthernet1/0/1]undo port link-type trunk

16. 要在以太网交换机之间的链路上配置 Trunk,并允许传输 VLAN 10 和 VLAN 20 的信息,则可以在交换机上配置(　　)。

　　A. [Switch] port link-type Access

　　B. [Switch-GigabitEthernet1/0/1] port link-type trunk

　　C. [Switch-GigabitEthernet1/0/1] port trunk permit vlan all

　　D. [Switch] port link-type trunk

　　E. [Switch-GigabitEthernet1/0/1] port trunk pvid vlan 10

17. 交换机 SWA 的端口 GigabitEhernet1/0/1 已经配置成为 Trunk 端口类型。如果要使此端口允许 VLAN 2 和 VLAN 3 通过,则需要使用的命令是(　　)。

　　A. [SWA-GigabitEthernet1/0/1]undo port trunk permit vlan 2

　　B. [SWA]port trunk permit vlan 2 3

　　C. [SWA-GigabitEthernet1/0/1]port trunk permit vlan 2 3

　　D. [SWA]undo port trunk permit vlan 1

18. 根据用户的需求,管理员需要在交换机 SWA 上新建一个 VLAN,并且该 VLAN 需要包括端口 GigabitEhernet1/0/2。根据以上要求,需要在交换机上配置的命令是(　　)。

　　A. [SWA-vlan2]port GigabitEthernet1/0/2

　　B. [SWA]vlan 1

　　C. [SWA-vlan1]port GigabitEthernet1/0/2

19. 与传统的 LAN 相比,VLAN 具有的优势是(　　)。

　　A. 增强通信的安全性

B. 减少移动和改变的代价

C. 建立虚拟工作组

D. 用户不受物理设备的限制,VLAN 用户可以处于网络中的任何地方

E. 限制广播包,提高带宽的利用率

F. 增强网络的健壮性

20. 以下关于 Hybrid 端口说法正确的是(　　)。

A. Hybrid 端口只接收带 VLAN tag 的数据帧

B. Hybrid 端口可以在出端口方向将某些 VLAN 的 tag 剥离掉

C. Hybrid 端口发送数据帧时,一定携带 VLAN tag

D. Hybrid 端口不需要配置 PVID

21. 如果想在交换机上查看目前存在哪些 VLAN,且不需要查看端口的 VLAN 信息,则需要用到的命令是(　　)。

A. [SWA]display vlan 2　　　　　　B. [SWA]display vian all

C. [SWA]display vlan　　　　　　　D. [SWA]display vlan 1

22. 如果以太网交换机中某个运行 STP 的端口接收并转发数据,接收、处理并发送 BPDU,进行地址学习,那么该端口应该处于(　　)状态。

A. Forwarding　　　B. Blocking　　　C. Listening　　　D. Waiting

E. Learning　　　F. Disable

23. 关于各生成树协议之间的关系,下面说法正确的是(　　)。

A. 在 RSTP 模式下,设备的各个端口将向外发送 RSTP BPDU 报文,当发现与 STP 设备相连时,该端口会自动迁移到 STP 兼容模式下工作

B. MSTP 和 RSTP 能够互相识别对方的协议报文,可以互相兼容

C. 在 STP 兼容模式下,设备的各个端口将向外发送 STP BPDU 报文

D. 在 MSTP 模式下,设备的各个端口将向外发送 MSTP BPDU 报文,当发现与运行 STP 的设备相连时,该端口会自动迁移到 STP 兼容模式下工作

24. 配置交换机 SWA 工作在 RSTP 工作模式下的命令为(　　)。

A. [SWA]undo stp mode stp

B. [SWA]stp mode rstp

C. [SWA-GigabitEthernet1/0/4] stp mode rstp

D. [SWA-GigabitEthernet1/0/4] undo stp mode stp

25. 在交换机 SWA 上执行 display stp 命令后,交换机输出如下:

```
[SWA]display stp -------[CIST Global Info]Mode MSTP]-------
CIST Bridge    32768.000f-e23e-19b0
Bridge Times
Hello 2s MaxAge 20s FwDly 15s MaxHop 20
```

从以上输出可以判断(　　)。

A. 当前交换机的桥优先级是 32768　　　B. 当前交换机工作在 RSTP 模式下

C. 当前交换机工作在 MSTP 模式下　　　D. 当前交换机是根桥

26. 下列关于 STP 的说法正确的是(　　)。

    A. STP 通过阻断网络中存在的冗余链路来消除网络可能存在的路径环路

    B. 运行 STP 的网桥间通过传递 BPDU 来实现 STP 的信息传递

    C. 在结构复杂的网络中,STP 会消耗大量的处理资源,从而导致网络无法正常工作

    D. STP 可以在当前活动路径发生故障时激活被阻断的冗余备份链路来恢复网络的连通性

笔记

27. 如果以太网交换机中某个运行 STP 的端口不接收或转发数据,接收并发送 BPDU,不进行地址学习,那么该端口应该处于(　　)状态。

    A. Forwarding　　　　B. Blocking　　　　C. Listening　　　　D. Waiting

    E. Learning　　　　F. Disable

28. 在下面列出的 STP 端口状态中,属于不稳定的中间状态的是(　　)。

    A. Listening　　　　B. Forwarding　　　　C. Blocking　　　　D. Learning

    E. Disabled

29. 如果以太网交换机中某个运行 STP 的端口不接收或转发数据,接收但不发送 BPDU,不进行地址学习,那么该端口应该处于(　　)状态。

    A. Listening　　　　B. Waiting　　　　C. Blocking　　　　D. Learning

    E. Forwarding　　　　F. Disable

30. 以下关于 STP、RSTP 和 MSTP 的说法正确的是(　　)。

    A. MSTP 兼容 RSTP,但不兼容 STP

    B. RSTP 是 STP 协议的优化版。端口进入转发状态的延迟在某些条件下大大缩短,从而缩短了网络最终达到拓扑稳定所需的时间

    C. MSTP 不能快速收敛,当网络拓扑结构发生变化时,原来阻塞的端口需要等待一段时间才能变为转发状态

    D. MSTP 可以弥补 STP 和 RSTP 的缺陷,它既能快速收敛,也能使不同 LAN 的流量沿各自的路径转发,从而为几余链路提供了更好的负载分担机制

31. 如果 DHCP 客户端发送给 DHCP 中继的 DHCP Discovery 报文中的广播标志位是 0,那么 DHCP 中继回应 DHCP 客户端的 DHCP Offer 报文采用(　　)。

    A. anycast　　　　B. unicast　　　　C. broadcast　　　　D. multicast

32. DNS 可以采用的传输层协议是(　　)。

    A. UDP　　　　B. TCP 或 UDP　　　　C. TCP　　　　D. NCP

33. DNS 采用的传输层协议知名端口号是(　　)。

    A. 51　　　　B. 50　　　　C. 52　　　　D. 53

34. DHCP 中继和 DHCP 服务器之间交互的报文采用(　　)。

    A. multicast　　　　B. unicast　　　　C. broadcast　　　　D. anycast

35. 通过 DHCP 服务器动态获取的 IP 地址一般都有租借期限,以下关于 DHCP 租约的说法正确的是(　　)。

    A. 在客户端 IP 地址租约期限达到 50% 后,DHCP 服务器会向该客户端发送 DHCP 请求报文更新租约

B. 如果在租约的一半时间进行的续约操作失败,客户端会在租约期限达到 87.5%
   时发送 DHCP 请求报文进行续约

C. 在客户端 IP 地址租约期限达到 33% 后,客户端会向它的 DHCP 服务器发送
   DHCP 请求报文更新租约

D. 如果在租约的一半时间进行的续约操作失败,客户端会在租约期限达到 75% 时
   发送 DHCP 请求报文进行续约

36. 以下关于 ARP 报文的说法正确的是(　　)。

A. ARP 报文不能被转发到其他广播域

B. ARP 请求报文是广播发送的

C. ARP 请求报文中的目标 MAC 地址为全 1 的 MAC 地址

D. ARP 应答报文是单播发送的

项目 3

公司集团化网络服务

实现公司集团化网络服务,首要任务是设计和实施一个高效、安全且可靠的网络通信系统,以确保总公司内部各部门之间能够顺畅地进行数据交换和通信。

任务 3.1　实现总公司网络通信

3.1.1　任务陈述

此任务涉及对总公司现有网络架构的评估、升级以及新网络设备的配置,以支持公司的日常运营和长期发展战略。

3.1.2　任务分析

1. 需求分析

(1)掌握公司集团化网络架构中静态路由的应用。

(2)理解 H3C 路由器在复杂网络中的配置与管理方法。

(3)实现不同子网间的高效、可靠通信。

2. 知识要求

(1)掌握静态路由的配置与故障排除方法。

(2)熟悉 H3C 路由器型号与基本配置。

(3)掌握基本网络拓扑结构与规划。

3. 技能要求

(1)熟悉配置 H3C 路由器静态路由的方法。

(2)能够验证静态路由连通性。

(3)熟悉排查静态路由故障的方法。

4. 任务拓扑

本任务拓扑图如图 3-1-1 所示。

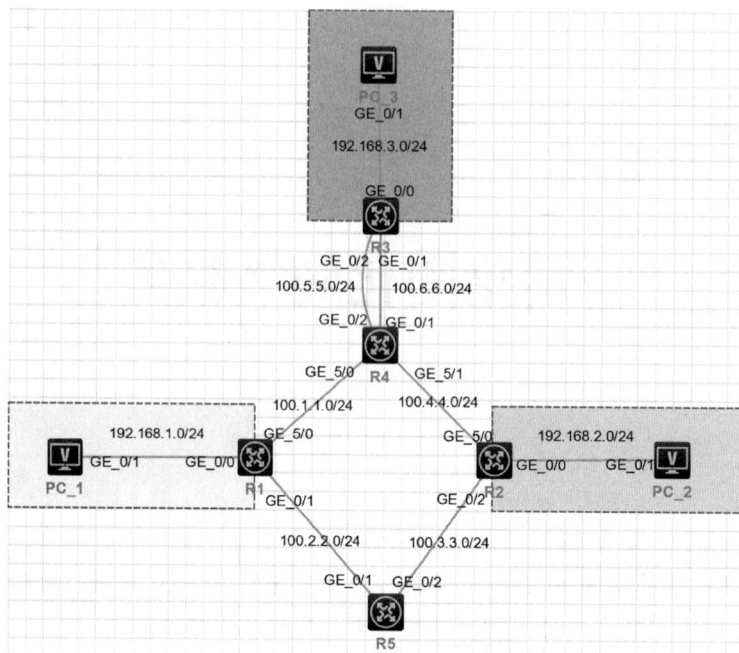

图 3-1-1 实现总公司网络通信拓扑图

3.1.3 知识准备

3.1.3.1 路由器基础知识

1. 路由器的基本概念

路由器是一种连接多个网络或网段的网络设备,用于实现数据的传输和交换。在现代网络中,路由器是不可或缺的设备,它通过相互连接的网络将数据从源地点传送到目标地点。我们的手机、计算机等智能设备每天连接的 Wi-Fi 信号,通常都是通过路由器发射出来的。路由器不仅实现了多设备共用一条光纤的功能,还使得我们的电子设备能够轻松接入网络并进行通信。

2. 路由器的工作原理

路由器是一种三层设备,使用 IP 地址寻址,提供从源 IP 到达目标 IP 地址的端到端服务。其工作原理主要基于路由表转发数据,过程如下。

1)数据包接收与解析

路由器接收到数据包后,首先提取目标 IP 地址及子网掩码,计算目标网络地址,然后根据目标网络地址查找路由表,如果找到目标网络地址,则按照相应的出口发送给下一个路由器。

2)路由表匹配

如果路由表中没有直接匹配到目标网络地址,则需要查看是否存在默认路由:如果有默认路由,则按照默认路由的出口发送给下一个路由器;如果没有默认路由,路由器会向源 IP 发送一个 ICMP 数据包,表明无法传递该数据包。

3）直接连接路由

如果目标网络地址是直连网络,则根据第二层 MAC 地址直接将数据包发送给目标站点。

3．路由表

路由表是路由器中维护路由条目的集合,用于指导路由器选择数据传输的最佳路径。路由表的形成主要有以下几种方式。

1）直连路由

在给路由器接口配置好 IP 地址后,路由器会自动将该接口的 IP 地址网段加到路由表中,形成直连路由。值得一提的是,直连路由是自动学习的,不需要手动配置。

2）静态路由

静态路由需要管理员手动配置 IP 地址的网段和接口信息,而且是单向的,只适用于中小网络,配置简单但缺乏灵活性。

3）动态路由

动态路由通过动态路由协议自动学习路由信息。路由器每隔一段时间会将自己已知的网段信息以数据包的形式发送给相邻路由器,进行网段信息的分享。常见的动态路由协议包括 OSPF、BGP、RIP 等。

4．路由器的基本功能

路由器在网络通信中具有多种基本功能,包括以下几个。

（1）网络互连。路由器能够连接不同的网络,使得不同网络中的设备能够相互通信。

（2）数据处理。路由器对接收到的数据包进行处理,包括解析、查找路由表、转发等。

（3）网络管理。路由器支持各种网络管理功能,如配置管理、性能管理、分组过滤、分组转发、优先级设置、复用、加密、压缩和防火墙等。

5．路由器的接口与指示灯

1）电源接口（POWER）

用于连接电源,确保路由器正常工作。

2）重置按钮（RESET）

用于还原路由器的出厂设置及清空所有配置数据。长按 5～10s 后,所有指示灯全亮全灭即表示成功恢复出厂设置。

3）WAN 接口

用于连接家用宽带调制解调器或交换机。所有通信数据均从这个接口发往外网。

4）LAN 接口

用于通过网线连接计算机等设备进行有线上网。相比 Wi-Fi,有线连接更加稳定,适用于高稳定、低延时需求的使用场景,如计算机游戏、监控摄像头、电视等。

5）指示灯

（1）电源指示灯：常亮表示路由器电源连接正常,不亮说明电源没插好或电源、路由器损坏。

（2）SYS 系统指示灯：闪烁表示路由器正常工作。

（3）WAN 指示灯：常亮表示端口与前端猫连接正常,闪烁表示有数据在传输。

笔记

笔记

6. 路由器的性能与影响因素

1）路由器的性能

路由器的性能包括转发性能、吞吐量、并发连接数等。长期不重启或频繁重启路由器都会对路由器产生损伤,导致其性能下降。

2）影响路由器性能的因素

（1）路由器的摆放位置:金属物、家用电器会影响信号的传输。路由器应摆放在高处或空旷处。

（2）路由器的发射频率:2.4GHz 和 5GHz 的穿墙能力和网速不同,应根据需求选择合适的频段。

（3）路由器的参数:路由器的 WAN 口和 LAN 口是否为千兆网口,都对网速有重要影响。

教学视频

3.1.3.2　静态路由器基础知识

1. 静态路由器概述

静态路由是一种手动配置路由信息的方法,用于指定数据包在网络中的传输路径。与动态路由协议相比,静态路由不需要交换路由信息,因此配置简单且开销较低。然而,静态路由缺乏灵活性,不适用于大型或复杂网络。

H3C 静态路由器支持丰富的配置命令,使技术人员能够精确控制网络流量,确保数据传输的可靠性和高效性。

2. 静态路由器配置基础

1）基本配置命令

在 H3C 路由器上进行静态路由配置时,首先需要进入系统视图,然后使用 ip route-static 命令配置静态路由。

（1）进入系统视图:

```
<Sysname> system-view
[Sysname]
```

（2）配置静态路由:

```
[Sysname]ip route-static 目的网段 子网掩码 下一跳路由器地址
```

例如,要将目的网段 192.168.3.0/24 的数据包通过下一跳地址 192.168.2.2 转发,可以使用以下命令:

```
[Sysname]ip route-static 192.168.3.0 24 192.168.2.2
```

2）接口配置

在配置静态路由之前,需要确保路由器接口已正确配置 IP 地址。

（1）进入接口视图：

```
[Sysname] interface GigabitEthernet 0/1
[Sysname-GigabitEthernet0/1]
```

（2）配置 IP 地址：

```
[Sysname-GigabitEthernet0/1] ip address 192.168.2.124 255.255.255.0
```

3. H3C 静态路由器高级配置

除了基本的静态路由配置外，H3C 路由器还支持多种高级配置功能，以满足不同网络环境的需求。

1）静态路由优先级

静态路由的优先级决定了当存在多条路径时，路由器将选择哪条路径转发数据包。默认情况下，静态路由的优先级为 60。使用 preference 参数可以调整静态路由的优先级。

```
[Sysname] ip route-static 192.168.3.0 24 192.168.2.2 preference 80
```

上述命令将目的网段 192.168.3.0/24 的静态路由优先级设置为 80。

2）永久静态路由

在某些情况下，即使下一跳不可达，也希望静态路由保持有效。此时，可以使用 permanent 参数配置永久静态路由。

```
[Sysname] ip route-static 192.168.3.0 24 192.168.2.2 permanent
```

3）VPN 实例中的静态路由

在 MPLS L3VPN 环境中，可以使用 vpn-instance 参数配置指定 VPN 实例中的静态路由。

```
[Sysname] ip route-static vpn-instance vpn1 192.168.3.0 24 192.168.2.2
```

上述命令将目的网段 192.168.3.0/24 的静态路由添加到 VPN 实例 vpn1 中。

4）静态路由的描述

为了便于管理和维护，可以为静态路由添加描述信息。

```
[Sysname] ip route-static 192.168.3.0 24 192.168.2.2 description To Office Network
```

5）显示静态路由信息

为了验证静态路由的配置是否正确，可以使用以下命令显示静态路由信息。

（1）显示所有静态路由：

```
[Sysname] display route-static routing-table
```

（2）显示指定目的地址的静态路由：

笔记

```
[Sysname] display route-static routing-table 192.168.3.0 24
```

（3）显示静态路由的下一跳信息：

```
[Sysname] display route-static nib
```

3.1.4　任务实施

1. 配置基础网络

（1）配置各路由器的名称。

路由器 R1 配置如下：

```
<H3C>system-view
[H3C]sysname R1
```

路由器 R2 配置如下：

```
<H3C>system-view
[H3C]sysname R2
```

路由器 R3 配置如下：

```
<H3C>system-view
[H3C]sysname R3
```

路由器 R4 配置如下：

```
<H3C>system-view
[H3C]sysname R4
```

路由器 R5 配置如下：

```
<H3C>system-view
[H3C]sysname R5
```

（2）配置各接口以及终端设备 IP 地址。

配置 PC1 的地址，如图 3-1-2 所示。

路由器 R1 配置如下：

```
[R1]interface g0/1
[R1-GigabitEthernet0/1]ip address 100.2.2.1 24
[R1]interface g5/0
[R1-GigabitEthernet5/0]ip address 100.1.1.1 24
[R1]interface g0/0
[R1-GigabitEthernet0/0]ip address 192.168.1.254 24
```

路由器 R2 配置如下：

图 3-1-2 配置 IP 地址

```
[R2]interface g0/2
[R2-GigabitEthernet0/2]ip address 100.3.3.2 24
[R2]interface g5/0
[R2-GigabitEthernet5/0]ip address 100.4.4.2 24
[R2]interface g0/0
[R2-GigabitEthernet0/0]ip address 192.168.2.254 24
```

路由器 R3 配置如下：

```
[R3]interface g0/0
[R3-GigabitEthernet0/0]ip address 192.168.3.254 24
[R3]interface g0/1
[R3-GigabitEthernet0/1]ip address 100.6.6.3 24
[R3]interface g0/2
[R3-GigabitEthernet0/2]ip address 100.5.5.3 24
```

路由器 R4 配置如下：

```
[R4]interface g0/2
[R4-GigabitEthernet0/2]ip address 100.5.5.4 24
[R4]interface g0/1
[R4-GigabitEthernet0/1]ip address 100.6.6.4 24
[R4]interface g5/0
[R4-GigabitEthernet5/0]ip address 100.1.1.4 24
[R4]interface g5/1
[R4-GigabitEthernet5/1]ip address 100.4.4.4 24
```

路由器 R5 配置如下：

笔记

```
[R5]interface g0/1
[R5-GigabitEthernet0/1]ip address 100.2.2.5 24
[R5]interface g0/2
[R5-GigabitEthernet0/2]ip address 100.3.3.5 24
```

2. 配置静态路由

（1）在 R1 和 R5 上配置去往 PC2 网段的静态路由。

路由器 R1 配置如下：

```
[R1]ip route-static 192.168.2.0 24 100.2.2.5
```

路由器 R5 配置如下：

```
[R5]ip route-static 192.168.2.0 24 100.3.3.2
```

（2）在 R2 和 R4 上配置去往 PC1 网段的静态路由。

路由器 R2 配置如下：

```
[R2]ip route-static 192.168.1.0 24 100.4.4.4
```

路由器 R4 配置如下：

```
[R4]ip route-static 192.168.1.0 24 100.1.1.1
```

（3）验证结果：在 PC1 上携带源地址 ping PC2。

```
<H3C>ping -a 192.168.1.1 192.168.2.1
Ping 192.168.2.1 (192.168.2.1) from 192.168.1.1: 56 data bytes, press CTRL_C to break
56 bytes from 192.168.2.1: icmp_seq=0 ttl=252 time=1.839 ms
56 bytes from 192.168.2.1: icmp_seq=1 ttl=252 time=1.884 ms
56 bytes from 192.168.2.1: icmp_seq=2 ttl=252 time=1.062 ms
56 bytes from 192.168.2.1: icmp_seq=3 ttl=252 time=1.274 ms
56 bytes from 192.168.2.1: icmp_seq=4 ttl=252 time=1.535 ms

--- Ping statistics for 192.168.2.1 ---
5 packet(s) transmitted, 5 packet(s) received, 0.0% packet loss
round-trip min/avg/max/std-dev = 1.062/1.519/1.884/0.318 ms
<H3C>%Aug  1 14:52:18:480 2024 H3C PING/6/PING_STATISTICS: Ping statistics for 192.168.
2.1: 5 packet(s) transmitted, 5 packet(s) received, 0.0% packet loss, round-trip min/av
g/max/std-dev = 1.062/1.519/1.884/0.318 ms.
```

（4）在 R1 和 R4 上配置 PC1 去往 PC3 的静态路由。

路由器 R1 配置如下：

```
[R1]ip route-static 192.168.3.0 24 100.1.1.4
```

路由器 R4 配置如下：

```
[R4]ip route-static 192.168.3.0 24 100.5.5.3
[R4]ip route-static 192.168.3.0 24 100.6.6.3
```

（5）在 R3 上配置 PC3 去往 PC1 的默认静态路由。

路由器 R3 配置如下：

笔记

```
[R3]ip route-static 0.0.0.0 0 100.5.5.4
[R3]ip route-static 0.0.0.0 0 100.6.6.4
```

（6）在 R2 上配置 PC1 去往 PC3 的静态路由。

路由器 R2 配置如下：

```
[R2]ip route-static 192.168.3.0 24 100.4.4.4
```

（7）在 R4 上配置 PC3 去往 PC2 的静态路由。

路由器 R4 配置如下：

```
[R4]ip route-static 192.168.2.0 24 100.4.4.2
```

（8）在 PC1 上携带源地址 ping PC3。

```
<H3C>ping -a 192.168.1.1 192.168.3.1
Ping 192.168.3.1 (192.168.3.1) from 192.168.1.1: 56 data bytes, press CTRL_C t
o break
56 bytes from 192.168.3.1: icmp_seq=0 ttl=252 time=1.740 ms
56 bytes from 192.168.3.1: icmp_seq=1 ttl=252 time=1.683 ms
56 bytes from 192.168.3.1: icmp_seq=2 ttl=252 time=1.275 ms
56 bytes from 192.168.3.1: icmp_seq=3 ttl=252 time=1.735 ms
56 bytes from 192.168.3.1: icmp_seq=4 ttl=252 time=1.382 ms

--- Ping statistics for 192.168.3.1 ---
5 packet(s) transmitted, 5 packet(s) received, 0.0% packet loss
round-trip min/avg/max/std-dev = 1.275/1.563/1.740/0.195 ms
<H3C>%Aug  1 15:04:15:312 2024 H3C PING/6/PING_STATISTICS: Ping statistics for
192.168.3.1: 5 packet(s) transmitted, 5 packet(s) received, 0.0% packet loss,
round-trip min/avg/max/std-dev = 1.275/1.563/1.740/0.195 ms.
```

（9）在 PC2 上携带源地址 ping PC3。

```
<H3C>ping -a 192.168.2.1 192.168.3.1
Ping 192.168.3.1 (192.168.3.1) from 192.168.2.1: 56 data bytes, press CTRL_C t
o break
56 bytes from 192.168.3.1: icmp_seq=0 ttl=252 time=1.604 ms
56 bytes from 192.168.3.1: icmp_seq=1 ttl=252 time=1.294 ms
56 bytes from 192.168.3.1: icmp_seq=2 ttl=252 time=1.276 ms
56 bytes from 192.168.3.1: icmp_seq=3 ttl=252 time=1.876 ms
56 bytes from 192.168.3.1: icmp_seq=4 ttl=252 time=1.039 ms

--- Ping statistics for 192.168.3.1 ---
5 packet(s) transmitted, 5 packet(s) received, 0.0% packet loss
round-trip min/avg/max/std-dev = 1.039/1.418/1.876/0.291 ms
<H3C>%Aug  1 15:15:01:409 2024 H3C PING/6/PING_STATISTICS: Ping statistics for
192.168.3.1: 5 packet(s) transmitted, 5 packet(s) received, 0.0% packet loss,
round-trip min/avg/max/std-dev = 1.039/1.418/1.876/0.291 ms.
```

3.1.5 任务总结

在本任务中，深入探讨了华三网络设备中静态路由的配置与应用。学生通过完成一系列的实践任务，能够掌握静态路由的基本概念、特点、作用以及配置方法。

为了进一步拓宽知识面和视野，可以进行以下知识拓展。

（1）静态默认路由配置：在路由器上合理配置默认路由能够减少路由表中表项数量，节省路由表空间，加快路由匹配速度。

（2）静态路由实现路由备份和负载分担：通过对静态路由优先级（preference）进行配置，可以灵活应用路由管理策略。例如，在配置到达网络目的地的多条路由时，若指定相同优先级，可实现负载分担；若指定不同优先级，则可实现路由备份。

笔记

（3）静态黑洞路由应用：在配置静态路由时，对应接口可以配置为 NULL0。NULL
接口是一个特别的接口，我们无法在 NULL 接口上配置 IP 地址，路由器会提示配置非法。
一个没有 IP 地址的接口能够做什么用呢？此接口单独使用没有意义，但是在一些网络中
正确使用能够避免路由环路。

3.1.6　任务工单

任务工单一

工作任务单基础信息			
工单编号		工单名称	实现总公司网络通信
工单来源	教材配套	工单提供	
工单介绍	了解静态路由的原理与配置		
工单环境	计算机一台，H3C Cloud Club		
接单人	班级：　　姓名：　　学号：　　岗位：		
团队成员	组长：　　其他组员：		

工作任务单主体	
任务介绍	李华是一家大型企业的网络工程师，负责构建和维护公司的跨地域网络。公司网络由多个自治系统（AS）组成，为了优化内部路由信息交换，提高网络性能，李华决定在内部自治系统间部署静态路由，通过静态路由的配置，公司不同区域的 H3C 路由器实现正确、高效地共享路由信息，确保公司内部自治系统间路由信息的正确传递，实现公司网络连通性和稳定性。
预期目标	（1）了解静态路由的优势。 （2）掌握静态路由的使用方法。
任务资讯（10分）	（1）常见的静态路由配置错误有什么情况？ （2）静态路由有哪些优势？ （3）静态路由适用什么场景？

工作任务单质量控制	

说明：使用者使用笔绘制，有条件的可以放入教学平台自动生成。

	内容	分数	综合能力评定雷达图
综合能力评定	学习内容		
	学习表现		
	实践应用		
	自主学习		
	协助创新		

任务工单二

工作任务单基础信息

工单编号		工单名称	实现总公司网络通信
工单来源	教材配套	工单提供	
工单介绍	了解静态路由的原理与配置		
工单环境	计算机一台，H3C Cloud Club		
接单人	班级：	姓名：	学号：　　　　　　岗位：
团队成员	组长：	其他组员：	

工作任务单主体

任务计划 （10分）	子任务1：认识静态路由 子任务2：使用静态路由 子任务3：测试及文档制作 提示：项目计划仅作参考，请根据实际情况进行修改。
任务部署 （10分）	项目实施前应联系管理老师安排场地，领取相关设施设备，严格按照实训室操作规范进行项目实施，完成项目后需要将所有设备设施恢复原位，资料规范存档，并将实训场地清理干净。

工作任务单质量控制

教师评语	

任务工单三

工作任务单基础信息

工单编号		工单名称	实现总公司网络通信
工单来源	教材配套	工单提供	
工单介绍	了解静态路由的原理与配置		
工单环境	计算机一台，H3C Cloud Club		
接单人	班级：	姓名：	学号：　　　　　　岗位：
团队成员	组长：	其他组员：	

工作任务单主体

任务实施 （50分）	**子任务1：认识静态路由** （1）静态路由的概念、功能。 （2）静态路由的配置。 **子任务2：使用静态路由** （1）下载并安装 H3C Cloud Club。 （2）熟悉 H3C Cloud Club 基本使用过程。 （3）在 H3C Cloud Club 演示静态路由配置过程，主要过程截图上传。 **子任务3：测试及文档制作** **1. 测试功能** 按照设计要求测试功能。 **2. 制作用户使用说明书** 参考帮助说明，制作用户使用说明书，并交给同学进行测试。

笔记

工作任务单主体		

1. 过程记录

<table>
<tr><td rowspan="6">任务总结
（10 分）</td><td colspan="3"></td></tr>
<tr><td>序号</td><td>内容</td><td>思考及解决方法</td></tr>
<tr><td></td><td></td><td></td></tr>
<tr><td></td><td></td><td></td></tr>
<tr><td></td><td></td><td></td></tr>
<tr><td></td><td></td><td></td></tr>
</table>

2. 编写完成本项目的工作总结

3. 答辩

工作任务单质量控制		

说明：使用者使用笔绘制，有条件的可以放入教学平台自动生成。

<table>
<tr><td rowspan="6">综合能力
评定</td><td>内容</td><td>分数</td><td>综合能力评定雷达图</td></tr>
<tr><td>学习内容</td><td></td><td rowspan="5">综合能力评定雷达图
学习内容 100 90 80 70 60 50 40 30 20 10 0
协助创新 学习表现
自主学习 实践应用</td></tr>
<tr><td>学习表现</td><td></td></tr>
<tr><td>实践应用</td><td></td></tr>
<tr><td>自主学习</td><td></td></tr>
<tr><td>协助创新</td><td></td></tr>
</table>

任务 3.2 实现分公司网络通信

3.2.1 任务陈述

此任务将涉及分公司网络的设计、实施以及动态路由协议的部署，以应对不断变化的网络环境和业务需求。

3.2.2 任务分析

1. 需求分析

（1）理解公司集团化网络服务中浮动路由的作用，确保网络具有高可用性。

（2）掌握 RIP 动态路由协议的配置，实现不同子网间的自动路由。

（3）能够根据公司网络架构，设计并实施动态路由策略，优化网络性能。

2. 知识要求

（1）掌握浮动路由的原理及配置。

（2）熟悉 RIP 的原理及配置。

3. 技能要求

（1）能够配置浮动静态路由。

（2）能够配置 RIP 协议。

（3）能够监控和调试 RIP 路由。

3.2.3 知识准备

3.2.3.1 浮动路由器基础知识

1. 浮动路由器简介

浮动路由器（Floating Route），又称路由备份，是一种实现网络故障恢复和负载均衡的重要路由策略。它允许在主要路由不可用时，自动切换到备用路由，以确保网络的连通性和可靠性。在网络运行过程中，浮动路由会同时运行，但数据只会由一条链路进行转发，另一条链路作为备份使用。当主链路故障恢复时，主链路会重新进入路由表，承担数据转发任务，而备份链路则变为不可用状态，并从路由表中移除。

浮动路由主要应用在企业网络中，预防链路单点故障，并在网络出现故障时实现快速响应和恢复。

浮动路由主要有以下两种作用。

（1）故障恢复。当主要路由器发生故障或连接中断时，浮动路由可以自动将流量切换到备用路由器，从而确保网络的连通性和可用性。

（2）负载均衡。在多条链路均可用的情况下，浮动路由可以根据链路负载情况动态调整流量分配，优化网络性能。

浮动路由的实现依赖路由表的管理距离（Administrative Distance，AD）。管理距离越小，优先级越高。当动态路由（如 OSPF、EIGRP）出现问题时，原有的路由会失效，路由器会自动选择静态路由或其他备用路由，保证网络不中断，实现冗余备份。

2. 浮动路由的配置原理

浮动路由的配置通常涉及两条或多条链路，这些链路具有相同的目的地址但不同的下一跳地址。其中，一条链路的优先级较高，作为主路由；另一条链路的优先级较低，作为备份路由。当主路由失效时，路由器会自动选择备份路由，以保证网络的连通性。

在 H3C 路由器中，浮动路由的配置通常通过静态路由命令来实现，并设置不同的优先级。具有浮动路由功能的路由器，主链路和路由会出现在路由表中，而备份链路和路由则不会出现在路由表中。当主链路发生故障时，备份链路和路由才会进入路由表，并承接路由转发任务。

3. 浮动路由的 H3C 配置命令

1）配置路由器接口 IP 地址

为路由器的各个接口配置 IP 地址。例如，对于路由器 R3 和 R4，可以配置如下路由接口 IP 地址：

```
# 配置 R3 路由接口 IP 地址
[R3] interface GigabitEthernet0/0/0
[R3-GigabitEthernet0/0/0] ip address 192.168.10.254 255.255.255.0
[R3-GigabitEthernet0/0/0] quit

[R3] interface GigabitEthernet0/0/1
[R3-GigabitEthernet0/0/1] ip address 192.168.20.1 255.255.255.0
[R3-GigabitEthernet0/0/1] quit

[R3] interface GigabitEthernet0/0/2
[R3-GigabitEthernet0/0/2] ip address 192.168.30.1 255.255.255.0
[R3-GigabitEthernet0/0/2] quit

# 配置 R4 路由接口 IP 地址
[R4] interface GigabitEthernet0/0/0
[R4-GigabitEthernet0/0/0] ip address 192.168.40.254 255.255.255.0
[R4-GigabitEthernet0/0/0] quit

[R4] interface GigabitEthernet0/0/1
[R4-GigabitEthernet0/0/1] ip address 192.168.20.2 255.255.255.0
[R4-GigabitEthernet0/0/1] quit

[R4] interface GigabitEthernet0/0/2
[R4-GigabitEthernet0/0/2] ip address 192.168.30.2 255.255.255.0
[R4-GigabitEthernet0/0/2] quit
```

2）配置浮动路由

配置浮动路由。以 R3 为例，配置到达 192.168.40.0/24 网段的浮动路由，其中通过 GigabitEthernet0/0/2 接口的路由为主路由，通过 GigabitEthernet0/0/1 接口的路由为备份路由，并设置备份路由的优先级。

```
# 配置 R3 浮动路由
[R3] ip route-static 192.168.40.0 255.255.255.0 192.168.20.2
[R3] ip route-static 192.168.40.0 255.255.255.0 192.168.30.2 preference 20
```

同样地，在 R4 上配置到达 192.168.10.0/24 网段的浮动路由：

```
# 配置 R4 浮动路由
[R4] ip route-static 192.168.10.0 255.255.255.0 192.168.20.1
[R4] ip route-static 192.168.10.0 255.255.255.0 192.168.30.1 preference 20
```

3）验证配置

通过路由跟踪和路由表查看命令验证配置是否正确。例如，在 R3 上执行路由跟踪命令：

```
# 在 R3 上执行路由跟踪
[R3] traceroute 192.168.40.1
```

通过查看输出结果，可以确认数据包经过的路径是否正确。同时，可以通过查看路由表来确认浮动路由的配置：

```
# 在 R3 上查看路由表
[R3] display ip routing-table
```

输出结果会显示当前路由表中的所有路由条目，包括静态路由和浮动路由。可以通过检查目的网络和下一跳地址来确认浮动路由是否正确配置。

3.2.3.2　RIP 动态路由基础知识

1. RIP 动态路由器基础

RIP(Routing Information Protocol)是一种较为简单的内部网关协议，主要用于规模较小的网络中，如校园网，以及结构较简单的地区性网络。由于 RIP 的实现较为简单，在配置和维护管理方面远比 OSPF、IS-IS 容易，因此在实际组网中有广泛的应用。

RIP 路由协议只依据路由器跳数决定最佳路径，不考虑带宽、延时和其他因素。RIP 总是把具有最小跳数值的路径作为最优路径，且限制最大跳数是 15，如果跳数为 16，则意味着路径不可达。RIP 定时更新路由，每隔 30s 更新一次，更新速度比较慢，在路由更新报文中不能携带子网掩码的信息，也就是不支持可变长掩码(Variable Length Subnet Masks，VLSM)。

RIP 有两个版本：RIP1 和 RIP2。RIP2 在 RIP1 的基础上增加了诸如可变长掩码、多点广播路由更新(Multicast Routing)和路由更新认证等功能。

2. RIP 动态路由器基本配置

1) 配置接口地址

在 Router A 上配置接口地址：

```
[RouterA] interface Serial0/1/0
[RouterA-Serial0/1/0] ip address 192.168.1.1 255.255.255.0
[RouterA-Serial0/1/0] quit

[RouterA] interface GigabitEthernet0/0/0
[RouterA-GigabitEthernet0/0/0] ip address 192.168.0.1 255.255.255.0
[RouterA-GigabitEthernet0/0/0] quit
```

在 Router B 上配置接口地址：

```
[RouterB] interface Serial0/1/0
[RouterB-Serial0/1/0] ip address 192.168.1.2 255.255.255.0
[RouterB-Serial0/1/0] quit
```

教学视频

```
[RouterB] interface GigabitEthernet0/0/0
[RouterB-GigabitEthernet0/0/0] ip address 192.168.2.1 255.255.255.0
[RouterB-GigabitEthernet0/0/0] quit
```

2）启用 RIP 协议

在 Router A 上启用 RIP 协议，并将相应的直连网段配置到 RIP 进程中：

```
[RouterA] rip
[RouterA-rip-1] network 192.168.0.0
[RouterA-rip-1] network 192.168.1.0
[RouterA-rip-1] quit
```

在 Router B 上启用 RIP 协议，并将相应的直连网段配置到 RIP 进程中：

```
[RouterB] rip
[RouterB-rip-1] network 192.168.1.0
[RouterB-rip-1] network 192.168.2.0
[RouterB-rip-1] quit
```

3）验证 RIP 协议运行状态

在 Router A 和 Router B 上分别输入以下命令，查看 RIP 协议的运行状态：

```
[RouterA] display rip
[RouterB] display rip
```

如果配置正确，可以看到 RIP 协议已经启用，并且已经学习到了相应的路由信息。

4）调试 RIP 协议收发报文情况

在 Router B 上输入以下命令，开启 RIP 协议的调试功能，观察 RIP 协议收发报文的情况：

```
[RouterB] terminal debugging
[RouterB] debugging rip 1 packet
```

此时，可以在 Router B 的调试信息中看到 RIP 协议发送和接收的报文内容。

3. RIP 动态路由器的高级配置

除了基本配置外，RIP 动态路由器还支持一些高级配置选项，如配置被动接口、配置路由过滤、设置 RIP 的管理距离值、指定邻居路由器和重新配置度量权值等。

1）配置被动接口

被动接口是在指定的接口上抑制路由更新，也就是阻止路由器更新报文通过该路由器接口。配置被动接口的目的是让两个不同的网络之间不相互传递和学习各自的动态路由信息。

在 Router A 上配置 GigabitEthernet0/0/0 接口为被动接口：

```
[RouterA] rip
[RouterA-rip-1] passive-interface GigabitEthernet0/0/0
[RouterA-rip-1] quit
```

2）配置网络通告

使用 network 命令通告各网段,使路由器接口参与到 RIP 协议中,能够发送和接收 RIP 数据包。

笔记

```
[H3C-rip-1] network 192.168.0.0
[H3C-rip-1] network 192.168.1.0
```

注意:如果多个接口属于同一个网段(按 A、B、C 分类),只需写一个网段。RIP-1 的协议报文中没有携带掩码信息,故 RIP-1 发布的是自然掩码的路由。RIP-2 支持路由聚合和子网划分,因为 RIP-2 报文携带掩码位。

3）设置水平分割

水平分割是一种防止路由环路的重要机制。其工作原理是,路由器从某个接口学到的路由不会从该接口再发回给邻居路由器。在接口视图下,使能 RIP 的水平分割功能的命令如下:

```
[H3C-GigabitEthernet0/0] rip split-horizon
```

对于 NBMA（Non Broadcast Multiple Access）网络,RIP 支持按邻居进行水平分割处理。

4）配置毒性逆转

毒性逆转是另一种防止路由环路的机制。它的工作原理是,路由器从某个接口学到路由后,将该路由的开销设置为 16(指明该路由不可达),并从原接口发回邻居路由器。在接口视图下,使能 RIP 的毒性逆转功能的命令如下:

```
[H3C-GigabitEthernet0/0] rip poison-reverse
```

5）配置路由过滤

路由过滤的功能是在指定的路由器接口上,既可以过滤进入(接收)的路由更新信息,也可以过滤输出(发送)的路由更新信息,常和 passive-interface 命令一起用,目的是禁止某个端口参与 RIP。

在 Router A 上配置一个访问控制列表(ACL),用于过滤接收到的路由更新信息:

```
[RouterA] acl number 3000
[RouterA-acl-basic-3000] rule permit source 192.168.1.0 0.0.0.255
[RouterA-acl-basic-3000] quit

[RouterA] rip
[RouterA-rip-1] distribute-list 3000 in GigabitEthernet0/0/0
[RouterA-rip-1] quit
```

6）设置 RIP 的管理距离值

管理距离(AD)是测量路由可信度的值,AD 的值越小,路由的可信度越高。RIP 的默认 AD 值是 120。在 RIP 配置模式下使用 distance 命令可以指定一个管理距离值。

笔记

在 Router A 上设置 RIP 的管理距离值为 100：

```
[RouterA] rip
[RouterA-rip-1] distance 100
[RouterA-rip-1] quit
```

教学视频

3.2.3.3　OSPF 动态路由基础知识

1. OSPF 动态路由器概述

开放式最短路径优先(Open Shortest Path First,OSPF)是一种广泛使用的动态路由协议,属于链路状态路由协议。它具备路由变化收敛速度快、无路由环路、支持变长子网掩码(VLSM)和汇总、层次区域划分等优点。在网络中使用 OSPF 协议后,大部分路由将由 OSPF 协议自行计算和生成,无须网络管理员人工配置。当网络拓扑发生变化时,协议可以自动计算、更正路由,极大地方便了网络管理。

OSPF 协议通过每个路由器发现、维护与邻居的关系,并将已知的邻居列表和链路费用通过可靠的泛洪与自治系统(Autonomous System,AS)内的其他路由器周期性交互,学习到整个自治系统的网络拓扑结构,并通过自治系统边界的路由器注入其他 AS 的路由信息,从而得到整个 Internet 的路由信息。

每隔一个特定时间或当链路状态发生变化时,路由器重新生成链路状态通告(Link State Advertisement,LSA),并通过泛洪机制将新 LSA 通告出去,以便实现路由的实时更新。

2. OSPF 的基本概念

1) 自治系统(AS)

自治系统是一个处于管理机构控制之下的路由器和网络群组。它可以是一个路由器直接连接到一个局域网(LAN)上,同时也连接到 Internet 上;也可以是一个由企业骨干网互联的多个局域网。在一个自治系统中的所有路由器必须相互连接,运行相同的路由协议,同时分配同一个自治系统编号。

2) 内部网关协议(IGP)

内部网关协议包括路由信息协议(Routing Information Protocol,RIP)、OSPF 和中间系统到中间系统(Intermediate System to Intermediate System,ISIS)。OSPF 是其中一种重要的 IGP 协议。

3) 指定路由器(DR)和备份指定路由器(BDR)

在一个 OSPF 网络中,DR 和 BDR 是由同一网段中所有的路由器根据路由器优先级、Router ID 通过 HELLO 报文选举出来的,同时只有优先级大于 0 的路由器才具有选举资格。DR 负责与其他路由器交换整个网络的一些路由更新信息,再由它向邻居路由器发送更新报文,以节省网络流量。BDR 作为 DR 的备份,当 DR 出现故障时,BDR 将接管 DR 的工作,确保网络的可靠性。

4) 区域(Area)

OSPF 通过划分区域来减小路由表的大小,降低路由器的资源消耗,每个区域都有一个区域 ID(Area ID),用于标识该区域。区域可以分为以下两种类型。

（1）骨干区域（Backbone Area）：区域 ID 为 0，其他所有非骨干区域的信息都要通过骨干区域进行中转。

（2）非骨干区域：包括末梢区域（Stub Area）、完全末梢区域（Totally Stubby Area）、非纯末梢区域（Not-So-Stubby Area，NSSA）等。

5）路由器类型

内部路由器（Internal Router）：只与同一区域内的其他路由器相连。

区域边界路由器（Area Border Router，ABR）：连接两个或多个区域，包括至少一个骨干区域。

自治系统边界路由器（AS Boundary Router，ASBR）：与其他自治系统交换路由信息的路由器。

6）LSA 类型

OSPF 使用不同类型的 LSA 来描述网络拓扑和路由信息，包括以下类型。

类型 1 LSA：区域内路由器链路状态。

类型 2 LSA：区域内网络链路状态。

类型 3 LSA：汇总链路状态（由 ABR 生成）。

类型 4 LSA：ASBR 链路状态（由 ABR 生成）。

类型 5 LSA：外部路由信息（由 ASBR 生成）。

类型 6 LSA：NSSA 区域中的外部路由信息。

3. OSPF 的基本配置

1）进入路由器配置模式

使用命令 system-view 进入路由器的全局配置模式。

2）配置 OSPF 进程

使用命令 ospf［process-id］创建一个 OSPF 进程，其中 process-id 是进程的 ID 号。例如：

```
[r1] ospf 1
```

3）配置 OSPF 区域

在 OSPF 进程中使用命令 area［area-id］创建一个 OSPF 区域，其中 area-id 是区域的 ID 号。例如：

```
[r1-ospf-1] area 0
```

4）配置 OSPF 接口

使用命令 interface［interface-type interface-number］进入接口配置模式，然后使用命令 ospf enable［process-id］area［area-id］开启 OSPF 在该接口上的功能，并将接口加入相应的 OSPF 区域中。例如：

```
[r1-ospf-1-area-0.0.0.0] interface GigabitEthernet0/0
[r1-GigabitEthernet0/0] ospf enable 1 area 0
```

笔记

5）宣告网络

使用命令 network［network-address］［wildcard-mask］宣告网络，以激活接口并发布路由。例如：

```
[r1-ospf-1-area-0.0.0.0] network 192.168.1.0 0.0.0.255
```

6）查看 OSPF 信息

使用以下命令查看 OSPF 的邻居关系、链路状态数据库等信息。

查看邻居表：

```
[r1] display ospf peer
```

查看邻居关系简表：

```
[r1] display ospf peer brief
```

查看链路状态数据库：

```
[r1] display ospf lsdb
```

查看具体 LSA 信息：

```
[r1] display ospf lsdb router 2.2.2.2
```

4. OSPF 的特殊区域和优化

1）特殊区域

末梢区域(Stub Area)：拒绝学习类型 4 和类型 5 的 LSA，只接受类型 3 的默认路由。配置命令如下：

```
[r1-ospf-1-area-0.0.0.0] stub
```

完全末梢区域(Totally Stubby Area)：在末梢区域的基础上，进一步拒绝类型 3 的 LSA，仅保留类型 3 的默认路由。配置命令如下：

```
[r1-ospf-1-area-0.0.0.0] totally stubby
```

非纯末梢区域(NSSA)：拒绝学习类型 4 和类型 5 的 LSA，但允许 ASBR 将外部路由信息以类型 6 的 LSA 发布到 NSSA 区域中。配置命令如下：

```
[r1-ospf-1-area-0.0.0.0] nssa
```

2）OSPF 的优化

通过汇总可以减少骨干区域和非骨干区域的 LSA 更新量，在 ABR 上针对类型 3 的 LSA 进行汇总，或者在 ASBR 上针对类型 5 或类型 6 的 LSA 进行汇总。同时，使用特殊区域可以减少非骨干区域的 LSA 更新量，降低路由器的资源消耗。

笔记

3.2.4 任务实施

3.2.4.1 RIP 动态路由协议的配置

RIP 动态路由协议的配置拓扑图如图 3-2-1 所示,配置步骤如下。

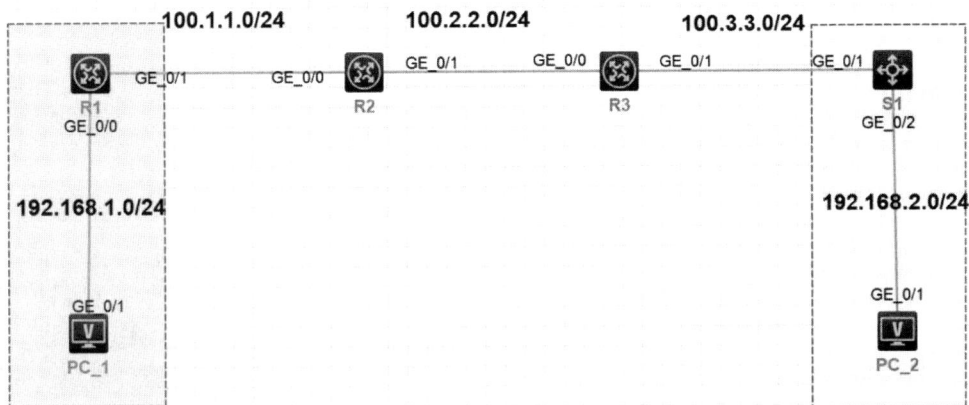

图 3-2-1 RIP 动态路由协议的配置拓扑图

1. 配置基础环境

(1) 配置设备(除终端设备外)名称。

路由器 R1 配置如下:

```
<H3C>system-view
[H3C]sysname R1
```

路由器 R2 配置如下:

```
<H3C>system-view
[H3C]sysname R2
```

路由器 R3 配置如下:

```
<H3C>system-view
[H3C]sysname R3
```

交换机 S1 配置如下:

```
<H3C>system-view
[H3C]sysname S1
```

(2) 配置路由器和终端设备的基础 IP 地址,确保网络连通性。

路由器 R1 配置如下:

```
[R1]interface g0/0
[R1-GigabitEthernet0/0]ip address 192.168.1.254 24
[R1]interface g0/1
[R1-GigabitEthernet0/1]ip address 100.1.1.1 24
```

路由器 R2 配置如下：

```
[R2]interface g0/0
[R2-GigabitEthernet0/0]ip address 100.1.1.2 24
[R2]interface g0/1
[R2-GigabitEthernet0/1]ip address 100.2.2.2 24
```

路由器 R3 配置如下：

```
[R3]interface g0/0
[R3-GigabitEthernet0/0]ip address 100.2.2.3 24
[R3]interface g0/1
[R3-GigabitEthernet0/1]ip address 100.3.3.3 24
```

PC1 和 PC2 的 IP 地址配置图，如图 3-2-2 所示。

(a) PC1　　　　　　　　　　　　　(b) PC2

图 3-2-2　PC1 和 PC2 的 IP 地址配置图

（3）配置交换机 VLAN 以及地址，确保能进行三层通信。

交换机 S1 配置如下：

```
[S1]vlan 10
[S1-vlan10]port g1/0/2
[S1]vlan 20
```

```
[S1-vlan10]port g1/0/1
[S1]interface vlan 10
[S1-Vlan-interface10]ip address 192.168.2.254 24
[S1]interface vlan 20
[S1-Vlan-interface20]ip address 100.3.3.1 24
[S1]interface g1/0/1
[S1-GigabitEthernet1/0/1]port access vlan 20
[S1]interface g1/0/1
[S1-GigabitEthernet1/0/2]port access vlan 10
```

笔记

2. 配置 RIP

在 RIP 进程宣告直连网段。

路由器 R1 配置如下：

```
[R1]rip
[R1-rip-1]network 192.168.1.0
[R1-rip-1]network 100.1.1.0
```

路由器 R2 配置如下：

```
[R2]rip
[R2-rip-1]network 100.1.1.0
[R2-rip-1]network 100.2.2.0
```

路由器 R3 配置如下：

```
[R3]rip
[R3-rip-1]network 100.2.2.0
[R3-rip-1]network 100.3.3.0
```

交换机 S1 配置如下：

```
[S1]rip
[S1-rip-1]network 192.168.2.0
[S1-rip-1]network 100.3.3.0
```

3. 配置水平分割防止环路

R1 配置如下：

```
[R1]interface g0/0
[R1-GigabitEthernet0/0]rip split-horizon
[R1]interface g0/1
[R1-GigabitEthernet0/1]rip split-horizon
```

R2 配置如下：

```
[R2]interface g0/0
[R2-GigabitEthernet0/0]rip split-horizon
[R2]interface g0/1
[R2-GigabitEthernet0/1]rip split-horizon
```

R3 配置如下：

```
[R3]interface g0/0
[R3-GigabitEthernet0/0]rip split-horizon
[R3]interface g0/1
[R3-GigabitEthernet0/1]rip split-horizon
```

4. 验证结果

通过 PC1 携带源地址 ping 测试 PC2 的连通性。

```
<H3C>ping -a 192.168.1.1 192.168.2.2
Ping 192.168.2.2 (192.168.2.2) from 192.168.1.1: 56 data bytes, press CTRL_C to
break
56 bytes from 192.168.2.2: icmp_seq=0 ttl=251 time=1.409 ms
56 bytes from 192.168.2.2: icmp_seq=1 ttl=251 time=1.864 ms
56 bytes from 192.168.2.2: icmp_seq=2 ttl=251 time=1.332 ms
56 bytes from 192.168.2.2: icmp_seq=3 ttl=251 time=1.172 ms
56 bytes from 192.168.2.2: icmp_seq=4 ttl=251 time=1.731 ms

--- Ping statistics for 192.168.2.2 ---
5 packet(s) transmitted, 5 packet(s) received, 0.0% packet loss
round-trip min/avg/max/std-dev = 1.172/1.502/1.864/0.257 ms
<H3C>%Aug  2 09:49:57:845 2024 H3C PING/6/PING_STATISTICS: Ping statistics for
192.168.2.2: 5 packet(s) transmitted, 5 packet(s) received, 0.0% packet loss, r
ound-trip min/avg/max/std-dev = 1.172/1.502/1.864/0.257 ms.
```

3.2.4.2　OSPF 动态路由协议的配置

OSPF 动态路由协议配置拓扑图如图 3-2-3 所示，配置步骤如下。

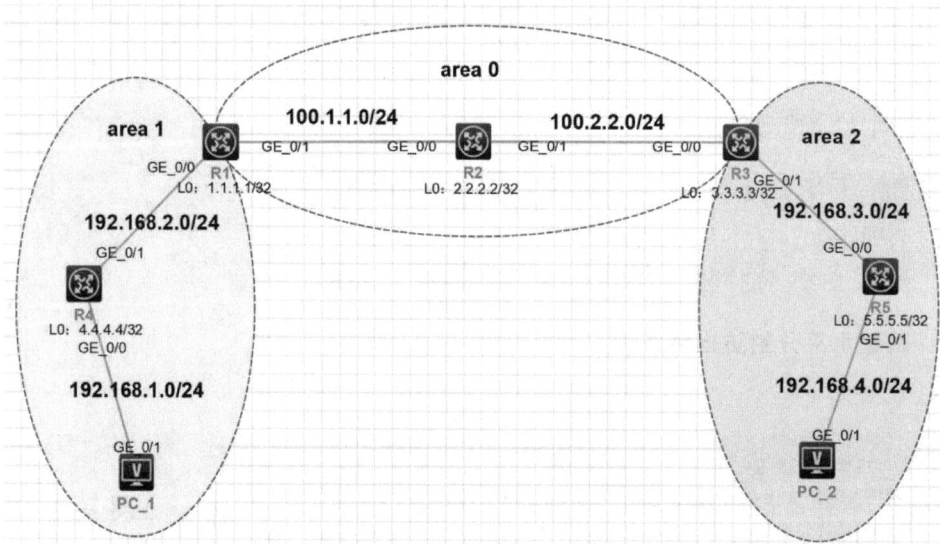

图 3-2-3　OSPF 动态路由协议配置拓扑图

1. 配置基础环境

（1）配置设备（除终端设备外）名称。

路由器 R1 配置如下：

```
<H3C>system-view
[H3C]sysname R1
```

路由器 R2 配置如下：

```
<H3C>system-view
[H3C]sysname R2
```

路由器 R3 配置如下：

```
<H3C>system-view
[H3C]sysname R3
```

路由器 R4 配置如下：

```
<H3C>system-view
[H3C]sysname R4
```

路由器 R5 配置如下：

```
<H3C>system-view
[H3C]sysname R5
```

PC1 和 PC2 的 IP 地址配置图，如图 3-2-2 所示。

（2）配置设备 IP 地址。

路由器 R1 配置如下：

```
[R1]interface g0/0
[R1-GigabitEthernet0/0]ip address 192.168.2.1 24
[R1]interface g0/1
[R1-GigabitEthernet0/1]ip address 100.1.1.1 24
```

路由器 R2 配置如下：

```
[R2]interface g0/0
[R2-GigabitEthernet0/0]iip address 100.1.1.2 24
[R2]interface g0/1
[R2-GigabitEthernet0/1]ip address 100.2.2.2 24
```

路由器 R3 配置如下：

```
[R3]interface g0/0
```

```
[R3-GigabitEthernet0/0]ip address 100.2.2.3 24
[R3]interface g0/1
[R3-GigabitEthernet0/1]ip address 192.168.3.3 24
```

路由器 R4 配置如下：

```
[R4]interface g0/0
[R4-GigabitEthernet0/0]ip address 192.168.1.254 24
[R4]interface g0/1
[R4-GigabitEthernet0/1]ip address 192.168.2.254 24
```

路由器 R5 配置如下：

```
[R5]interface g0/0
[R5-GigabitEthernet0/0]ip address 192.168.3.5 24
[R5]interface g0/1
[R5-GigabitEthernet0/1]ip address 192.168.4.254 24
```

2. 配置 OSPF

（1）配置 LoopBack 0 环回接口。

路由器 R1 配置如下：

```
[R1]interface LoopBack 0
[R1-LoopBack0]ip address 1.1.1.1 32
```

路由器 R2 配置如下：

```
[R2]interface LoopBack 0
[R2-LoopBack0]ip address 2.2.2.2 32
```

路由器 R3 配置如下：

```
[R3]interface LoopBack 0
[R3-LoopBack0]ip address 3.3.3.3 32
```

路由器 R4 配置如下：

```
[R4]interface LoopBack 0
[R4-LoopBack0]ip address 4.4.4.4 32
```

路由器 R5 配置如下：

```
[R5]interface LoopBack 0
[R5-LoopBack0]ip address 5.5.5.5 32
```

（2）在区域内宣告所有直连网段以及 LoopBack 环回接口。

路由器 R1 配置如下：

```
[R1]ospf router-id 1.1.1.1
[R1-ospf-1]area 1
[R1-ospf-1-area-0.0.0.1]network 192.168.2.0 0.0.0.255
[R1-ospf-1]area 0
[R1-ospf-1-area-0.0.0.0]network 100.1.1.0 0.0.0.255
[R1-ospf-1-area-0.0.0.0]network 1.1.1.1 0.0.0.0
```

路由器 R2 配置如下：

```
[R2]ospf router-id 2.2.2.2
[R2-ospf-1]area 0
[R2-ospf-1-area-0.0.0.0]network 100.1.1.0 0.0.0.255
[R2-ospf-1-area-0.0.0.0]network 100.2.2.0 0.0.0.255
[R2-ospf-1-area-0.0.0.0]network 2.2.2.2 0.0.0.0
```

路由器 R3 配置如下：

```
[R3]ospf router-id 3.3.3.3
[R3-ospf-1]area 0
[R3-ospf-1-area-0.0.0.0]network 3.3.3.3 0.0.0.0
[R3-ospf-1-area-0.0.0.0]network 100.2.2.0 0.0.0.255
[R3-ospf-1]area 2
[R3-ospf-1-area-0.0.0.2]network 192.168.4.0 0.0.0.255
```

路由器 R4 配置如下：

```
[R4]ospf router-id 4.4.4.4
[R4-ospf-1]area 1
[R4-ospf-1-area-0.0.0.1]network 192.168.1.0 0.0.0.255
[R4-ospf-1-area-0.0.0.1]network 192.168.2.0 0.0.0.255
[R4-ospf-1-area-0.0.0.1]network 4.4.4.4 0.0.0.0
```

路由器 R5 配置如下：

```
[R5]ospf router-id 5.5.5.5
[R5-ospf-1]area 2
[R5-ospf-1-area-0.0.0.2]network 192.168.4.0 0.0.0.255
[R5-ospf-1-area-0.0.0.2]network 192.168.3.0 0.0.0.255
[R5-ospf-1-area-0.0.0.2]network 5.5.5.5 0.0.0.0
```

3. 验证结果

（1）在 R4 上查看路由表是否通过 OSPF 学习到了对端 PC2 的网段。

笔记

```
[R4]display ip routing-table

Destinations : 22      Routes : 22

Destination/Mask    Proto    Pre  Cost    NextHop          Interface
0.0.0.0/32          Direct   0    0       127.0.0.1        InLoop0
1.1.1.1/32          O_INTER  10   1       192.168.2.1      GE0/1
2.2.2.2/32          O_INTER  10   2       192.168.2.1      GE0/1
3.3.3.3/32          O_INTER  10   3       192.168.2.1      GE0/1
4.4.4.4/32          Direct   0    0       127.0.0.1        InLoop0
5.5.5.5/32          O_INTER  10   4       192.168.2.1      GE0/1
100.1.1.0/24        O_INTER  10   2       192.168.2.1      GE0/1
100.2.2.0/24        O_INTER  10   3       192.168.2.1      GE0/1
127.0.0.0/8         Direct   0    0       127.0.0.1        InLoop0
127.0.0.1/32        Direct   0    0       127.0.0.1        InLoop0
127.255.255.255/32  Direct   0    0       127.0.0.1        InLoop0
192.168.1.0/24      Direct   0    0       192.168.1.254    GE0/0
192.168.1.254/32    Direct   0    0       127.0.0.1        InLoop0
192.168.1.255/32    Direct   0    0       192.168.1.254    GE0/0
192.168.2.0/24      Direct   0    0       192.168.2.254    GE0/1
192.168.2.254/32    Direct   0    0       127.0.0.1        InLoop0
192.168.2.255/32    Direct   0    0       192.168.2.254    GE0/1
192.168.3.0/24      O_INTER  10   4       192.168.2.1      GE0/1
192.168.4.0/24      O_INTER  10   5       192.168.2.1      GE0/1
224.0.0.0/4         Direct   0    0       0.0.0.0          NULL0
224.0.0.0/24        Direct   0    0       0.0.0.0          NULL0
255.255.255.255/32  Direct   0    0       127.0.0.1        InLoop0
```

（2）在 R5 上查看路由表是否通过 OSPF 学习到了对端 PC2 的网段。

```
[R5]display ip routing-table

Destinations : 22      Routes : 22

Destination/Mask    Proto    Pre  Cost    NextHop          Interface
0.0.0.0/32          Direct   0    0       127.0.0.1        InLoop0
1.1.1.1/32          O_INTER  10   3       192.168.3.3      GE0/0
2.2.2.2/32          O_INTER  10   2       192.168.3.3      GE0/0
3.3.3.3/32          O_INTER  10   1       192.168.3.3      GE0/0
4.4.4.4/32          O_INTER  10   4       192.168.3.3      GE0/0
5.5.5.5/32          Direct   0    0       127.0.0.1        InLoop0
100.1.1.0/24        O_INTER  10   3       192.168.3.3      GE0/0
100.2.2.0/24        O_INTER  10   2       192.168.3.3      GE0/0
127.0.0.0/8         Direct   0    0       127.0.0.1        InLoop0
127.0.0.1/32        Direct   0    0       127.0.0.1        InLoop0
127.255.255.255/32  Direct   0    0       127.0.0.1        InLoop0
192.168.1.0/24      O_INTER  10   5       192.168.3.3      GE0/0
192.168.2.0/24      O_INTER  10   4       192.168.3.3      GE0/0
192.168.3.0/24      Direct   0    0       192.168.3.5      GE0/0
192.168.3.5/32      Direct   0    0       127.0.0.1        InLoop0
192.168.3.255/32    Direct   0    0       192.168.3.5      GE0/0
192.168.4.0/24      Direct   0    0       192.168.4.254    GE0/1
192.168.4.254/32    Direct   0    0       127.0.0.1        InLoop0
192.168.4.255/32    Direct   0    0       192.168.4.254    GE0/1
224.0.0.0/4         Direct   0    0       0.0.0.0          NULL0
224.0.0.0/24        Direct   0    0       0.0.0.0          NULL0
255.255.255.255/32  Direct   0    0       127.0.0.1        InLoop0
```

（3）在 PC1 上携带源地址测试 ping 对端 R5 的环回口地址。

```
<H3C>ping -a 192.168.1.1 5.5.5.5
Ping 5.5.5.5 (5.5.5.5) from 192.168.1.1: 56 data bytes, press CTRL
 C to break
56 bytes from 5.5.5.5: icmp_seq=0 ttl=251 time=1.916 ms
56 bytes from 5.5.5.5: icmp_seq=1 ttl=251 time=1.929 ms
56 bytes from 5.5.5.5: icmp_seq=2 ttl=251 time=1.854 ms
56 bytes from 5.5.5.5: icmp_seq=3 ttl=251 time=1.765 ms
56 bytes from 5.5.5.5: icmp_seq=4 ttl=251 time=1.962 ms

--- Ping statistics for 5.5.5.5 ---
5 packet(s) transmitted, 5 packet(s) received, 0.0% packet loss
round-trip min/avg/max/std-dev = 1.765/1.885/1.962/0.070 ms
<H3C>%Aug  2 10:58:07:819 2024 H3C PING/6/PING_STATISTICS: Ping st
atistics for 5.5.5.5: 5 packet(s) transmitted, 5 packet(s) receive
d, 0.0% packet loss, round-trip min/avg/max/std-dev = 1.765/1.885/
1.962/0.070 ms.
```

（4）在 PC1 上携带源地址 ping 对端 PC2。

```
<H3C>ping -a 192.168.1.1 192.168.4.2
Ping 192.168.4.2 (192.168.4.2) from 192.168.1.1: 56 data bytes, pr
ess CTRL_C to break
56 bytes from 192.168.4.2: icmp_seq=0 ttl=250 time=2.095 ms
56 bytes from 192.168.4.2: icmp_seq=1 ttl=250 time=1.784 ms
56 bytes from 192.168.4.2: icmp_seq=2 ttl=250 time=1.800 ms
56 bytes from 192.168.4.2: icmp_seq=3 ttl=250 time=2.275 ms
56 bytes from 192.168.4.2: icmp_seq=4 ttl=250 time=2.017 ms

--- Ping statistics for 192.168.4.2 ---
5 packet(s) transmitted, 5 packet(s) received, 0.0% packet loss
round-trip min/avg/max/std-dev = 1.784/1.994/2.275/0.185 ms
<H3C>%Aug  2 10:58:59:788 2024 H3C PING/6/PING_STATISTICS: Ping st
atistics for 192.168.4.2: 5 packet(s) transmitted, 5 packet(s) rec
eived, 0.0% packet loss, round-trip min/avg/max/std-dev = 1.784/1.
994/2.275/0.185 ms.
```

3.2.5　任务总结

本任务深入探讨了新华三网络设备中 RIP、OSPF 的配置过程。通过实践操作,要求掌握 RIP、OSPF 的基本概念和工作原理,以及如何在华三路由器上配置 RIP、OSPF 邻居、宣告路由以及解决可能出现的路由问题。

为了进一步提升网络配置能力和综合素质,可以在本次教学任务的基础上进行以下任务拓展。

（1）虚连接:如果出现骨干区域被分割,或者非骨干区域无法和骨干区域保持连通的问题,可以通过配置 OSPF 虚连接（Virtual Link）予以解决。

（2）复杂网络场景模拟:设计更复杂的网络拓扑图,模拟实际网络环境中的多种路由协议配置和故障排查场景,提高应变能力和问题解决能力。

（3）路由优化与策略配置:介绍路由优化技术和策略配置方法,理解如何通过路由策略来优化网络性能和安全性。

（4）自动化配置工具学习:学习使用自动化配置工具（如 Ansible、Terraform 等）来管理网络设备,提高配置效率和准确性。

3.2.6　任务工单

任务工单一

工作任务单基础信息			
工单编号		工单名称	实现分公司网络通信
工单来源	教材配套	工单提供	
工单介绍	了解动态路由协议的原理与配置		
工单环境	计算机一台,H3C Cloud Club		
接 单 人	班级:	姓名:	学号:　　　　　岗位:
团队成员	组长:　　　　　其他组员:		

续表

工作任务单主体	
任务介绍	李华是一家大型企业的网络工程师,负责构建和维护公司的跨地域网络。公司网络由多个自治系统(AS)组成,为了优化内部路由信息交换,提高网络性能,李华决定在内部自治系统间部署动态路由协议 RIP 和 OSPF,通过动态路由协议的配置,公司不同区域的H3C 路由器实现高效地共享路由信息,确保公司内部自治系统间路由信息的正确传递,实现公司网络连通性和稳定性。
预期目标	(1) 了解 RIP 的优势。 (2) 了解 OSPF 的优势。 (3) 掌握 RIP、OSPF 的使用方法。 (4) 成功使得公司 A 与公司 B 实现业务网络通信。
任务资讯 (10 分)	(1) RIP 和 OSPF 的区别是什么? (2) OSPF 有哪些优势? (3) OSPF 适用什么场景?
任务计划 (10 分)	**子任务 1:认识 RIP、OSPF** **子任务 2:使用 RIP、OSPF** **子任务 3:测试及文档制作** 提示:项目计划仅作参考,请根据实际情况进行修改。
任务部署 (10 分)	项目实施前应联系管理老师安排场地,领取相关设施设备,严格按照实训室操作规范进行项目实施,完成项目后需要将所有设备设施恢复原位,资料规范存档,并将实训场地清理干净。

工作任务单质量控制		
(与工作任务单主体部分相对应)		

	评分项	内容	思考及解决方法
实施 评价表	项目资讯(10分)		
	项目计划(10分)		
	环境部署(10分)		
	任务实施(50分)		
	任务总结(10分)		
	其他(10分)		
	合计		

任务工单二

工作任务单基础信息					
工单编号		工单名称	实现分公司网络通信		
工单来源	教材配套	工单提供			
工单介绍	了解动态路由协议的原理与配置				
工单环境	计算机一台,H3C Cloud Club				
接单人	班级:	姓名:	学号:	岗位:	
团队成员	组长:	其他组员:			

续表 笔记

工作任务单主体

任务实施 （50分）	**子任务 1：认识 RIP、OSPF** （1）RIP、OSPF 的概念、功能。 （2）RIP、OSPF 的配置。 **子任务 2：使用 RIP、OSPF** （1）下载并安装 H3C Cloud Club。 （2）熟悉 H3C Cloud Club 基本使用过程。 （3）在 H3C Cloud Club 演示 RIP、OSPF 配置过程，主要过程截图上传。 **子任务 3：测试及文档制作** **1. 测试功能** 按照设计要求测试功能。 **2. 制作用户使用说明书** 参考帮助说明，制作用户使用说明书，并交给同学进行测试。

任务总结 （10分）	1. 过程记录 | 序号	内容	思考及解决方法 | |---|---|---| | | | | | | | | | | | | 2. 编写完成本项目的工作总结 3. 答辩

工作任务单质量控制

教师评语	

综合能力 评定	说明：使用者使用笔绘制，有条件的可以放入教学平台自动生成。 | 内容	分数	综合能力评定雷达图 | |---|---|---| | 学习内容 | | | | 学习表现 | | | | 实践应用 | | | | 自主学习 | | | | 协助创新 | | |

练习题

1. 在一台 MSR 路由器的路由表中,可能有以下选项中的路由是( )。

    A. 动态路由协议发现的路由   B. 直连网段的路由

    C. 由网络管理员手工配置的静态路由   D. 网络层协议发现的路由

2. 在 MSR 路由器上使用( )命令配置静态路由。

    A. ip static-route   B. ip route-static

    C. route-static   D. static-route

3. 在 MSR 路由器上要查看路由表的综合信息,如总路由数量、OSPF 路由数量、激活路由数量等,那么可以使用的命令是( )。

    A. [MSR] display ip routing-table

    B. <MSR>display ip routing-table statistics

    C. [MSR-GigabitEthernet0/0]display ip routing-table statistics

    D. [MSR] display ip routing-table accounting

4. 假设一台 MSR 路由器获得两条去往目的网段 100.120.10.251/24 的路由,这两条路由的 Cost 分别是 120 和 10,优先级分别是 10 和 150。那么去往此目的地址的数据包将( )。

    A. 优先匹配优先级为 10 的路由   B. 优先匹配 Cost 为 120 的路由

    C. 优先匹配 Cost 为 10 的路由   D. 优先匹配优先级为 150 的路由

5. 客户的网络连接形如:Host A——GE0/0——MSR-1——S1/0——WAN——S1/0——MSR-2——GE0/0——Host B,两台路由器都是出厂默认配置。分别给路由器的四个接口配置了正确的 IP 地址,两台主机 Host A、Host B 都正确配置了 IP 地址以及网关,假设所有物理连接都正常,那么( )。

    A. 每台路由器上各自至少需要配置 2 条静态路由才可以实现 Host A、Host B 的互通

    B. 路由器上不配置任何路由,Host A 可以 ping 通 MSR-2 的接口 S1/0 的 IP 地址

    C. 每台路由器上各自至少需要配置 1 条静态路由才可以实现 Host A、Host B 的互通

    D. 路由器上不配置任何路由,Host A 可以 ping 通 MSR-1 的接口 S1/0 的 IP 地址

6. 下列关于路由器特点的描述,正确的是( )。

    A. 根据链路层信息进行路由转发   B. 提供丰富的接口类型

    C. 是网络层设备   D. 支持多种路由协议

7. 在路由器上依次配置了如下两条静态路由:

```
ip route-static 10.0.10.0 24 10.10.202.1 preference 100
ip route-static 10.0.10.0 24 10.10.202.1
```

那么关于这两条路由,以下说法正确的是( )。

    A. 路由器只会生成第 2 条配置的活跃路由,其优先级为 60

    B. 路由器会生成两条去往 10.0.10.0 的活跃路由,两条路由互为备份

  C. 路由器会生成两条去往 10.0.10.0 的活跃路由,两条路由负载分担

  D. 路由器只会生成第 2 条配置的活跃路由,其优先级为 0

 8. 某路由器通过 Seria1/0 接口连接运营商网络,要在此路由器上配置默认路由,从而达到访问 Internet 的目的,以下选项中一定是正确且有效的是(　　)。

  A. ip route-static 255.255.255.255 0.0.0.0 Serial1/0

  B. ip route-static 0.0.0.0 0 Serial1/0

  C. ip route-static 0.0.0.0 0.0.0.0 Serial1/0

  D. 以上选项都不正确

 9. 某路由协议是链路状态算法的路由协议,那么关于此路由协议的特性,以下描述正确的是(　　)。

  A. 该路由协议算法可以有效防止环路

  B. 该路由协议关心网络中链路或接口的状态

  C. 运行该路由协议的路由器会根据收集到的链路状态信息形成一个到各个目的网段的加权有向图

  D. 该路由协议周期性更新路由信息

 10. 以下关于路由的描述正确的是(　　)。

  A. 一条完整的路由至少要包括掩码、目的地址、下一跳

  B. 直连路由的优先级不可手动修改

  C. 路由收敛指全网中路由器的路由表达到一致

  D. IGP 是一种基于 D-V 算法的路由协议

 11. 客户的网络连接如下:Host A——MSR-1——MSR-2——MSR-3——Host B,已经在所有设备上完成了 IP 地址的配置。要实现 Host A 可以访问 Host B,那么关于路由的配置,以下选项中正确的是(　　)。

  A. 在 MSR-2 上至少需要配置两条静态路由

  B. 在 MSR-1 上至少需要配置一条静态路由

  C. 在 MSR-2 上至少需要配置一条静态路由

  D. 在 MSR-3 上至少需要配置一条静态路由

 12. 在一台 MSR 路由器上执行如下命令:

```
[MSR]display ip routing-table 100.1.1.1
```

以下对此命令的描述正确的是(　　)。

  A. 有可能此命令的输出结果是两条默认路由

  B. 可以查看匹配目标地址为 100.1.1.1 的路由项

  C. 可以查看匹配下一跳地址为 100.1.1.1 的路由项

  D. 此命令不正确,因为没有包含掩码信息

 13. 客户在路由器上要配置两条去往同一目的地址的静态路由,达到互为备份的目的。以下关于这两条路由的配置的说法正确的是(　　)。

  A. 需要配置两条路由的 Priority 不一样

  B. 需要配置两条路由的 Cost 不一样

  C. 需要配置两条路由的 Preference 不一样

  D. 需要配置两条路由的 MED 值不一样

  14. XYZ 公司深圳分公司的路由器的 Serial 0/0 和 Serial 0/1 接分别通过两条广域网线路分别连两个,这两个 ISP 都可以访问北京总公司的网站 202.102.100.2,在深圳分公司的路由器上配置了以下的静态路由:

```
ip route-static 202.102.100.2 24 Serial 0/0
ip route-static 202.102.100.2 24 Serial 0/1
```

  以下关于这两条路由的描述正确的是(　　)。

    A. 在该路由器的路由表中只会写入第二条路由

    B. 去往北京的流量通过这两条路由可以实现负载分担

    C. 去往北京的这两条路由可以互为备份

    D. 在该路由器的路由表中只会写入第一条路由

  15. 小 L 是一名资深 IP 网络专家,立志想要开发一种新的动态路由协议,而一个正常的动态路由的工作过程应该包括(　　)。

    A. 交换路由   B. 计算路由   C. 发现邻居   D. 维护、更新路由

  16. 小 L 是一名资深网络技术工程师,想要自己独立设计一个比较完美的 IP 动态路由协议,希望该路由协议在 Cost 上有较大改进。在设计该路由协议的 Cost 的时候要考虑(　　)。

    A. 链路类型   B. 链路带宽   C. 链路 MTU   D. 链路可信度

  17. 要在路由器上配置一条静态路由。已知目的地址为 192.168 1.0,掩码是 20 位,出接口为 GE0/0,出接口地址为 10.10.202.1,那么下列配置中正确的是(　　)。

    A. ip route-static 192.168.1.0 255.255.248.0 GigabitEthernet0/0

    B. ip route-static 192.168.1.0 255.255.240.0 GigabitEthernet0/0

    C. ip route-static 192.168.1.0 255.255.248.0 10.10.202.1

    D. ip route-static 192.168.1.0 255.255.240.0 10.10.202.1

  18. 如果需要在 MSR 上配置以太口的 IP 地址,应该在(　　)下配置。

    A. 路由协议视图 B. 系统视图   C. 用户视图   D. 接口视图

  19. 在一台运行 OSPF 的 MSR 路由器的 GE0/0 接口上做了如下配置:

```
MSR-GigabitEthernet0/0]ospf cost 2
```

  以下关于此配置命令描述正确的是(　　)。

    A. 该命令只对从此接口发出的数据的路径有影响

    B. 该命令将接口 GE0/0 的 OSPF Cost 值修改为 2

    C. 该命令只对从此接口接收的数据的路径有影响

    D. 默认情况下,MSR 路由器的接口 Cost 与接口带宽成正比关系

  20. 下列关于网络中 OSPF 的区域(Area)说法正确的是(　　)。

    A. 网络中的一台路由器可能属于多个不同的区域,但是这些区域可能都不是骨干区域

    B. 只有在同一个区域的 OSPF 路由器才能建立邻居和邻接关系

C. 网络中的一台路由器可能属于多个不同的区域,但是其中必须有一个区域是骨干区域

D. 在同一个 AS 内多个 OSPF 区域的路由器共享相同的 LSDB

21. 以下关于 OSPF 信息显示与调试命令的说法正确的是(   )。

A. 通过 display ospf lsdb 命令可以查看路由器的链路状态数据库,网络中所有 OSPF 路由器的链路状态数据库应该都是一样的

B. 通过 display ospf routng 命令可以查看路由器的 OSPF 路由情况,并不是所有的 OSPF 路由都会被加入全局路由表

C. 通过 display ospf peer 命令可以查看路由器的 OSPF 邻居关系

D. 通过 display ospf fault 命令可以查看 OSPF 出错的信息

22. 以下关于 OSPF 中 DR 与 BDR 的选举说法正确的是(   )。

A. 路由器优先级取值范围从 0 至 255,优先级为 0 表示不具备选举 DR 及 BDR 的资格

B. 路由器优先级相同的情况下,Route ID 大的优先被选择为 DR 或 BDR

C. 在广播网络运行 OSPF,路由器间建立邻接关系时,需要先选举 DR,再选举 BDR

D. 某 OSPF 区域内的 DR 和 BDR 已经选举完毕,新加入 1 个优先级更高的路由器后,DR 与 BDR 会重新选举

23. 一台空配置的 MSR 路由器通过多个接口接入同一个 OSPF 网络,所有这些接口都启动 OSPF,配置完成后,该路由器已经成功学习到了网络中的 OSPF 路由,如今通过以下配置将该路由器上 GigabitEthernet0/0 接口的 OSPF Cost 值由 10 修改为 256:

```
MSR-GigabitEthernet0/0]ospf cost 256
```

在保持其他配置不变的情况下,以下关于该配置的理解正确的是(   )。

A. 该配置将对 OSPF 从该接口收到、发送的数据路径都有影响

B. 该配置将对 OSPF 从该接口发出的数据路径会有影响

C. 该配置将对 OSPF 从该接口收到的数据路径会有影响

D. 该配置命令是无效配置,因为 OSPF Cost 值最大为 255

24. OSPF 协议基于(   )协议,其编号为(   )。

    A. PPP,69   B. UDP,69   C. ICP,89   D. IP,89

25. 两台空配置的 MSR 路由器 MSR-1、MSR-2 通过各自的 GE0/0 连接,其地址分别为 192.168.1.23 和 192.16.1.1/30,在两台路由器上都增加如下配置:

```
[MSR-ospf-1]area 0
[MSR-ospf-1-area-0.0.0.0] network 192.168.1.1 0.0.0.3
```

两台路由器的 OSPF Router ID 分别为其各自的 GE0/0 接口地址,两台路由器上没有其他任何配置。那么要确保 MSR-1 成为 OSPF DR,还需要添加(   )。

A. 在 MSR-1 上配置:[MSR-1-ospf-1]ospf dr-priority 255

B. 在 MSR-1 上配置:[MSR-1-GigabitEthernet0/0]ospf dr-priority 255

笔记

C. 在 MSR-2 上配置：[MSR-2-GigabitEthernet0/0]ospf dr-priority 0

D. 在 MSR-2 上配置：[MSR-1-ospf-1]ospf dr-priority 0

26. 下面(　　)机制是 OSPF 无自环的原因。

A. 邻居之间只交换链路状态信息

B. 采用 SPF 算法

C. 采用组播更新

D. 所有非骨干区域都必须与骨干区域相连,非骨干区域之间不能直接交换路由信息,它们之间的路由传递只能通过骨干区域完成

27. OSPF 的 HELLO 报文的功能是(　　)。

A. 更新 LSA 信息　　　　　　　　　　B. 邻居发现

C. 同步路由器的 LSDB　　　　　　　　D. 维持邻居关系

28. 在一台路由器上配置 OSPF 时,必须手动进行的配置包括(　　)。

A. 创建 OSPF 区域

B. 创建 OSPF 进程

C. 指定每个使能 OSPF 的接口的网络类型

D. 配置 Router ID

项目 4

公司边界网络部署

随着云计算、物联网技术的深入应用,作为基础支撑的计算机基础网络规模也不断扩展,所形成的网络拓扑的复杂化程度随之增强,网络管理者迫切需要对自治系统区域内的路由设备加强管理,BGP 在此情形下应运而生。

BGP(Border Gateway Protocol)是一种用于自治系统(AS)之间的动态路由协议,它允许在不同的 AS 之间交换路由信息,选择最佳路径,并控制路由的传播。BGP 存在两种主要类型:EBGP(External BGP)和 IBGP(Internal BGP)。运行于不同 AS 之间的 BGP 称为 EBGP,这种类型的 BGP 用于在不同的自治系统之间交换路由信息,帮助路由器找到到达目标网络的最佳路径。运行于同一 AS 内部的 BGP 称为 IBGP,这种类型的 BGP 用于在单个自治系统内部优化路由选择,确保系统内部的路由信息准确无误。这两种类型的 BGP 共同工作,使得互联网上的路由选择更加高效和可靠。EBGP 主要负责跨系统通信,而 IBGP 则负责单个系统内部的优化和管理。

任务 4.1 公司边界同区域通信

4.1.1 任务陈述

李华是一家大型企业的网络工程师,负责构建和维护公司的跨地域网络。公司网络由多个自治系统(AS)组成,为了优化内部路由信息交换,提高网络性能,李华决定在内部自治系统间部署 IBGP(内部边界网关协议)对等体组,通过 IBGP 配置,公司不同区域的 H3C 路由器实现高效地共享路由信息,确保公司内部自治系统间路由信息的正确传递,实现公司网络连通性和稳定性。

4.1.2 任务分析

1. 需求分析

(1) 需要了解 IBGP 的基本概念和工作原理。

（2）掌握 H3C 设备的基本配置命令和 BGP 协议的配置方法。

（3）能够创建 IBGP 对等体组,并正确配置对等体间的路由信息交换。

2. 知识要求

（1）了解 BGP 的邻居关系建立、路由传递机制等。

（2）熟悉 H3C 交换机和路由器的配置命令。

（3）理解 IP 路由表的建立和维护过程。

3. 技能要求

（1）能够登录并配置 H3C 设备。

（2）能够配置 BGP 协议。

（3）能够验证 BGP 对等体关系和路由信息的正确性。

4. 任务拓扑

公司边界同区域通信拓扑图如图 4-1-1 所示。

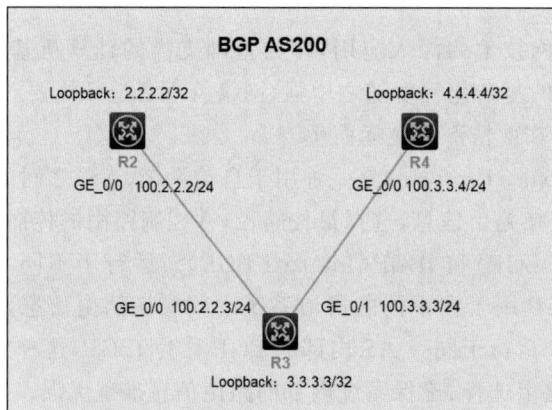

图 4-1-1　公司边界同区域通信拓扑图

4.1.3　知识准备

4.1.3.1　IBGP 的概念、作用及特点

1. IBGP 的概念

IBGP（Internal Border Gateway Protocol）,即内部边界网关协议,是 BGP（Border Gateway Protocol,边界网关协议）的一种特殊模式。BGP 本身是一种用于在不同自治系统（Autonomous System,AS）之间交换路由信息的协议,而 IBGP 则专门用于在同一个自治系统内部的路由器之间交换路由信息。IBGP 的主要作用是在 AS 内部传递外部 BGP（eBGP）路由信息,以实现全局路由的一致性和可达性。

2. IBGP 的作用

IBGP 的主要作用是实现 AS 内部的路由传播和一致性。在一个自治系统中,可能存在多个边界路由器（Border Router）,它们通过 eBGP 与其他 AS 进行对等连接,负责与外部网络交换路由信息。而在 AS 内部,这些边界路由器之间通过 IBGP 建立对等连接,用于传递

外部路由信息和维护全局路由表。IBGP 的主要作用如下:

(1) 路由信息传播:IBGP 允许 AS 内部的路由器了解来自其他 AS 的路由信息,并将其传递给 AS 内部的其他路由器,确保 AS 内部的所有路由器都具有相同的全局路由表。

(2) 全局路由一致性:通过 IBGP,AS 内部的路由器可以共享路由信息,从而使路由器之间的路由信息保持一致,提高网络的可靠性和可用性。

(3) 防止路由环路:IBGP 要求路由器之间建立全连接,以防止在 AS 内部形成 BGP 路由环路。每个 IBGP 对等路由器都需要与其他 IBGP 对等路由器建立连接,确保路由信息的传递和一致性。

(4) 负载均衡:IBGP 可以帮助路由器之间实现负载均衡,通过分发路由信息,提高网络的性能。

3. IBGP 的特点

(1) 完全对等。IBGP 对等连接是对等的,即对等路由器之间的关系是对等的,没有主从之分。

(2) 不改变 AS 路径。IBGP 不会修改传递的路由的 AS 路径属性,保持原始的 AS 路径信息。

(3) TTL 处理。IBGP 对等连接的 TTL(Time To Live)值设置为 1,确保路由信息只在 AS 内部传播,不会进入其他 AS。

(4) 需要全连接。IBGP 对等连接需要建立全连接,即每个 IBGP 对等路由器都需要与其他 IBGP 对等路由器建立连接,确保路由信息的传递和一致性。

(5) 路由反射器和对等集群。为了减少 IBGP 对等连接的数量和降低复杂性,可以使用路由反射器(Route Reflector)或对等集群(Peer Group)来简化 IBGP 的配置和管理。

4.1.3.2 配置 IBGP 的步骤

在计算机网络实训中,配置 IBGP(内部边界网关协议)是一项关键任务,它使得同一自治系统(AS)内部的不同路由器能够交换路由信息,从而实现网络互连。以下是配置 IBGP 的基本步骤和相关命令介绍。

1. 准备工作

在开始配置 IBGP 之前,需要确保以下几点。

(1) 网络拓扑:已经规划好网络拓扑,并了解各个路由器的接口和 IP 地址配置。

(2) 自治系统号(AS 号):已经确定自治系统号,并确保所有参与 IBGP 配置的路由器在同一 AS 内。

(3) 路由连通性:确保路由器之间的物理连接正常,且 IGP(内部网关协议)已经配置好,使得各个路由器的 Loopback 接口地址互通。

2. 配置步骤

(1) 进入系统视图。

通过 Console、Telnet 或 SSH 登录 H3C 路由器的命令行界面,并进入系统视图。

```
<H3C> system-view
[H3C]
```

笔记

教学视频

（2）配置 BGP 进程。

启动 BGP 进程，并指定自治系统号。

```
[H3C] bgp {as-number-plain | as-number-dot}
```

其中，{as-number-plain ｜ as-number-dot}表示自治系统号，可以是纯数字形式（如 100），也可以是点分形式（如 1.1）。

（3）配置 BGP Router ID。

BGP Router ID 是用于标识 BGP 路由器的唯一标识符，通常配置为路由器的 Loopback 接口地址。

```
[H3C-bgp] router-id ipv4-address
```

其中，ipv4-address 是路由器的 Loopback 接口地址。

（4）配置 BGP 对等体。

创建 BGP 对等体，并指定对等体的地址和 AS 号。

```
[H3C-bgp] peer {ipv4-address | ipv6-address} as-number {as-number-plain | as-number-dot}
```

其中，{ipv4-address ｜ ipv6-address}是对等体的 IP 地址，{as-number-plain ｜ as-number-dot}是自治系统号。

对于 IBGP，建议将对等体的源地址配置为 Loopback 接口地址，以确保 BGP 会话的稳定性。

```
[H3C-bgp] peer ipv4-address connect-interface interface-type interface-number [ipv4-source-address]
```

其中，interface-type interface-number 分别是 Loopback 接口的类型和编号，ipv4-source-address 是源地址（可选，如果 Loopback 接口地址已经配置为 Router ID，则无须指定）。

（5）配置 BGP 路由通告。

将需要通告的路由信息添加到 BGP 中。

```
[H3C-bgp] network IP_ADDR<X.X.X.X> <mask>
```

其中，IP_ADDR<X.X.X.X>是要通告的网络地址，<mask>是子网掩码。

（6）启用 BGP 功能。

在 BGP 视图下，启用 IPv4 单播地址族，并同步 BGP 路由和 IGP 路由（可选，但通常不推荐）。

```
[H3C-bgp] ipv4-family unicast
[H3C-bgp-af-ipv4] undo synchronization
```

然后，在对等体视图下，启用与该对等体的 BGP 会话。

```
[H3C-bgp-af-ipv4]peer ipv4-address enable
```

（7）验证配置。

验证 BGP 配置是否正确，以及 BGP 邻居状态是否为 Established。

```
[H3C-bgp-af-ipv4]display bgp peer
```

该命令将显示 BGP 邻居的详细信息，包括邻居地址、AS 号、消息接收和发送情况、队列长度、会话建立时间和状态等。

3. 注意事项

（1）IGP 连通性：在配置 IBGP 之前，必须确保 IGP 已经配置好，且各个路由器的 Loopback 接口地址互通。

（2）BGP Router ID：BGP Router ID 应该唯一且稳定，通常配置为路由器的 Loopback 接口地址。

（3）BGP 对等体配置：对于 IBGP，建议将对等体的源地址配置为 Loopback 接口地址，以确保 BGP 会话的稳定性。

（4）路由聚合：如果网络中存在大量的路由信息，可以考虑使用路由聚合来减少 BGP 会话中的路由条目数量，提高网络性能。

（5）安全性：在配置 BGP 时，需要注意安全性问题，如密码保护、MD5 认证等，以防止未经授权的 BGP 会话建立。

4.1.4 任务实施

1. 配置基础网络

（1）登录 H3C 设备，进入系统视图。

（2）配置设备的基础 IP 地址，确保网络连通性，IP 地址的相关参数如表 4-1-1 和表 4-1-2 所示。

表 4-1-1 设备 Loopback 地址规划

本端设备	所属 AS	所属接口	IP 地址
R2	200	Loopback 0	2.2.2.2/32
R3	200	Loopback 0	3.3.3.3/32
R4	200	Loopback 0	4.4.4.4/32

表 4-1-2 公网 IP 地址规划

本端设备	所属 AS	所属接口	IP 地址段
R2	200	G0/0	100.2.2.0/24
R3	200	G0/0	100.2.2.0/24
R3	200	G0/1	100.3.3.0/24
R4	200	G0/0	100.3.3.0/24

（3）配置设备名称和环回接口地址。

路由器 R2 配置如下：

```
<H3C>system-view
[H3C]sysname R2
[R2]interface LoopBack 0
[R2-LoopBack0]ip address 2.2.2.2 32
[R2]interface g0/0
[R2-GigabitEthernet0/0]ip address 100.2.2.2 24
```

路由器 R3 配置如下：

```
<H3C>system-view
[H3C]sysname R3
[R3]interface LoopBack 0
[R3-LoopBack0]ip address 3.3.3.3 32
[R3]interface g0/0
[R3-GigabitEthernet0/0]ip address 100.2.2.3 24
[R3-GigabitEthernet0/0]quit
[R3]interface g0/1
[R3-GigabitEthernet0/1]ip address 100.3.3.3 24
```

路由器 R4 配置如下：

```
<H3C>system-view
[H3C]sysname R4
[R4]interface LoopBack 0
[R4-LoopBack0]ip address 4.4.4.4 32
[R4]interface g0/0
[R4-GigabitEthernet0/0]ip address 100.3.3.4 24
```

（4）在区域内宣告直连网段和环回接口。
路由器 R2 配置如下：

```
[R2]ospf router-id 2.2.2.2
[R2-ospf-1]area 0
[R2-ospf-1-area-0.0.0.0]network 2.2.2.2 0.0.0.0
[R2-ospf-1-area-0.0.0.0]network 100.2.2.0 0.0.0.255
```

路由器 R3 配置如下：

```
[R3]ospf router-id 3.3.3.3
[R2-ospf-1]area 0
[R2-ospf-1-area-0.0.0.0]network 3.3.3.3 0.0.0.0
[R3-ospf-1-area-0.0.0.0]network 100.2.2.0 0.0.0.255
[R3-ospf-1-area-0.0.0.0]network 100.3.3.0 0.0.0.255
```

路由器 R4 配置如下：

```
[R4]ospf router-id 4.4.4.4
[R4-ospf-1]area 0
[R4-ospf-1-area-0.0.0.0]network 4.4.4.4 0.0.0.0
[R4-ospf-1-area-0.0.0.0]network 100.3.3.0 0.0.0.255
```

2. 启用 BGP 进程并配置 BGP 邻居

在 R2 上配置使用环回接口建立 IBGP 邻居。

```
[R2]bgp 200
[R2-bgp-default]peer 3.3.3.3 as-number 200
[R2-bgp-default]peer 3.3.3.3 connect-interface LoopBack 0
[R2-bgp-default]address-family ipv4 unicast
[R2-bgp-default-ipv4]peer 3.3.3.3 enable
```

在 R3 上配置使用环回接口建立 IBGP 邻居。

```
[R3]bgp 200
[R3-bgp-default]peer 2.2.2.2 as-number 200
[R3-bgp-default]peer 2.2.2.2 connect-interface LoopBack 0
[R3-bgp-default]peer 4.4.4.4. as-number 200
[R3-bgp-default]peer 4.4.4.4 connect-interface LoopBack 0
[R3-bgp-default]address-family ipv4 unicast
[R3-bgp-default-ipv4]peer 2.2.2.2 enable
[R3-bgp-default-ipv4]peer 4.4.4.4 enable
```

在 R4 上配置使用环回接口建立 IBGP 邻居。

```
[R4]bgp 200
[R4-bgp-default]peer 3.3.3.3 as-number 200
[R4-bgp-default]peer 3.3.3.3 connect-interface LoopBack 0
[R4-bgp-default]address-family ipv4 unicast
[R4-bgp-default-ipv4]peer 3.3.3.3 enable
```

3. 查看各路由器上 BGP 邻居建立情况

（1）在 R2 上查看邻居是否到达 Established 状态。

```
[R2]display bgp peer ipv4

BGP local router ID: 2.2.2.2
Local AS number: 200
Total number of peers: 1              Peers in established state: 1

 * - Dynamically created peer
 Peer                    AS  MsgRcvd  MsgSent OutQ PrefRcv Up/Down  State

 3.3.3.3                200        6        6    0       0 00:03:09 Established
```

（2）在 R3 上查看邻居是否到达 Established 状态。

```
[R3]display bgp peer ipv4

BGP local router ID: 3.3.3.3
Local AS number: 200
Total number of peers: 2              Peers in established state: 2

 * - Dynamically created peer
 Peer                    AS  MsgRcvd  MsgSent OutQ PrefRcv Up/Down  State

 2.2.2.2                200        4        4    0       0 00:01:02 Established
 4.4.4.4                200        3        3    0       0 00:00:29 Established
```

（3）在 R4 上查看邻居是否到达 Established 状态。

```
[R4]display bgp peer ipv4

 BGP local router ID: 4.4.4.4
 Local AS number: 200
 Total number of peers: 1                    Peers in established state: 1

 * - Dynamically created peer
 Peer                        AS  MsgRcvd  MsgSent OutQ PrefRcv Up/Down  State

 3.3.3.3                    200       4        4    0       0 00:01:25 Established
```

4.1.5 任务总结

本任务深入探讨了 H3C 网络设备中 IBGP(Internal Border Gateway Protocol,内部边界网关协议)的配置与应用。通过一系列的实践任务,要求掌握 IBGP 的基本概念、特点和在自治系统(AS)内部的作用,以及如何在 H3C 交换机和路由器上具体配置 IBGP 对等体,如何通过环回接口(Loopback Interface)建立 IBGP 邻居关系。

为了进一步拓宽知识面和视野,可以进行以下知识拓展。

（1）多 AS 环境下的 BGP 配置:了解 EBGP(External BGP)的配置方法,在更复杂的网络环境中实践 BGP 配置,理解 BGP 的跨 AS 路由传播机制。

（2）BGP 路由策略与策略路由技术:深入探讨 BGP 路由策略的配置方法,包括路由过滤、路由选择、路由聚合等,并结合策略路由技术实现更灵活的路由控制。

（3）BGP 故障排查与性能优化:通过案例分析,学会如何快速定位 BGP 故障,并采取有效措施进行解决;同时,了解 BGP 性能优化的方法和技巧,帮助自己提升网络管理水平。

（4）新技术应用:关注 BGP 领域的最新技术发展,如 BGP/MPLS VPN、BGP-LSA 等,掌握这些新技术的原理和应用场景,引导自己密切关注行业前沿技术动态。

4.1.6 任务工单

工作任务单基础信息			
工单编号		工单名称	公司边界同区域通信
工单来源	教材配套	工单提供	
工单介绍	了解 IBGP 的原理与配置		
工单环境	计算机一台,H3C Cloud Club		
接 单 人	班级:	姓名: 学号:	岗位:
团队成员	组长:	其他组员:	
工作任务单主体			
任务介绍	李华是一家大型企业的网络工程师,负责构建和维护公司的跨地域网络。公司网络由多个自治系统(AS)组成,为了优化内部路由信息交换,提高网络性能,李华决定在内部自治系统间部署 IBGP(内部边界网关协议)对等体组,通过 IBGP 配置,公司不同区域的 H3C 路由器实现高效地共享路由信息,确保公司内部自治系统间路由信息的正确传递,实现公司网络连通性和稳定性。		
预期目标	(1) 了解 IBGP 的优势。 (2) 掌握 IBGP 的使用方法。		

工作任务单主体		
任务资讯 **（10分）**	（1）常见的 IBGP 建立过程失败有什么情况？ （2）IBGP 有哪些优势？ （3）IBGP 适用什么场景？	
任务计划 **（10分）**	**子任务1：认识 IBGP** **子任务2：使用 IBGP** **子任务3：测试及文档制作** 提示：项目计划仅作参考，请根据实际情况进行修改。	
任务部署 **（10分）**	项目实施前应联系管理老师安排场地，领取相关设施设备，严格按照实训室操作规范进行项目实施，完成项目后需要将所有设备设施恢复原位，资料规范存档，并将实训场地清理干净。	
任务实施 **（50分）**	**子任务1：认识 IBGP** （1）IBGP 的概念、功能。 （2）IBGP 的配置。 **子任务2：使用 IBGP** （1）下载并安装 H3C Cloud Club。 （2）熟悉 H3C Cloud Club 基本使用过程。 （3）在 H3C Cloud Club 演示 IBGP 配置过程，主要过程截图上传。 **子任务3：测试及文档制作** **1. 测试功能** 按照设计要求测试功能。 **2. 制作用户使用说明书** 参考帮助说明，制作用户使用说明书，并交给同学进行测试。	
任务总结 **（10分）**	**1. 过程记录**	

1. 过程记录

序号	内容	思考及解决方法

2. 编写完成本项目的工作总结

3. 答辩

续表

工作任务单质量控制		

(与工作任务单主体部分相对应)

	评分项	内容	思考及解决方法
实施评价表	项目资讯(10分)		
	项目计划(10分)		
	环境部署(10分)		
	任务实施(50分)		
	任务总结(10分)		
	其他(10分)		
	合计		

教师评语	

说明:使用者使用笔绘制,有条件的可以放入教学平台自动生成。

综合能力评定	内容	分数	综合能力评定雷达图
	学习内容		
	学习表现		
	实践应用		
	自主学习		
	协助创新		

任务 4.2 公司边界不同区域通信

4.2.1 任务陈述

李华是一家大型公司 A 的网络工程师,负责构建和维护公司的跨地域网络。目前公司 A 与公司 B 的业务合作不断延伸,这两家大型跨国公司分别位于不同的自治系统(AS)内,AS 100 代表公司 A,AS 200 代表公司 B。为了加强两家公司之间的网络通信,需要在它们各自的网络边缘设备上配置 EBGP(外部边界网关协议),以确保两个自治系统之间的路由信息能够正确交换,实现跨公司网络资源的互访。具体情境为,公司 A 的 R1 设备与公司 B 的 R2 设备通过直连链路相连,R3 上不允许配置 BGP,并且内网 R1 与公网 R2、R5 与 R4 路由器之间用接口 IP 建立 EBGP 邻居,其余 R2、R3、R4 用 Loopback 口建立 IBGP 邻居,并需要配置 EBGP,以实现 PC4(位于公司 A,使用 Loopback 0 口模拟)访问 PC5(位于公司 B,使用 Loopback 0 口模拟)的目标。

4.2.2　任务分析

1. 需求分析

(1) 实现私网报文之间的路由互通。

(2) AS 之间使用直连接口建立邻居,同一 AS 内部使用 Loopback 建立邻居。

(3) R3 不允许配置 BGP。

(4) R2 与 R4 之间跨直连建立邻居,需要更改下一跳为本地。

(5) 提高网络稳定性和可扩展性。

2. 知识要求

(1) 理解 BGP 的基本概念和工作原理。

(2) 掌握 EBGP 与 IBGP 的区别。

(3) 熟悉华三网络设备的命令行操作。

3. 技能要求

(1) 能够配置并启动 BGP 进程。

(2) 能够配置 BGP 邻居关系。

(3) 能够宣告路由到 BGP 中。

4. 任务拓扑

公司边界不同区域通信拓扑图如图 4-2-1 所示。

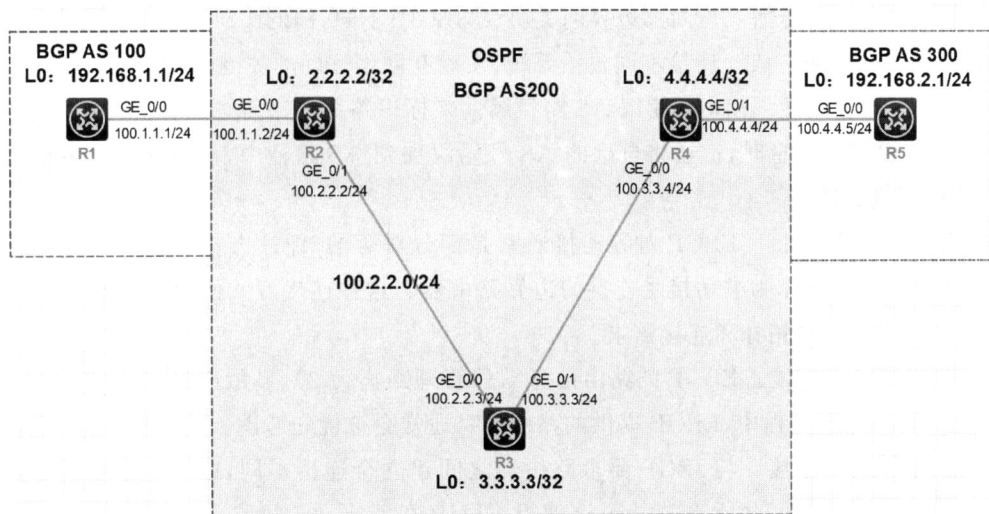

图 4-2-1　公司边界不同区域通信拓扑图

4.2.3　知识准备

4.2.3.1　EBGP 的概念、作用及特点

1. EBGP 的概念

EBGP(External Border Gateway Protocol),即外部边界网关协议,是用于在不同的自

治系统(Autonomous System,AS)之间交换路由信息的协议。每个自治系统都有一个独特的 AS 号码,用于区分不同的自治系统。EBGP 通过 AS 路径属性来避免路由环路,并将自己的 AS 号码添加到 AS 路径中,以表明路由的来源。它是 BGP(Border Gateway Protocol)的一种模式,用于实现 AS 之间的互联和路由选择。

2. EBGP 的作用

EBGP 的主要作用是在不同的自治系统之间传递路由信息,实现 AS 之间的互联和路由选择。在两个 AS 之间建立 EBGP 对等连接后,它们可以交换路由信息,并根据各自的路由策略选择最佳路径。EBGP 通过传递路由信息,使得互联网中的不同 AS 能够相互通信和交换数据。具体来说,EBGP 通过以下方式起作用。

(1)路由信息交换。EBGP 允许不同的 AS 之间交换路由信息,包括可达的地址、路由加权等,使得每个 AS 都能了解其他 AS 的网络拓扑和路由策略。

(2)最佳路径选择。根据路由策略和路由加权,EBGP 可以帮助 AS 选择最佳的路由路径,以提高网络传输的效率和可靠性。

(3)避免路由环路。EBGP 通过 AS 路径属性来避免路由环路,确保路由信息的正确性和有效性。

3. EBGP 的特点

EBGP 具有以下几个显著的特点。

(1)AS 间路由传播。与内部边界网关协议(IBGP)不同,EBGP 专注于在不同 AS 之间传递路由信息,这使它成为连接不同自治系统、实现互联网互联的关键协议。

(2)AS 路径属性。EBGP 使用 AS 路径属性来标识路由的来源,并避免路由环路。每个 AS 在传递路由信息时,都会将自己的 AS 号码添加到 AS 路径中,从而确保路由信息的正确性和可追溯性。

(3)部分对等连接。EBGP 对等连接通常是部分对等的,即一方作为主动发起连接的边界路由器,另一方作为被动接受连接的边界路由器。这种连接方式使得 EBGP 能够适应不同 AS 之间的网络拓扑和连接需求。

(4)较高的可信度。EBGP 的路由信息默认管理距离为 20,显示出较高的可信度。这意味着在路由选择过程中,EBGP 提供的路由信息通常会被优先考虑。

(5)不需要全连接。与 IBGP 要求路由器之间建立全连接不同,EBGP 通常不需要在 AS 内部的路由器之间建立全连接。这使得 EBGP 在实现 AS 间路由传播时更加灵活和高效。

4.2.3.2 EBGP 的配置步骤

在计算机网络实训中,配置 EBGP(External Border Gateway Protocol,外部边界网关协议)是至关重要的一环。EBGP 用于在不同的自治系统之间交换路由信息。配置 EBGP 需要遵循一定的步骤,以确保不同 AS 之间能够正确建立 BGP 邻居关系,并有效地传递路由信息。EBGP 的配置步骤如下。

1. 配置前的准备工作

（1）设备准备。

① 确保有可用的 H3C 路由器设备,并且这些设备已经正确连接。

② 检查设备的接口状态,确保接口能够正常工作。

（2）网络规划。

① 确定自治系统的编号（AS 号）,并为每个 AS 分配唯一的编号。

② 规划路由器的 IP 地址,确保路由器之间能够相互通信。

（3）了解设备接口。

熟悉设备的接口类型和编号,以便在配置过程中正确引用。

2. 配置 EBGP 步骤

（1）配置 IP 地址。

① 登录路由器。使用终端工具（如 PuTTY 或 SecureCRT）登录 H3C 路由器,输入用户名和密码,进入路由器配置模式。

② 配置接口 IP 地址。进入接口配置模式,为每个接口分配 IP 地址。

```
[H3C] interface GigabitEthernet0/0
[H3C-GigabitEthernet0/0] ip address 100.1.1.1 255.255.255.252
[H3C-GigabitEthernet0/0] quit
```

（2）配置 BGP 进程。

在全局配置模式下,进入 BGP 配置模式。

```
[H3C] bgp 100
[H3C-bgp-default]
```

其中,100 是自治系统的编号。

（3）配置 BGP 邻居。

在 BGP 配置模式下,配置 BGP 邻居的 IP 地址和 AS 号。

```
[H3C-bgp-default] peer 100.1.1.2 as-number 200
[H3C-bgp-default] address-family ipv4 unicast
[H3C-bgp-default-ipv4] peer 100.1.1.2 enable
```

其中,100.1.1.2 是邻居路由器的 IP 地址,200 是邻居路由器所在的自治系统编号。

3. 验证 BGP 邻居关系

（1）查看 BGP 邻居状态。

在 BGP 配置模式下,使用 show bgp neighbors 命令查看 BGP 邻居的状态。

```
[H3C-bgp-default-ipv4] show bgp neighbors
```

该命令将显示 BGP 邻居的 IP 地址、AS 号、连接状态等信息。

（2）检查 TCP 连接。

使用 display tcp brief 命令检查 TCP 连接状态,确保 BGP 邻居之间已经建立了 TCP 连接。

笔记

```
[H3C] display tcp brief
```

4. 配置 BGP 路由策略（可选）

（1）定义路由策略。

根据需要,可以定义路由策略来控制 BGP 路由的传递和选择。

```
[H3C] route-policy preference-policy permit node 10
[H3C-route-policy] if-match ip-prefix 1.1.1.1/32
[H3C-route-policy] apply preference 200
```

上述示例定义了一个名为 preference-policy 的路由策略,该策略将匹配前缀为 1.1.1.1/32 的路由,并将其优先级设置为 200。

（2）应用路由策略。

将定义的路由策略应用到 BGP 邻居上。

```
[H3C-bgp-default-ipv4] peer 100.1.1.2 route-policy preference-policy export
```

上述示例将 preference-policy 路由策略应用到对邻居 100.1.1.2 的出口路由上。

5. 验证 BGP 路由

（1）查看 BGP 路由表。

使用 show bgp routing 命令查看 BGP 路由表,确保 BGP 路由已经正确传递。

```
[H3C-bgp-default-ipv4] show bgp routing
```

该命令将显示 BGP 路由表中的所有路由信息。

（2）检查 IP 路由表。

使用 display ip routing 命令检查 IP 路由表,确保 BGP 路由已经正确引入 IP 路由表中。

```
[H3C] display ip routing
```

6. 调试与故障排除

（1）调试 BGP。

如果 BGP 配置出现问题,可以使用调试命令来查找问题所在。

```
[H3C] debugging bgp events
[H3C] debugging bgp packets
```

上述命令将开启 BGP 事件和 BGP 报文的调试信息。

（2）查看调试输出。

分析调试输出信息,找出配置错误或网络故障的原因,并根据调试结果进行相应的调整和优化。

4.2.4　任务实施

1. 配置基础环境

依据表 4-2-1～表 4-2-3 的参数配置设备的基础 IP 地址,确保网络连通性。

表 4-2-1　设备 Loopback 地址规划

本端设备	所属 AS	所属接口	IP 地址
R2	200	Loopback 0	2.2.2.2/32
R3	200	Loopback 0	3.3.3.3/32
R4	200	Loopback 0	4.4.4.4/32

表 4-2-2　公网 IP 地址规划

本端设备	所属 AS	所属接口	IP 地址段
R1	100	G0/0	100.1.1.0/24
R2	200	G0/0	100.1.1.0/24
R2	200	G0/1	100.2.2.0/24
R3	—	G0/0	100.2.2.0/24
R3	—	G0/1	100.3.3.0/24
R4	200	G0/0	100.3.3.0/24
R4	200	G0/1	100.4.4.0/24
R5	300	G0/0	100.4.4.0/24

表 4-2-3　私网 IP 地址规划

本端设备	所属接口	IP 地址
R1	Loopback 0	192.168.1.1
R5	Loopback 0	192.168.2.5

2. 配置设备名称

路由器 R1 配置如下:

```
<H3C>system-view
[H3C]sysname R1
```

路由器 R2 配置如下:

```
<H3C>system-view
[H3C]sysname R2
```

路由器 R3 配置如下:

```
<H3C>system-view
[H3C]sysname R3
```

笔记

路由器 R4 配置如下：

```
<H3C>system-view
[H3C]sysname R4
```

路由器 R5 配置如下：

```
<H3C>system-view
[H3C]sysname R5
```

3. 配置 OSPF

（1）配置环回接口地址和物理接口地址。

路由器 R1 配置如下：

```
[R1]interface LoopBack 0
[R1-LoopBack0]ip address 192.168.1.1
[R1]interface g0/0
[R1-GigabitEthernet0/0]ip address 100.1.1.1 24
```

路由器 R2 配置如下：

```
[R2]interface LoopBack 0
[R2-LoopBack0]ip address 2.2.2.2 32
[R2]interface g0/0
[R2-GigabitEthernet0/0]ip address 100.1.1.2 24
[R2]interface g0/1
[R2-GigabitEthernet0/0]ip address 100.2.2.2 24
```

路由器 R3 配置如下：

```
[R3]interface LoopBack 0
[R3-LoopBack0]ip address 3.3.3.3 32
[R3]interface g0/0
[R3-GigabitEthernet0/0]ip address 100.2.2.3 24
[R3-GigabitEthernet0/0]quit
[R3]interface g0/1
[R3-GigabitEthernet0/1]ip address 100.3.3.3 24
```

路由器 R4 配置如下：

```
[R4]interface LoopBack 0
[R4-LoopBack0]ip address 4.4.4.4 32
[R4]interface g0/0
[R4-GigabitEthernet0/0]ip address 100.3.3.4 24
[R4]interface g0/1
[R4-GigabitEthernet0/0]ip address 100.4.4.4 24
```

路由器 R5 配置如下：

```
[R5]interface LoopBack 0
[R5-LoopBack0]ip address 192.168.2.5 24
[R5]interface g0/0
[R5-GigabitEthernet0/0]ip address 100.4.4.5 24
```

（2）将环回接口和直连网段宣告进 OSPF。

路由器 R2 配置如下：

```
[R2]ospf router-id 2.2.2.2
[R2-ospf-1]area 0
[R2-ospf-1-area-0.0.0.0]network 2.2.2.2 0.0.0.0
[R2-ospf-1-area-0.0.0.0]network 100.2.2.0 0.0.0.255
```

路由器 R3 配置如下：

```
[R3]ospf router-id 3.3.3.3
[R2-ospf-1]area 0
[R2-ospf-1-area-0.0.0.0]network 3.3.3.3 0.0.0.0
[R3-ospf-1-area-0.0.0.0]network 100.2.2.0 0.0.0.255
[R3-ospf-1-area-0.0.0.0]network 100.3.3.0 0.0.0.255
```

路由器 R4 配置如下：

```
[R4]ospf router-id 4.4.4.4
[R4-ospf-1]area 0
[R4-ospf-1-area-0.0.0.0]network 4.4.4.4 0.0.0.0
[R4-ospf-1-area-0.0.0.0]network 100.3.3.0 0.0.0.255
```

4. 配置 EBGP 与 IBGP

（1）建立 BGP 邻居。

在 R1 上使用物理接口与 R2 建立 EBGP 邻居：

```
[R1]bgp 100
[R1-bgp-default]peer 100.1.1.2 as-number 200
[R1-bgp-default]address-family ipv4 unicast
[R1-bgp-default-ipv4]peer 100.1.1.2 enable
```

在 R2 上使用物理接口与 R1 建立 EBGP 邻居，使用环回接口与 R4 建立 IBGP 邻居：

```
[R2]bgp 200
[R2-bgp-default]peer 100.1.1.1 as-number 100
[R2-bgp-default]peer 4.4.4.4 as-number 200
[R2-bgp-default]peer 4.4.4.4 connect-interface LoopBack 0
[R2-bgp-default]address-family ipv4 unicast
[R2-bgp-default-ipv4]peer 100.1.1.1 enable
[R2-bgp-default-ipv4]peer 4.4.4.4 enable
[R2-bgp-default-ipv4]peer 4.4.4.4 next-hop-local
```

在 R4 上使用物理接口与 R5 建立 EBGP 邻居，使用环回接口与 R2 建立 IBGP 邻居：

笔记

```
[R4]bgp 200
[R4-bgp-default]peer 100.4.4.5 as-number 300
[R4-bgp-default]peer 2.2.2.2 as-number 200
[R4-bgp-default]peer 2.2.2.2 connect-interface LoopBack 0
[R4-bgp-default]address-family ipv4 unicast
[R4-bgp-default-ipv4]peer 100.4.4.5 enable
[R4-bgp-default-ipv4]peer 2.2.2.2 enable
[R4-bgp-default-ipv4]peer 2.2.2.2 next-hop-local
```

在 R4 上使用物理接口与 R4 建立 EBGP 邻居:

```
[R5]bgp 300
[R5-bgp-default]peer 100.4.4.4 as-number 200
[R5-bgp-default]address-family ipv4 unicast
[R5-bgp-default-ipv4]peer 100.4.4.4 enable
```

(2) 在 R1 和 R5 上把业务网段宣告进 BGP 的 IPv4 地址族模式。

路由器 R1 配置如下:

```
[R1-bgp-default-ipv4]network 192.168.1.0 24
```

路由器 R5 配置如下:

```
[R5-bgp-default-ipv4]network 192.168.2.0 24
```

(3) 在 R2 和 R4 上把 BGP 引入 IGP 解决 BGP 路由黑洞问题。

路由器 R2 配置如下:

```
[R2-ospf-1]import-route bgp
```

路由器 R4 配置如下:

```
[R4-ospf-1]import-route bgp
```

5. 测试结果

(1) 在 R3 上查看路由表。

```
[R3]display ip routing-table

Destinations : 20     Routes : 20

Destination/Mask    Proto    Pre  Cost    NextHop         Interface
0.0.0.0/32          Direct   0    0       127.0.0.1       InLoop0
2.2.2.2/32          O_INTRA  10   1       100.2.2.2       GE0/0
3.3.3.3/32          Direct   0    0       127.0.0.1       InLoop0
4.4.4.4/32          O_INTRA  10   1       100.3.3.4       GE0/1
100.1.1.0/24        O_INTRA  10   2       100.2.2.2       GE0/0
100.2.2.0/24        Direct   0    0       100.2.2.3       GE0/0
100.2.2.3/32        Direct   0    0       127.0.0.1       InLoop0
100.2.2.255/32      Direct   0    0       100.2.2.3       GE0/0
100.3.3.0/24        Direct   0    0       100.3.3.3       GE0/1
100.3.3.3/32        Direct   0    0       127.0.0.1       InLoop0
100.3.3.255/32      Direct   0    0       100.3.3.3       GE0/1
100.4.4.0/24        O_INTRA  10   2       100.3.3.4       GE0/1
127.0.0.0/8         Direct   0    0       127.0.0.1       InLoop0
127.0.0.1/32        Direct   0    0       127.0.0.1       InLoop0
127.255.255.255/32  Direct   0    0       127.0.0.1       InLoop0
192.168.1.0/24      O_ASE2   150  1       100.2.2.2       GE0/0
192.168.2.0/24      O_ASE2   150  1       100.3.3.4       GE0/1
224.0.0.0/4         Direct   0    0       0.0.0.0         NULL0
224.0.0.0/24        Direct   0    0       0.0.0.0         NULL0
255.255.255.255/32  Direct   0    0       127.0.0.1       InLoop0
```

（2）PC1 带源 ping PC2 测试连通性。

```
[R1]ping -a 192.168.1.1 192.168.2.5
Ping 192.168.2.5 (192.168.2.5) from 192.168.1.1: 56 data bytes, press CTRL+C to b
reak
56 bytes from 192.168.2.5: icmp_seq=0 ttl=252 time=1.216 ms
56 bytes from 192.168.2.5: icmp_seq=1 ttl=252 time=1.911 ms
56 bytes from 192.168.2.5: icmp_seq=2 ttl=252 time=1.320 ms
56 bytes from 192.168.2.5: icmp_seq=3 ttl=252 time=1.530 ms
56 bytes from 192.168.2.5: icmp_seq=4 ttl=252 time=1.389 ms


--- Ping statistics for 192.168.2.5 ---
5 packet(s) transmitted, 5 packet(s) received, 0.0% packet loss
round-trip min/avg/max/std-dev = 1.216/1.473/1.911/0.241 ms
%Jul 30 10:48:15:069 2024 R1 PING/6/PING_STATISTICS: Ping statistics for 192.168.
2.5: 5 packet(s) transmitted, 5 packet(s) received, 0.0% packet loss, round-trip
min/avg/max/std-dev = 1.216/1.473/1.911/0.241 ms.
```

4.2.5　任务总结

本任务深入探讨了 H3C 网络设备中 EBGP(外部边界网关协议)的配置过程。通过实践操作，需要掌握 EBGP 的基本概念和工作原理，同时还需要学会如何在 H3C 路由器上配置 EBGP 邻居、宣告 BGP 路由以及解决可能出现的路由问题。

为了进一步提升网络配置能力和综合素质，可以在本任务的基础上进行以下任务拓展。

（1）IBGP 配置：在掌握 EBGP 配置的基础上，学习 IBGP(内部边界网关协议)的配置方法，了解 IBGP 与 EBGP 之间的区别和联系。

（2）复杂网络场景模拟：设计更复杂的网络拓扑图，模拟实际网络环境中的多种路由协议配置和故障排查场景，提高应变能力和问题解决能力。

（3）路由优化与策略配置：了解路由优化技术和策略路由配置方法，理解如何通过路由策略来优化网络性能和提高网络安全性。

（4）自动化配置工具学习：学习使用自动化配置工具(如 Ansible、Terraform 等)来管理网络设备，提高配置效率和准确性。

4.2.6　任务工单

工作任务单基础信息				
工单编号		工单名称	公司边界不同区域通信	
工单来源	教材配套	工单提供		
工单介绍	了解 EBGP 的原理与配置			
工单环境	计算机一台，H3C Cloud Club			
接单人	班级：	姓名：	学号：	岗位：
团队成员	组长：	其他组员：		

笔记

工作任务单主体	
任务介绍	李华是一家大型公司 A 的网络工程师,负责构建和维护公司的跨地域网络。目前公司 A 与公司 B 的业务合作不断延伸,这两家大型跨国分别位于不同的自治系统(AS)内,AS 100 代表公司 A,AS 200 代表公司 B。为了加强两家公司之间的网络通信,需要在它们各自的网络边缘设备上配置 EBGP(外部边界网关协议),以确保两个自治系统之间的路由信息能够正确交换,实现跨公司网络资源的互访。具体情境为,公司 A 的 R1 设备与公司 B 的 R2 设备通过直连链路相连,R3 上不允许配置 BGP,并且内网 R1 与公网 R2、R5 与 R4 路由器之间用接口 IP 建立 EBGP 邻居,其余 R2、R3、R4 用 Loopback 口建立 IBGP 邻居,并需要配置 EBGP,以实现 PC4(位于公司 A,使用 Loopback 0 口模拟)访问 PC5(位于公司 B,使用 Loopback 0 口模拟)的目标。
预期目标	(1) 了解 EBGP 的优势。 (2) 掌握 EBGP 的使用方法。 (3) 成功使得公司 A 与公司 B 实现业务网络通信。
任务资讯 (10 分)	(1) EBGP 和 IBGP 的区别是什么? (2) EBGP 有哪些优势? (3) EBGP 适用什么场景?
任务计划 (10 分)	**子任务 1:认识 EBGP** **子任务 2:使用 EBGP** **子任务 3:测试及文档制作** 提示:项目计划仅作参考,请根据实际情况进行修改。
任务部署 (10 分)	项目实施前应联系管理老师安排场地,领取相关设施设备,严格按照实训室操作规范进行项目实施,完成项目后需要将所有设备设施恢复原位,资料规范存档,并将实训场地清理干净。
任务实施 (50 分)	**子任务 1:认识 EBGP** (1) EBGP 的概念、功能。 (2) EBGP 的配置。 **子任务 2:使用 EBGP** (1) 下载并安装 H3C Cloud Club。 (2) 熟悉 H3C Cloud Club 基本使用方法。 (3) 在 H3C Cloud Club 演示 EBGP 配置过程,主要过程截图上传。 **子任务 3:测试及文档制作** **1. 测试功能** 按照设计要求测试功能。 **2. 制作用户使用说明书** 参考帮助说明,制作用户使用说明书,并交给同学进行测试。

续表　　　笔记

<table>
<tr><td colspan="3" align="center">工作任务单主体</td></tr>
<tr><td rowspan="6">任务总结
（10分）</td><td colspan="2">1. 过程记录</td></tr>
<tr><td colspan="2">
<table>
<tr><td>序号</td><td>内容</td><td>思考及解决方法</td></tr>
<tr><td></td><td></td><td></td></tr>
<tr><td></td><td></td><td></td></tr>
<tr><td></td><td></td><td></td></tr>
<tr><td></td><td></td><td></td></tr>
</table>
</td></tr>
<tr><td colspan="2">2. 编写完成本项目的工作总结</td></tr>
<tr><td colspan="2">3. 答辩</td></tr>
</table>

工作任务单质量控制

（与工作任务单主体部分相对应）

	评分项	内容	思考及解决方法
实施 评价表	项目资讯（10分）		
	项目计划（10分）		
	环境部署（10分）		
	任务实施（50分）		
	任务总结（10分）		
	其他（10分）		
	合计		

教师评语	

说明：使用者使用笔绘制，有条件的可以放入教学平台自动生成。

	内容	分数	综合能力评定雷达图
综合能力 评定	学习内容		学习内容 100 90 80 70 60 50 40 30 20 10 0 协助创新　　　学习表现 自主学习　　　实践应用
	学习表现		
	实践应用		
	自主学习		
	协助创新		

练习题

1. 以下关于 BGP 负载分担的说法正确的是(　　)。

    A. BGP 不支持负载分担,只有 IGP 才支持负责分担

    B. 同时从 EBGP 和 IBGP 邻居学到相同的路由,是有可能形成等价路由的

    C. IBGP 支持等价路由,EBGP 不支持等价路由

    D. BGP 只对 AS PATH、ORIGIN、本地优先级、MED 完全相同的路由进行负载分担

2. 路由器 RTA 与 RTB 为 eBGP 邻居关系,RTA 发布路由 10.10.10.0/24,并设置了团体属性,但是查看 RTB 的路由表,发现从 RTA 学到的路由 10.10.10.0/24 没有携带团体属性。导致的团体属性丢失的原因是(　　)。

    A. RTA 发布 10.10.10.0/24 时设置了团体属性 NO_EXPORT

    B. RTA 发布 10.10.10.0/24 时设置了团体属性 NO_ADVERTISE

    C. RTB 没有配置 peerRTA advertise-communit

    D. RTA 没有配置 peerRTB advertise-communit

3. 相关的 6to4 隧道配置都正确无误。当 RTA 收到 PC1 发往目的地址 2002:303:314:202:206:101:118:1 的 IPv6 数据包时,此数据报文(　　)。

    A. 会匹配下一跳指向物理接口的路由,由物理接口进行转发

    B. 会匹配下一跳指向 6to4 隧道的路由,进行报文封装后发送给 RTB

    C. 会匹配下一跳指向 6to4 隧道的路由,进行报文封装后发送给 RTC

    D. 没有路由匹配直接丢弃

4. 在生成快速转发表过程中,五元组是指(　　)。

    A. 源 MAC 地址、目的 MAC 地址、协议号、源 IP 地址、目的 IP 地址

    B. 物理接口、MAC 地址、IP 地址、端口号、协议号

    C. 源 IP 地址、目的 IP 地址、源端口号、目的端口号、协议号

    D. 物理接口、源 IP 地址、目的 IP 地址、源端口号、目的端口号

5. 基于 SOA 的网络架构将企业 T 系统划分成(　　)。

    A. 数据层　　　　　　B. 服务层　　　　　　C. 业务层　　　　　D. IP 网络层

6. 下列关于 IToIP 的说法错误的是(　　)。

    A. IToIP 要求以 IP 网络为基础设施构建 IT 系统

    B. 各种 IT 资源可以方便地共享和使用标准的 IP 基础设施实现通信、计算、存储、网络等各种技术和应用的进一步融合

    C. IToIP 将应用与基础架构紧密连接在一起,极大地提高了 IT 系统的运行效率

    D. 基于 IToIP 构建的 IT 系统能够为用户创建一个标准、兼容、安全、智能和可管理的 IT 应用环境

7. 模块化网络架构的优点包括(　　)。

    A. 取代了传统的层级化网络模型,便于进行网络的规划和部署

    B. 允许不同应用功能或应用系统之间共享数据、资源和能力,参加业务流程

C. 允许通过开放的接口来动态调用 IT 资源,实现标准、兼容、安全、智能和可管理的应用环境

D. 对每一模块可以分别进行规划和部署,可以通过增删模块的方式增加或去除网络的功能,有利于构建复杂的网络

8. 以下属于汇聚层功能的是(　　　)。

　A. 拥有大量的接口,用于与最终用户计算机相连

　B. 接入安全控制

　C. 高速的包交换

　D. 复杂的路由策略

9. 小 L 是网络设计工程师。在某网络项目中,为了降低复杂度,小 L 设计网络采用二层架构,将接入层功能并入汇聚层中。设计时小 L 考虑到核心层需要具有快速收敛功能,汇聚层进行路由聚合,减少路由数量。在以下路由协议中,小 L 应该使用(　　　)作为核心层路由协议。

　A. BGP　　　　　　　B. RIP-1　　　　　　C. RIP-2　　　　　　D. IS-IS

10. 在某网络项目中,客户考虑到未来网络用户数量可能会大幅增长,所以要求网络具有较好的可扩展性。能够提高网络的可扩展性的措施是(　　　)。

　A. 采用 VLSM 来对 IP 地址进行划分

　B. 使用 RIP 协议作为路由协议

　C. 使用路由策略来改变路由属性

　D. 在核心和远程分支机构之间部署数据加密

11. 在某网络项目中,客户考虑到未来网络用户数量可能会大幅增长,所以要求网络具有较好的可扩展性。能够提高网络的可扩展性的措施是(　　　)。

　A. 采用静态路由进行路由配置

　B. 使用 OSPF 协议并规划网络分层架构

　C. 使用 RIP-1 进行路由配置

　D. 在核心和远程分支机构之间部署数据加密

12. 某网络的拓扑较复杂,核心和分部之间存在多条路径。为了控制核心与分部间的路由,有效地利用带宽资源,并且降低维护成本,以下选项中最优的措施是(　　　)。

　A. 使用 RIP 作为核心和分部间的路由协议,通过调整路由优先级来控制路由

　B. 在核心和分部之间用 IPSec 加密路由协议报文

　C. 使用 IS-IS 作为核心和分部间的路由协议,并通过路由策略来控制路由

　D. 在核心和分部间使用快速重路由技术

13. 某网络的拓扑较复杂,核心和分部之间存在多条路径。为了控制核心与分部间的路由,有效地利用带宽资源,并且降低维护成本,以下选项中最优的是(　　　)。

　A. 使用 RIP 作为核心和分部间的路由协议并通过调整路由优先级来控制路由

　B. 使用 BGP 作为核心和分部间的路由协议并通过调整路由属性来控制路由

　C. 在核心和分部之间用 IPSec 加密路由协议报文

　D. 在核心和分部间使用 NAT 协议

14. 某网路通过 64Kbps 的广域链路连接到 Internet,客户要求尽量高效利用此链路的

带宽,应该使用( )连接到 Internet。

    A. BGP 协议   B. OSPF 协议   C. RIP 协议   D. 静态路由

15. 下列路由协议中,属于 IGP 的是( ),采用链路状态算法的是( )。

    A. BGP;OSPF   B. OSPF;BGP   C. RIP;RIP   D. S-IS;IS-IS

16. 下列选项中是链路状态路由协议的特点的是( )。

    A. 使用 SPF 算法保证无路由环路   B. 更新消息中携带全部路由

    C. 以到目的地的距离作为度量值   D. 采用丰富的路由属性

17. 某路由器上启用了 RIP 协议,进程号为 1、优先级为 100;同时启用了 OSPF 协议,进程号为 100、优先级为 10。如果这两个进程同时学习到了 10.0.0.0/8 网段的路由,度量值分别为 1(跳数)和 100(开销值),则( )进程学习到的路由 10.0.0.0/8 会进入 IP 路由表中。

    A. RIP 进程 1   B. OSPF 进程 100   C. 同时导入   D. 无法判断

18. 路由器 RTA 与 RTB 之间建立了 BGP 连接并互相学习到了路由。RTA 与 RTB 都使用默认定时器。如果路由器间链路拥塞,导致 RTA 收不到 RTB 发出的 Keepalive 消息,则会发生( )。

    A. 30s 后 RTA 认为邻居失效并删除从 RTB 学来的路由

    B. 890s 后 RTA 认为邻居失效并删除从 RTB 学来的路由

    C. 120s 后 RTA 认为邻居失效并删除从 RTB 学来的路由

    D. 180s 后 RTA 认为邻居失效并删除从 RTB 学来的路由

19. 某路由器上启用了 RIP 协议,进程号为 1、优先级为 10;同时启用了 OSPF 协议,进程号为 100、优先级为 100。如果这两个进程同时学习到了 10.0.0.0/8 网段路由,度量值分别为 1(跳数)和 100(开销值),下一跳分别为 1.0.0.1 和 1.0.0.2。路由器收到目的地址为 10.0.0.1 的报文后的处理方式为( )。

    A. 向 1.0.0.1 转发   B. 向 1.0.0.2 转发

    C. 同时向 1.0.0.1 和 1.0.0.2 转发   D. 无法判断

20. 某路由器上启用了 RIP 协议,优先级为 10;同时启用了 OSPF 协议,优先级为 10。如果这两个协议同时学习到了路由 10.0.0.0/8,度量值分别为 1(跳数)和 100(开销值),下一跳分别为 1.0.0.1 和 1.0.0.2,则路由器收到目的地址为 10.0.0.1 的报文后的处理方式为( )。

    A. 向 1.0.0.1 转发   B. 向 1.0.0.2 转发

    C. 同时向 1.0.0.1 和 1.0.0.2 转发   D. 无法判断

21. 已知某路由器 PBR 的配置如下:

```
Polic-based-route pbr a permit node 10If-match acl 3000
If-match packet-length 101 1000
Apploutput-interface serial 2/0
```

假设该策略已成功应用,该路由器上的相关数据流将( )。

    A. 匹配 ACL 3000 的数据流将按照策略路由转发

    B. 报文长度为 101~1000 字节的报文将按照策略路由转发

C. 匹配 ACL 3000 的数据流中,报文长度为 101～1000 字节的报文将不按照策略路由转发

D. 匹配 ACL 3000 的数据流以及报文长度为 1000 字节以上的报文将不按照策略路由转发

22. 以下关于 PBR(polic-based-route,基于策略的路由)负载分担应用的说法中,错误的是(　　)。
   A. PBR 可以根据路由的下一跳不同,在出接口实现负载分担
   B. PBR 可以根据数据流的承载业务不同,在出接口实现负载分担
   C. PBR 可以根据报文的源地址不同,在出接口实现负载分担
   D. PBR 可以根据报文长度不同,在出接口实现负载分担

23. BGP 协议由(　　)来承载,其端口是(　　)。
   A. IP;179　　　　B. TCP;179　　　　C. UDP;179　　　　D. TCP;169

24. 在 BGP 协议报文中通过(　　)发布不可达路由信息。
   A. NOTIFICATION　　　　　　　　B. UPDATE
   C. KEEPALIVE　　　　　　　　　　D. ROUTE-REFRESH

25. 如果在 BG 邻居建立成功后,使用 displabgp peer 命令所查看到的邻居状态为(　　)。
   A. Active　　　　B. Connect　　　　C. Established　　　　D. Full

26. 使用 displabgp peer 命令所查看的邻居状态为 Established 时,表示从对等体处接收到了(　　)。
   A. Open Message　　　　　　　　B. Keepalive Message
   C. Establish Message　　　　　　　D. Update Message

27. 以下选项中的 BGP 属性不属于公认属性的是(　　)。
   A. Origin　　　　B. AS PATH　　　　C. Next Hop　　　　D. MED
   E. Local Pref

28. BGP 协议通过(　　)消息撤销不可达路由。
   A. Open　　　　B. Withdraw　　　　C. Update　　　　D. Notification

29. 路由器 RTA 上同时运行 OSPF 和 BGP 路由协议,在 BGP 中用 network 方式导入一条 OSPF 路由,则该路由在 BGP 路由表中的 ORIGIN 属性值为(　　)。
   A. EGP　　　　B. IGP　　　　C. Incomplete　　　　D. OSPF

30. 以下关于 BGP 同步说法错误的是(　　)。
   A. 配置同步对从 EBGP 对等体学来的路由不起作用
   B. 配置同步只对本自治系统始发的 IBGP 路由起作用
   C. 如果自治系统内部所有路由器间建立了全网状 IBGP 邻居关系可取消 BGP 同步的配置
   D. 配置 BGP 同步是为了防止路由黑洞

31. 当 BGP 的邻居状态机处于(　　)状态时,标志着与邻居的 TCP 连接已经正常建立。
   A. IDLE　　　　B. OPENSENT　　　　C. ACTIVE　　　　D. CONNECT

32. 路由器的 IP 路由表中有一条 192168.1.0/27,要把它导入 BGP 应该使用(　　)

命令。

    A. network 192.168.1.0 mask 255.255.255.224

    B. network 192.168.1.0 255.255.255.224

    C. network 192.168.1.0 mask 0.0.0.31

    D. network 192.168.1.0 0.0.0.31

33. 路由器的 IP 路由表中有一条路由 21.2223/22,要把它导入 BGP,应该用(　　　)命令。

    A. network 21.22.23.0 mask 255.255.254.0

    B. network 21.22.20.0 mask 255.255.252.0

    C. network 21.22.23.0 255.255.254.0

    D. network 21.22.20.0 255.255.252.0

34. 在 BGP 路由器上使用(　　　)命令来查看 AS 始发的路由。

    A. displabgp routing-table ^ $

    B. displabgp routing-table regular-expression ^ $

    C. displabgp routing-table as-path ^ $

    D. displabgp routing-table local-as

35. 在正则表达式中,表示本地路由的是(　　　)。

    A. ^ $　　　　　 B. .*　　　　　 C. ^100_　　　　　 D. _100 $

项目 5

公司网络安全防护

随着信息技术的快速发展，企业的业务活动越来越依赖互联网和内部网络。然而，这同时也带来了诸多安全挑战，如恶意软件攻击、数据泄露等。为了使企业网络免受这些威胁的影响，需要采取有效的网络防护措施。

本项目重点探讨两种核心的网络安全技术——访问控制列表（ACL）和防火墙，并详细介绍它们的原理、类型及其在企业网络中的应用。通过对访问控制列表和防火墙技术的学习与实践，我们不仅能够深刻理解这些关键技术的工作原理，而且还能掌握如何有效地运用它们来加强企业网络的安全性。在当今复杂多变的网络环境中，持续地学习和适应新技术，对于维护企业和个人的信息安全来说至关重要。

任务 5.1　公司交换机防护设置

5.1.1　任务陈述

自公司网络启用以来，李华作为网络系统管理员，肩负着领导网络部门同人完成网络安全防护设计的职责。为了确保公司敏感资源不被未授权访问，必须利用网络流量管理工具进行流量过滤，保障公司内部网络的安全。本任务的核心目标是通过华三模拟器构建一个简化的公司内部网络环境，设计并配置访问控制列表，从而加强公司内部的安全防护措施。

5.1.2　任务分析

1. 需求分析

（1）基于实际要求设计 ACL 规则，进行流量过滤。

（2）基于 ACL 包过滤的配置，总结归纳应用 ACL 规则时的注意事项。

2. 知识要求

（1）掌握 ACL 的基本原理。

（2）了解 ACL 的不同种类及特点。

（3）掌握 ACL 规则的基本组成结构和匹配顺序。

3．技能要求

（1）掌握 ACL 中通配符的使用方法。

（2）掌握 ACL 的基本组网配置。

4．任务拓扑

公司内部防护设置拓扑图如图 5-1-1 所示。

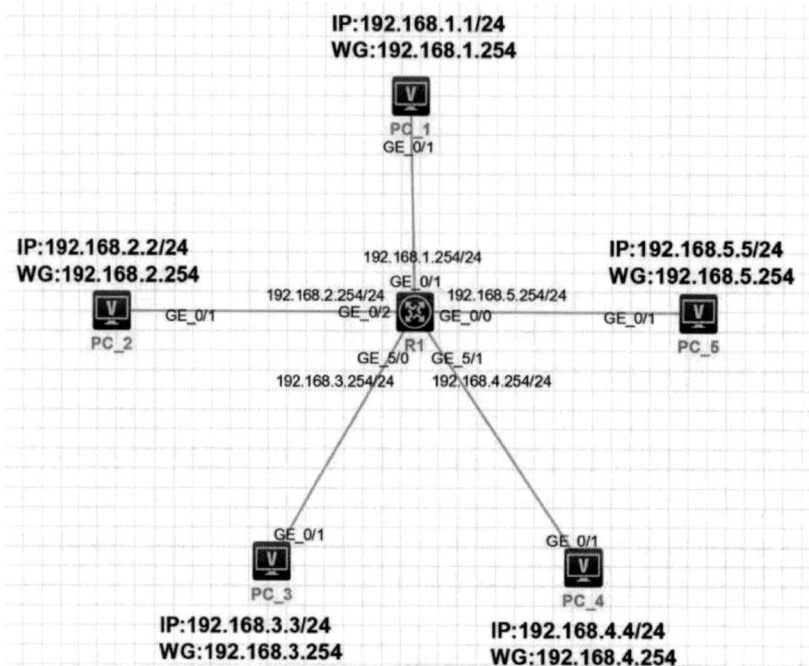

图 5-1-1　公司内部防护设置拓扑图

5.1.3　知识准备

5.1.3.1　访问控制列表概述

访问控制列表（Access Control Lists，ACL）是一项至关重要的安全技术，它扮演着网络流量守门员的角色，通过定义一系列规则来决定哪些数据包可以通过网络设备（如路由器、交换机、防火墙等），哪些应被阻止。ACL 不仅增强了网络的安全性，还促进了网络资源的有效管理和优化。

1．ACL 的基本概念

访问控制列表是一种基于规则的过滤机制，它根据数据包的特定属性（如源 IP 地址、目的 IP 地址、源端口号、目的端口号、协议类型等）来允许或拒绝网络流量的通过。这些规则被配置在网络设备的接口或虚拟局域网上，当数据包流经这些点时，设备会根据 ACL 中的规则逐一匹配，决定数据包命运。

2. ACL 的类型

ACL 主要分为以下两类。

（1）基本 ACL：通常基于源 IP 地址进行过滤，功能相对简单，适用于基本的访问控制需求，通常用于小型网络或需要快速设置基本安全策略的场景。

（2）扩展 ACL：提供了更丰富的匹配条件，包括源/目的 IP 地址、端口号、协议类型等，能够满足复杂网络环境下的精细控制需求，通常用于实现高级安全策略、流量整形和 QoS（服务质量）策略的关键工具。

此外，根据应用场景的不同，ACL 还可以进一步细分为标准 ACL（针对 IPv4 的基本过滤）、扩展 IPv4 ACL、IPv6 ACL、基于 MAC 地址的 ACL 以及反射 ACL 等。

3. ACL 的应用场景

（1）网络安全：通过限制对敏感资源的访问，防止未经授权的访问尝试，减少潜在的安全威胁。例如，阻止来自特定 IP 地址的 SSH 访问尝试。

（2）流量管理：优化网络性能，通过限制某些类型的流量（如 P2P 下载、视频流）的带宽占用，确保关键应用程序的稳定运行。

（3）合规性：满足行业标准和法律法规要求，如 PCI DSS（支付卡行业数据安全标准）要求对网络访问进行严格控制。

（4）网络分段：在大型网络中，利用 ACL 实现不同部门或业务单元之间的逻辑隔离，提高网络的可管理性和安全性。

4. 配置与管理

配置 ACL 时需谨慎规划，确保规则既严格又不过于复杂，以免导致不必要的网络延迟或管理困难。同时，定期审查和更新 ACL 规则是保持其有效性的关键，特别是在网络拓扑发生变化或安全威胁升级时。

现代网络设备通常提供图形化界面（GUI）和命令行接口（CLI）两种方式配置 ACL，管理员可以根据习惯和需求选择合适的方式。此外，一些高级网络设备还支持 ACL 的动态学习和自动调整功能，进一步简化管理过程。

5.1.3.2　配置访问控制类别

ACL 是网络安全中的重要工具，用于决定哪些数据包可以通过网络设备（如路由器和交换机）的接口。通过配置 ACL，网络管理员可以有效地控制网络流量，提高网络安全性，拒绝未授权的访问。配置访问控制类别，包括标准 ACL 和扩展 ACL 两种类型，如表 5-1-1 所示。

表 5-1-1　访问控制列表类别

项　　目	标准 ACL	扩展 ACL
过滤类型	源 IP 地址	源 IP 地址、目的 IP 地址、协议类型、端口号等
编号规则	1~99 和 1300~1999	100~199 和 2000~2699
作用范围	接口、VTY 线路等	接口、VTY 线路等

笔记

教学视频

1. 配置标准访问控制列表

（1）进入系统视图。

在进行任何配置之前，首先需要进入系统视图。

```
<H3C> system-view
[H3C]
```

（2）定义标准 ACL。

使用 acl number 命令定义一个标准 ACL，编号范围为 1~99。

```
[H3C] acl number 10
[H3C-acl-basic-10]
```

（3）配置规则。

在 ACL 中配置具体的规则，如允许或拒绝特定的 IP 地址。

```
# 允许源 IP 地址为 192.168.1.1 的流量通过
[H3C-acl-basic-10] rule permit source 192.168.1.1 0.0.0.0

# 拒绝所有其他流量 (可选)
[H3C-acl-basic-10] rule deny
```

注意：0.0.0.0 表示通配符掩码，用于匹配所有可能的子网。

（4）应用 ACL。

将配置好的 ACL 应用到具体的接口或方向上。

```
# 将 ACL 应用到接口 GigabitEthernet1/0/1 的入方向
[H3C] interface GigabitEthernet1/0/1
[H3C-GigabitEthernet1/0/1] packet-filter inbound ip-group 10
[H3C-GigabitEthernet1/0/1] quit
[H3C]
```

（5）验证配置。

使用以下命令验证 ACL 是否已正确应用到接口和方向上。

```
# 查看所有 ACL 的配置情况
[H3C] display acl all

# 查看特定编号 ACL 的详细配置
[H3C] display acl number 10

# 查看接口的状态和流量统计信息
[H3C] display interface GigabitEthernet1/0/1
```

2. 配置扩展访问控制列表

（1）进入系统视图。

```
<H3C> system-view
[H3C]
```

（2）定义扩展 ACL。

使用 acl number 命令定义一个扩展 ACL，编号范围为 3000～3999。

```
[H3C] acl number 3000
[H3C-acl-adv-3000]
```

（3）配置规则。

在 ACL 中配置具体的规则，如允许或拒绝特定的 IP 地址、协议及端口号。

```
# 允许源 IP 地址为 192.168.1.1，目的 IP 地址为 192.168.2.1，TCP 协议，端口号为 80 的流量通过
[H3C-acl-adv-3000] rule permit tcp source 192.168.1.1 0.0.0.0 destination
192.168.2.1 0.0.0.0 destination-port eq 80

# 拒绝所有其他流量(可选)
[H3C-acl-adv-3000] rule deny
```

（4）应用 ACL。

将配置好的 ACL 应用到具体的接口或方向上。

```
# 将 ACL 应用到接口 GigabitEthernet1/0/1 的入方向
[H3C] interface GigabitEthernet1/0/1
[H3C-GigabitEthernet1/0/1] packet-filter inbound ip-group 3000
[H3C-GigabitEthernet1/0/1] quit
[H3C]
```

（5）验证配置。

使用以下命令验证 ACL 是否已正确应用到接口和方向上。

```
# 查看所有 ACL 的配置情况
[H3C] display acl all

# 查看特定编号 ACL 的详细配置
[H3C] display acl number 3000

# 查看接口的状态和流量统计信息
[H3C] display interface GigabitEthernet1/0/1
```

3. ACL 的高级配置

H3C 交换机和路由器支持多种类型的 ACL，能够满足不同场景下的流量控制和安全需求，并且除了基础配置类型外，还拥有高级配置命令，涵盖基于时间段的 ACL 配置、复杂规则定义及与 QoS 策略的结合应用。

1）基于时间段的 ACL 配置

在实际应用中，可能需要在特定时间段内对特定流量进行过滤或控制。H3C 设备支持基于时间段的 ACL 配置，允许用户定义应用时间范围并在该时间段内应用特定的 ACL 规则。

（1）定义时间段。首先，需要在设备上定义时间段。例如，定义一个名为 huawei 的时

笔记

间段,每周一到周五的 8:00 到 18:00。

```
<Sysname> system-view
[Sysname] time-range huawei 8:00 to 18:00 working-day
[Sysname] display time-range huawei
```

display time-range huawei 命令用于显示定义的时间段信息。

(2) 配置基于时间段的 ACL。在定义好时间段后,可以在 ACL 规则中使用该时间段。例如,配置一个高级 ACL,禁止在工作时间(8:00—18:00)内访问工资查询服务器。

```
[Sysname] acl number 3000
[Sysname-acl-adv-3000] rule deny ip source any destination 129.110.1.2 0.0.0.0
time-range huawei
[Sysname-acl-adv-3000] quit
```

然后将该 ACL 应用到接口上。

```
[Sysname] interface GigabitEthernet1/0/2
[Sysname-GigabitEthernet1/0/2] packet-filter inbound ip-group 3000
[Sysname-GigabitEthernet1/0/2] quit
```

2) 复杂规则定义

高级 ACL 支持基于多种条件的规则定义,包括源 IP 地址、目的 IP 地址、IP 协议类型、源端口号、目的端口号等。通过灵活运用这些条件,可以制定精确且灵活的流量控制策略。

(1) 基于 IP 地址和端口的规则。配置一个高级 ACL,允许从 129.9.0.0/16 网段的主机向 202.38.160.0/24 网段的主机发送端口号为 80 的 TCP 报文。

```
[Sysname] acl number 3000
[Sysname-acl-adv-3000] rule permit tcp source 129.9.0.0 0.0.255.255 destination
202.38.160.0 0.0.0.255 destination-port eq 80
[Sysname-acl-adv-3000] quit
```

将该 ACL 应用到接口上。

```
[Sysname] interface GigabitEthernet1/0/2
[Sysname-GigabitEthernet1/0/2] packet-filter inbound ip-group 3000
[Sysname-GigabitEthernet1/0/2] quit
```

(2) 基于协议特性的规则。高级 ACL 还支持针对协议特性的规则定义,例如 TCP 或 UDP 的特定选项、ICMP 协议的消息类型和消息码等。例如,配置一个 ACL,禁止 ICMP 重定向报文。

```
[Sysname] acl number 3000
[Sysname-acl-adv-3000] rule deny icmp-message type 5
[Sysname-acl-adv-3000] quit
```

将该 ACL 应用到接口上。

```
[Sysname] interface GigabitEthernet1/0/2
[Sysname-GigabitEthernet1/0/2] packet-filter inbound ip-group 3000
[Sysname-GigabitEthernet1/0/2] quit
```

3）ACL 与 QoS 策略的结合应用

ACL 不仅可以用于流量过滤,还可以与 QoS 策略结合,实现基于流量的优先级控制和带宽管理。

（1）定义流分类。首先,定义一个流分类,该分类基于之前定义的 ACL。

```
[Sysname] traffic classifier abc
[Sysname-classifier-abc] if-match acl 3000
[Sysname-classifier-abc] quit
```

（2）定义流行为。其次,定义一个流行为,确定如何处理符合流分类的报文。例如,可以定义过滤（deny）或重新标记优先级。

```
[Sysname] traffic behavior abc
[Sysname-behavior-abc] filter deny
[Sysname-behavior-abc] quit
```

或者,如果需要重新标记优先级,可以使用以下命令:

```
[Sysname] traffic behavior abc
[Sysname-behavior-abc] remark dscp ef
[Sysname-behavior-abc] quit
```

（3）定义 QoS 策略。再次,将流分类和流行为进行关联,定义一个 QoS 策略。

```
[Sysname] qos policy abc
[Sysname-qospolicy-abc] classifier abc behavior abc
[Sysname-qospolicy-abc] quit
```

（4）应用 QoS 策略。最后,将 QoS 策略应用到接口上。

```
[Sysname] interface GigabitEthernet1/1/2
[Sysname-GigabitEthernet1/1/2] qos apply policy abc inbound
[Sysname-GigabitEthernet1/1/2] quit
```

4. 验证和故障排除

在配置 ACL 后,验证配置的正确性和排查故障是确保网络安全和流量管理有效性的重要步骤。以下将介绍如何验证 ACL 配置和排查相关故障。

1）验证 ACL 配置

（1）显示 ACL 规则。使用 display acl 命令可以查看已配置的 ACL 规则及其详细信息。

```
[Sysname] display acl 3000
```

这条命令将显示高级 ACL 3000 的所有规则及其匹配条件。

（2）查看接口应用情况。使用 display packet-filter interface 命令可以查看接口上应用的 ACL 及其状态。

```
[Sysname] display packet-filter interface GigabitEthernet1/0/2
```

这条命令将显示 GigabitEthernet1/0/2 接口上应用的 ACL 及其匹配统计信息。

2）故障排除

（1）检查 ACL 匹配情况。如果流量未能按预期被过滤或控制，首先需要检查 ACL 规则是否正确匹配。可以通过查看 ACL 的匹配统计信息来验证。

```
[Sysname] display acl 3000 counter
```

这条命令将显示高级 ACL 3000 每条规则的匹配计数，帮助确定哪些规则被触发。

（2）检查接口状态。接口状态异常也可能导致 ACL 无法正常工作。使用 display interface 命令检查接口的物理状态和协议状态。

```
[Sysname] display interface GigabitEthernet1/0/2
```

确保接口处于 UP 状态，并且协议状态正常。

（3）检查路由配置。如果 ACL 用于控制不同网络之间的流量，需要确保路由配置正确。使用 display ip routing-table 命令检查路由表。

```
[Sysname] display ip routing-table
```

确保存在到目标网络的路由。

（4）使用诊断命令。在排查网络故障时，可以使用 ping、traceroute 等命令来测试网络连通性。这些命令可以帮助确定流量是否被正确转发或丢弃。

```
[Sysname] ping 192.168.1.1
[Sysname] tracert 192.168.1.1
```

通过 ping 命令可以测试到特定主机的连通性，而 traceroute 命令则可以显示报文到达目标主机所经过的路径。

（5）查看日志信息。设备日志中可能包含有关 ACL 配置和故障的信息。使用 display logbuffer 命令查看系统日志缓冲区的内容。

```
[Sysname] display logbuffer
```

查找与 ACL 相关的日志条目，这些条目可能记录了导致故障的具体原因。

5.1.4 任务实施

1. 建立物理链接

按照图 5-1-1 所示进行连接，并检查路由器的软件版本及配置信息，确保路由器软件版本符合要求,所有配置为初始状态。如果配置不符合要求,读者可在用户模式下擦除设备中的配置文件,然后重启路由器,以使系统采用默认的配置参数进行初始化。配置命令如下:

```
<R1>display version
<R1>reset saved-configuration
<R1>reboot
```

2. 配置 IP 地址与路由

(1)根据 IP 地址规划在 PC 上配置 IP 地址和网关,如图 5-1-2 所示。

(a) PC1

(b) PC2

(c) PC3

(d) PC4

图 5-1-2　在 PC 上配置 IP 地址和网关

笔记

(e) PC5

图 5-1-2（续）

（2）在路由器接口上配置 IP 地址。

路由器 R1 配置如下：

```
[R1]interface g0/1
[R1-GigabitEthernet0/1]ip address 192.168.1.254 24
[R1]interface g0/2
[R1-GigabitEthernet0/2]ip address 192.168.2.254 24
[R1]interface g5/0
[R1-GigabitEthernet5/0]ip address 192.168.3.254 24
[R1]interface g5/1
[R1-GigabitEthernet5/1]ip address 192.168.4.254 24
[R1-GigabitEthernet5/1]ip address 192.168.4.254 24
[R1]interface g0/0
[R1-GigabitEthernet0/0]ip address 192.168.5.254 24
```

（3）测试网络互通性。

```
<H3C>ping -a 192.168.2.2 192.168.5.5
Ping 192.168.5.5 (192.168.5.5) from 192.168.2.2: 56 data bytes, p
ress CTRL C to break
56 bytes from 192.168.5.5: icmp_seq=0 ttl=254 time=1.071 ms
56 bytes from 192.168.5.5: icmp_seq=1 ttl=254 time=0.827 ms
56 bytes from 192.168.5.5: icmp_seq=2 ttl=254 time=0.759 ms
56 bytes from 192.168.5.5: icmp_seq=3 ttl=254 time=0.800 ms
56 bytes from 192.168.5.5: icmp_seq=4 ttl=254 time=0.827 ms

--- Ping statistics for 192.168.5.5 ---
5 packet(s) transmitted, 5 packet(s) received, 0.0% packet loss
round-trip min/avg/max/std-dev = 0.759/0.857/1.071/0.110 ms
<H3C>%Aug  5 11:05:13:101 2024 H3C PING/6/PING_STATISTICS: Ping s
tatistics for 192.168.5.5: 5 packet(s) transmitted, 5 packet(s) r
eceived, 0.0% packet loss, round-trip min/avg/max/std-dev = 0.759
/0.857/1.071/0.110 ms.
```

（4）在 R1 上配置 telnet。

```
[R1]telnet server enable
```

笔记

```
[R1]local-user scyd class manage
[R1-luser-manage-scyd]password simple admin12345
[R1-luser-manage-scyd]service-type telnet
[R1-luser-manage-scyd]authorization-attribute user-role level-15
[R1]user-interface vty 0 4
[R1-line-vty0-4]authentication-mode scheme
[R1-line-vty0-4]user-role level-15
```

（5）测试 PC1 上 telnet 到 R1。

```
<H3C>telnet 192.168.1.254
Trying 192.168.1.254 ...
Press CTRL+K to abort
Connected to 192.168.1.254 ...

********************************************************************
* Copyright (c) 2004-2021 New H3C Technologies Co., Ltd. All rights reserved.*
* Without the owner's prior written consent,                       *
* no decompiling or reverse-engineering shall be allowed.          *
********************************************************************

Login: admin12345
Password:
Login: scyd
Password:
<R1>
```

3. 配置 ACL

（1）配置基本 ACL。在 R1 上配置过滤方式为包过滤并拒绝所有来源。

```
[R1]acl basic 2000
[R1-acl-ipv4-basic-2000]rule deny source any
[R1]interface g0/0
[R1-GigabitEthernet0/0]packet-filter 2000 inbound
```

（2）验证 PC2 ping PC5 是否连通。

```
<H3C>ping -a 192.168.2.2 192.168.5.5
Ping 192.168.5.5 (192.168.5.5) from 192.168.2.2: 56 data bytes, press CTRL_C to
 break
Request time out
Request time out
Request time out
Request time out
Request time out

--- Ping statistics for 192.168.5.5 ---
5 packet(s) transmitted, 0 packet(s) received, 100.0% packet loss
<H3C>%Aug  5 11:11:01:193 2024 H3C PING/6/PING_STATISTICS: Ping statistics for
192.168.5.5: 5 packet(s) transmitted, 0 packet(s) received, 100.0% packet loss.
```

（3）配置高级 ACL。

配置拒绝源地址为 192.168.3.3、目的地址为 192.168.4.4 的路由。

```
[R1]acl advanced 3000
[R1-acl-ipv4-adv-3000]rule deny ip source 192.168.3.3 0 destination 192.168.4.4 0
[R1]interface g5/1
[R1-GigabitEthernet5/1]packet-filter 3000 outbound
```

配置拒绝源地址为 192.168.1.1、目的地址为 192.168.3.3 的路由。

笔记

```
[R1]acl advanced 3100
[R1-acl-ipv4-adv-3100]rule deny ip source 192.168.1.1 0 destination 192.168.3.3 0
[R1]interface g0/1
[R1-GigabitEthernet0/1]packet-filter 3100 inbound
```

配置拒绝源地址为 192.168.1.1、目的地址为 192.168.1.254 的路由。

```
[R1]acl advanced 3200
[R1-acl-ipv4-adv-3200]rule deny tcp source 192.168.1.1 0 destination 192.168.1.254 0
destination-port eq 23
[R1]interface g0/1
[R1-GigabitEthernet0/1]packet-filter 3200 inbound
```

（4）验证 PC3 ping PC4 是否连通。

```
<H3C>ping -a 192.168.3.3 192.168.4.4
Ping 192.168.4.4 (192.168.4.4) from 192.168.3.3: 56 data bytes, press CTRL_C to bre
ak
Request time out
Request time out
Request time out
Request time out
Request time out

--- Ping statistics for 192.168.4.4 ---
5 packet(s) transmitted, 0 packet(s) received, 100.0% packet loss
<H3C>%Aug  5 11:21:22:211 2024 H3C PING/6/PING_STATISTICS: Ping statistics for 192.
168.4.4: 5 packet(s) transmitted, 0 packet(s) received, 100.0% packet loss.
```

（5）验证 PC1 ping PC3 是否连通。

```
<H3C>ping -a 192.168.1.1 192.168.3.3
Ping 192.168.3.3 (192.168.3.3) from 192.168.1.1: 56 data bytes, press CTRL_C to
 break
Request time out
Request time out
Request time out
Request time out
Request time out

--- Ping statistics for 192.168.3.3 ---
5 packet(s) transmitted, 0 packet(s) received, 100.0% packet loss
<H3C>%Aug  5 11:31:37:886 2024 H3C PING/6/PING_STATISTICS: Ping statistics for
192.168.3.3: 5 packet(s) transmitted, 0 packet(s) received, 100.0% packet loss.
```

（6）验证 PC1 上不能 telnet 到 R1。

```
<H3C>
<H3C>telnet 192.168.1.254
Trying 192.168.1.254 ...
Press CTRL+K to abort
Connected to 192.168.1.254 ...
Failed to connect to the remote host!
```

5.1.5 任务总结

在本任务中，深入探讨了 H3C 网络设备中 ACL 的配置与应用。通过一系列的实践任务，学生可以掌握 ACL 的基本概念、特点、作用以及配置方法。

为了进一步拓宽知识面和视野，可以进行以下知识拓展。

（1）通配符掩码：通配符掩码也称为反掩码。和子网掩码一样，通配符掩码也是由 0 和 1 组成的 32 比特数，也以点分十进制形式表示。通配符掩码的作用与子网掩码的作用相似，即通过与 IP 地址执行比较操作来标识网络。不同的是，通配符掩码化为二进制后，其中的 1 表示

"在比较中可以忽略相应的地址位,不用检查",地址位上的 0 表示"相应的地址位必须被检查"。

（2）BGP 路由策略与策略路由：ACL 支持两种匹配顺序：①配置顺序（config）：按照用户配置规则的先后顺序进行规则匹配。②自动排序（auto）：按照"深度优先"的顺序进行规则匹配,即地址范围小的规则被优先进行匹配。

5.1.6　任务工单

任务工单一

工作任务单基础信息			
工单编号		工单名称	公司交换机防护设置
工单来源	教材配套	工单提供	
工单介绍	了解 ACL 的原理与配置		
工单环境	计算机一台,H3C Cloud Club		
接 单 人	班级：　　　姓名：　　　学号：　　　岗位：		
团队成员	组长：　　　其他组员：		
工作任务单主体			
任务介绍	李华是一家小型公司 A 的网络工程师,负责构建和维护公司的跨地域网络。目前公司内部需要有些部门间不能互相通信,为了优化内部路由信息交换,提高网络性能,李华决定通过配置 ACL 来禁用一些路由条目达到目的地址。		
预期目标	（1）了解 ACL 的优势。 （2）掌握 ACL 的使用方法。		
任务资讯 （10 分）	（1）常见的 ACL 配置错误有什么情况？ （2）ACL 有哪些优势？ （3）ACL 适用什么场景？		
任务计划 （10 分）	子任务 1：认识 ACL 子任务 2：使用 ACL 子任务 3：测试及文档制作 提示：项目计划仅作参考,请根据实际情况进行修改。		
任务部署 （10 分）	项目实施前应联系管理老师安排场地,领取相关设施设备,严格按照实训室操作规范进行项目实施,完成项目后需要将所有设备设施恢复原位,资料规范存档,并将实训场地清理干净。		
任务实施 （50 分）	子任务 1：认识 ACL （1）ACL 的概念、功能。 （2）ACL 的配置。 子任务 2：使用 ACL （1）下载并安装 H3C Cloud Club。 （2）熟悉 H3C Cloud Club 基本使用方法。 （3）在 H3C Cloud Club 演示 ACL 配置过程,主要过程截图上传。 子任务 3：测试及文档制作 **1.测试功能** 按照设计要求测试功能。 **2.制作用户使用说明书** 参考帮助说明,制作用户使用说明书,并交给同学进行测试。		

笔记

续表

工作任务单主体		

任务总结（10分）

1. 过程记录

序号	内容	思考及解决方法

2. 编写完成本项目的工作总结

3. 答辩

工作任务单质量控制		

实施评价表

（与工作任务单主体部分相对应）

评分项	内容	思考及解决方法
项目资讯(10分)		
项目计划(10分)		
环境部署(10分)		
任务实施(50分)		
任务总结(10分)		
其他(10分)		
合计		

教师评语

综合能力评定

说明：使用者使用笔绘制，有条件的可以放入教学平台自动生成。

内容	分数	综合能力评定雷达图
学习内容		
学习表现		
实践应用		
自主学习		
协助创新		

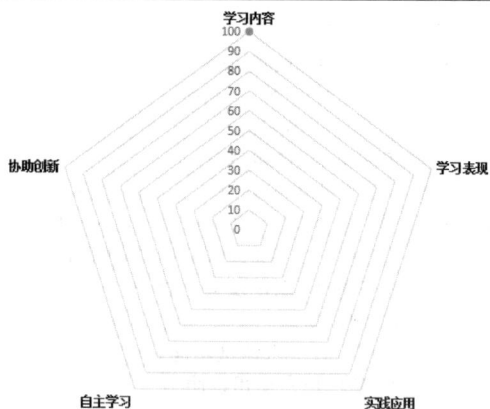

任务工单二

工作任务单基础信息

工单编号		工单名称	公司交换机防护设置
工单来源	教材配套	工单提供	
工单介绍	了解 ACL 的原理与配置		
工单环境	计算机一台,H3C Cloud Club		
接 单 人	班级:　　　　姓名:　　　　　　学号:　　　　　　岗位:		
团队成员	组长:　　　　　其他组员:		

工作任务单主体

任务部署 (10分)	项目实施前应联系管理老师安排场地,领取相关设施设备,严格按照实训室操作规范进行项目实施,完成项目后需要将所有设备设施恢复原位,资料规范存档,并将实训场地清理干净。
任务实施 (50分)	**子任务 1:认识 ACL** (1) ACL 的概念、功能。 (2) ACL 的配置。 **子任务 2:使用 ACL** (1) 下载并安装 H3C Cloud Club。 (2) 熟悉 H3C Cloud Club 基本使用方法。 (3) 在 H3C Cloud Club 演示 ACL 配置过程,主要过程截图上传。 **子任务 3:测试及文档制作** **1. 测试功能** 按照设计要求测试功能。 **2. 制作用户使用说明书** 参考帮助说明,制作用户使用说明书,并交给同学进行测试。
任务总结 (10分)	**1. 过程记录** | 序号	内容	思考及解决方法
---	---	---
			  2. 编写完成本项目的工作总结 **3. 答辩**

工作任务单质量控制

	（与工作任务单主体部分相对应）		
实施 评价表	评分项	内容	思考及解决方法
	项目资讯(10分)		
	项目计划(10分)		
	环境部署(10分)		
	任务实施(50分)		
	任务总结(10分)		
	其他(10分)		
	合计		

笔记

工作任务单主体	
教师评语	

说明：使用者使用笔绘制，有条件的可以放入教学平台自动生成。

内容	分数	综合能力评定雷达图
学习内容		
学习表现		
实践应用		
自主学习		
协助创新		

综合能力评定

任务 5.2 公司防火墙防护设置

5.2.1 任务陈述

随着公司业务的不断拓展,网络环境的复杂性和外部威胁的严峻性日益凸显,构建一个安全、稳定的网络环境已成为公司发展的迫切需求。为此,网络架构师李华计划引入防火墙系统,作为公司网络的第一道防护屏障。防火墙的工作原理在于通过监控和控制进出网络的网络通信,依据预设的安全规则,对通信数据进行过滤和审查,有效阻止非法访问和恶意攻击。因此,为了充分发挥防火墙的防护作用,我们需要深入学习防火墙的防护设置,掌握其配置方法和技巧,确保防火墙能够精准识别并拦截潜在的安全风险,为公司的网络安全保驾护航。

5.2.2 任务分析

1. 需求分析

(1)防火墙安装与配置:完成防火墙的安装和初始配置工作,确保防火墙能够正常运行。

(2)防火墙策略制定:根据公司安全政策和业务需求,制定防火墙安全策略。

2. 知识要求

(1)理解防火墙包过滤技术。

(2)理解防火墙安全域。

(3)理解防火墙安全策略。

3. 技能要求

掌握防火墙安全策略配置。

4. 任务拓扑

公司外部防护设置拓扑图如图 5-2-1 所示。

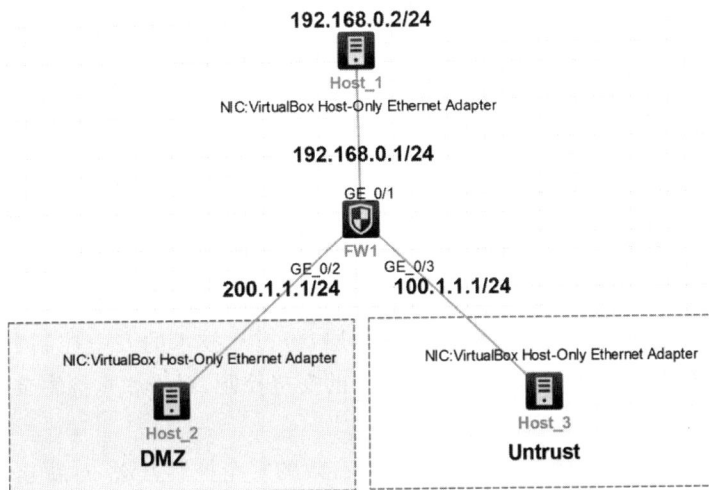

图 5-2-1　公司外部防护设置拓扑图

5.2.3　知识准备

5.2.3.1　防火墙简介

防火墙是一种网络安全设备,位于内部网络与外部网络的交界处,担当网络访问控制的角色,是计算机网络安全的重要组成部分。该设备对所有从外部网络与本地网络之间交换的数据流进行审查,并根据特定规则来决定是否允许数据的传输,从而达到保护内部网络免受未经授权的访问和恶意攻击的目的。防火墙通过设定规则,监控网络流量并过滤数据包,只有当数据流符合防火墙的安全策略时,才能被允许通过;否则,将默认执行阻断操作,确保只有符合规定的数据流能够通过。

1. 防火墙概念

防火墙设置在不同网络(如可信任的企业内部网和不可信的公共网)或网络安全域之间,作为信息的唯一出入口。它通过监测、限制、更改跨越防火墙的数据流,尽可能地对外部屏蔽网络内部的信息、结构和运行状况,同时有选择地接受外部访问,对内部强化设备监管,控制对服务器与外部网络的访问。

2. 防火墙类型

1) 根据属性分类

防火墙按属性可以分为硬件防火墙和软件防火墙两种。硬件防火墙将防火墙程序嵌入硬件设备中,由硬件执行安全功能,可以减轻 CPU 的负担,提高网络稳定性;软件防火墙则通过安装在计算机上的软件程序实现安全功能。

2）根据检测技术分类

防火墙最典型的划分方式是分为包过滤防火墙、应用代理防火墙、状态检测防火墙三种。包过滤防火墙通过加载允许或禁止来自某些特定的源地址、目的地址、TCP 端口号等规则，对通过设备的数据包进行检查，限制数据包进出内部网络；应用代理防火墙通过检查所有应用层的信息包，并将检查的内容信息放入决策过程，从而提高网络的安全性；状态检测防火墙采用状态检测包过滤的技术，它在网络层有一个检查引擎截获数据包并抽取出与应用层状态有关的信息，然后以此为依据决定接受还是拒绝该连接。

3. 防火墙的安全控制手段

防火墙使用的安全控制手段主要有包过滤、状态检测和代理服务。

（1）包过滤。包过滤技术是一种简单、有效的安全控制技术，它通过在网络间相互连接的设备上加载允许或禁止来自某些特定的源地址、目的地址、TCP 端口号等规则，对通过设备的数据包进行检查，限制数据包进出内部网络。包过滤的最大优点是对用户透明，传输性能高。然而，由于安全控制层次在网络层、传输层，包过滤技术的安全控制力度只限于源地址、目的地址和端口号，因此只能进行较为初步的安全控制，对于恶意拥塞攻击、内存覆盖攻击或病毒等高层次的攻击手段则无能为力。

（2）状态检测。状态检测是比包过滤更为有效的安全控制方法，对新建的应用连接，状态检测检查预先设置的安全规则，允许符合规则的连接通过，并在内存中记录该连接的相关信息，生成状态表。对该连接的后续数据包，只要符合状态表，即可通过。这种方式的好处在于不需要对每个数据包进行规则检查，而是对一个连接的后续数据包（通常是大量的数据包）通过散列算法直接进行状态检查，从而提高性能。由于状态表是动态的，因此可以有选择地、动态地开通 1024 号以上的端口，进一步提高安全性。

（3）代理服务。代理服务防火墙检查所有应用层的信息包，并将检查的内容信息放入决策过程，从而提高网络的安全性。然而，代理服务防火墙通过打破客户机/服务器模式实现，每个客户机/服务器通信需要两个连接：一个是从客户端到防火墙，另一个是从防火墙到服务器。每个代理需要一个不同的应用进程，或一个后台运行的服务程序，对每个新的应用必须添加针对此应用的服务程序，否则不能使用该服务。因此，代理服务防火墙具有可伸缩性差的缺点。

4. 防火墙的工作模式

防火墙通常具有三种工作模式：路由模式、透明模式和混合模式。路由模式下，防火墙首先是一台路由器，然后提供其他防火墙功能；透明模式下，防火墙作为交换机使用；混合模式则是路由模式和透明模式的结合，通常用于透明模式下提供双机热备的特殊应用。

5. 防火墙的流量处理

防火墙基于区域之间处理流量，当数据流在安全区域之间流动时，才会激发防火墙进行安全策略的检查。防火墙的安全策略通常是基于域间（如 Untrust 区域和 Trust 区域之间）的，域间的数据流分为入方向（Inbound）和出方向（Outbound）。防火墙通过五元组（源 IP、目标 IP、协议、源端口号、目标端口）唯一区分一个数据流，并基于状态化检测机制提高转发效率。

笔记

5.2.3.2 防火墙配置

防火墙作为网络安全的第一道防线,扮演着至关重要的角色。在配置防火墙之前,首先需要明确网络的安全需求,包括确定需要保护的网络资源、允许通过防火墙的流量类型以及需要隔离的网络区域等。明确这些需求后,才能有针对性地配置防火墙,确保网络的安全性和稳定性。

1. 防火墙基础配置

1)设置主机名

配置防火墙的第一步通常是设置主机名,便于后续管理和识别。例如,将主机名设置为"Firewall":

```
sysname Firewall
```

2)进入系统视图

进入防火墙的系统视图,以便进行更详细的配置:

```
system-view
```

3)配置接口 IP 地址

防火墙的接口需要配置 IP 地址,以便进行网络通信。例如,为 GigabitEthernet0/0 接口配置 IP 地址:

```
interface GigabitEthernet0/0
ip address 192.168.1.1 255.255.255.0
quit
```

4)配置安全区域

防火墙通过划分安全区域来实现对不同网络区域的隔离。常见的安全区域包括信任区域、非信任区域和 DMZ 区域。将防火墙的接口划分到不同的安全区域,是实现网络隔离的关键步骤。例如,将 GigabitEthernet0/0 接口划分到非信任区域:

```
zone untrust
add interface GigabitEthernet0/0
```

将 GigabitEthernet0/1 接口划分到信任区域:

```
zone trust
add interface GigabitEthernet0/1
```

2. 配置静态路由

静态路由用于实现不同网络之间的通信。配置静态路由时,需要指定目的网络地址、子网掩码以及下一跳路由器的接口地址。例如,配置一条静态路由,使防火墙能够将到达 192.168.2.0/24 网络的流量转发到 192.168.1.2:

笔记

教学视频

```
ip route-static 192.168.2.0 255.255.255.0 192.168.1.2
```

3. 配置访问控制列表（ACL）

访问控制列表（ACL）用于定义哪些流量可以通过防火墙，哪些流量需要被阻止。ACL可以基于源地址、目标地址、端口号等信息进行配置。例如，创建一个基本 ACL，拒绝来自192.168.1.100 的流量：

```
acl basic 3000
 rule deny source 192.168.1.100 0.0.0.0
 rule permit source any
```

将 ACL 应用到防火墙的接口上，以控制流量的通过。例如，将 ACL 3000 应用到GigabitEthernet0/0 接口上：

```
interface GigabitEthernet0/0
 packet-filter inbound 3000
```

4. 配置 NAT 规则

NAT（网络地址转换）用于实现私有地址和公有地址之间的转换，以解决私有地址空间不足的问题。配置 NAT 规则时，需要指定内部地址池和外部地址池，以及转换的方向（入站或出站）。例如，配置静态 NAT，将内部地址 192.168.1.100 映射到外部地址 203.0.113.1：

```
nat static global 203.0.113.1 inside 192.168.1.100
```

配置动态 NAT 或 PAT（端口地址转换）时，需要指定内部地址池和外部地址池。例如，配置 PAT，将内部地址池 192.168.1.0/24 映射到外部地址 203.0.113.2：

```
nat address-group 1 203.0.113.2 203.0.113.2
nat outbound 1 address-group 1
```

5. 配置安全策略

安全策略是防火墙的核心，它决定了哪些流量可以通过防火墙，哪些流量需要被阻止。安全策略可以基于 ACL、NAT 等规则配置。例如，创建一个安全策略，允许从信任区域到非信任区域的 HTTP 流量：

```
policy inter-zone trust-untrust
 action permit
 source-zone trust
 destination-zone untrust
 service http
```

将安全策略应用到防火墙的区域间，以控制流量的通过。例如，将安全策略应用到信任区域和非信任区域之间：

```
zone-pair security trust-untrust source trust destination untrust
 service-type ping http
 policy inter-zone trust-untrust
```

6. 配置日志和监控

防火墙的日志和监控功能用于记录和分析网络流量,以便及时发现和应对安全威胁。配置日志和监控时,需要指定日志的级别、存储位置和监控的对象。例如,配置系统日志的级别为信息级,并将日志存储到本地文件中:

```
info-center loghost 1.1.1.1
info-center enable
info-center logbuffer size 1024
info-center source default channel 1 log level informational
```

配置流量监控,以实时监控网络流量的状态和趋势。例如,配置流量监控策略,监控HTTP 流量的带宽使用情况:

```
traffic classifier http-traffic
 if-match protocol http
traffic behavior limit-http
 car cir 1024000
traffic policy http-policy
 classifier http-traffic behavior limit-http
qos policy http-policy
 classifier http-traffic operator and
 behavior limit-http
```

将流量监控策略应用到防火墙的接口上,以实时监控流量的通过情况。例如,将流量监控策略应用到 GigabitEthernet 0/0 接口上:

```
interface GigabitEthernet 0/0
 qos apply policy http-policy inbound
```

7. 防火墙的维护和优化

防火墙的配置并不是一劳永逸的,随着网络环境和安全需求的变化,需要定期检查和更新防火墙的配置。例如,定期查看防火墙的日志和监控数据,及时发现和应对安全威胁;根据业务需求调整安全策略和 NAT 规则,确保网络的稳定性和安全性;优化防火墙的性能,提高并发连接数和吞吐量等。

5.2.4　任务实施

按照图 5-2-1 所示任务拓扑图进行连接,检查配置,确保所有配置为初始状态。

1. 配置基础环境

修改防火墙名字。

FW1:

笔记

```
Login: admin
Password: admin
<H3C>system-view
[H3C]sysname FW1
```

修改本机网卡的 IP 地址,如图 5-2-2 所示。

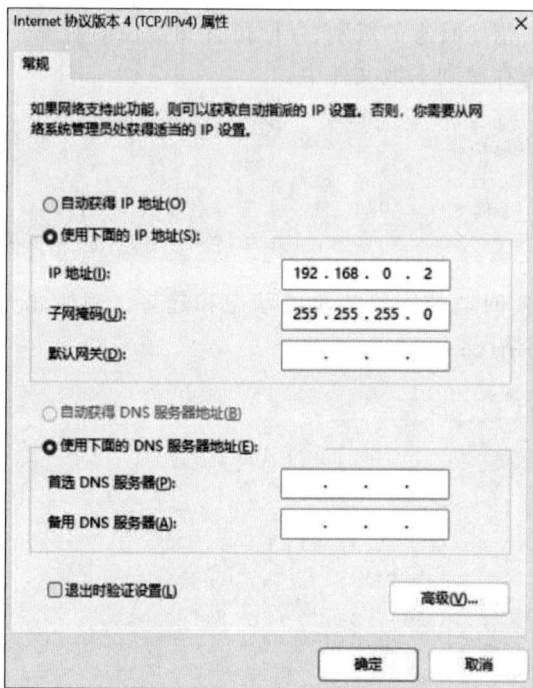

图 5-2-2　修改本机网卡的 IP 地址

2. 配置防火墙

在防火墙 FW1 配置创建安全域,并将管理接口加入该域:

```
[FW1]security-zone name Management
[FW1-security-zone-Management]import interface g1/0/1
[FW1]acl basic 2000
[FW1-acl-ipv4-basic-2000]rule permit source any
[FW1]zone-pair security source management destination local
[FW1-zone-pair-security-Management-Local]packet-filter 2000
[FW1]zone-pair security source local destination management
[FW1-zone-pair-security-Local-Management]packet-filter 2000
```

3. 通过 Web 界面访问防火墙并进行配置

(1) 在浏览器中输入 IP 地址 192.168.0.1,如图 5-2-3 所示,并通过默认用户名和密码登录,密码修改为 2024scyd2023。

(2) 通过 Web 界面设置 DMZ 区域与 untrust 区域。设置 DMZ 区域如图 5-2-4 所示,设置 untrust 区域如图 5-2-5 所示。

图 5-2-3　登录 Web 防火墙访问界面

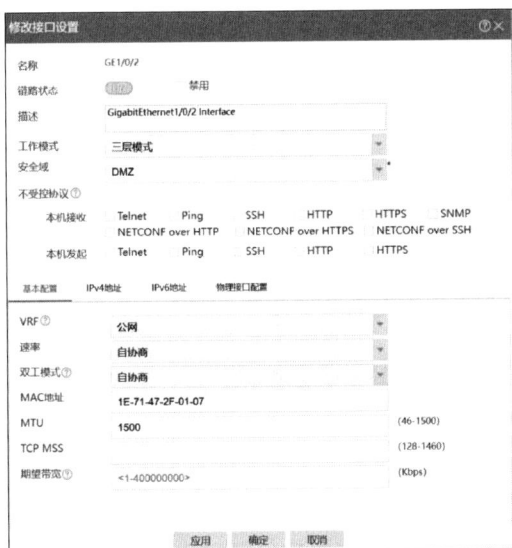

图 5-2-4　设置 DMZ 区域

图 5-2-5　设置 Untrust 区域

（3）在防火墙上创建 Untrust 域访问 DMZ 区域的安全策略，如图 5-2-6 所示。

（4）配置扫描防范在 Untrust 域，如图 5-2-7 所示。

（5）在 Untrust 域上进行泛洪防范公共配置，设置 SYN 阈值为 1000 则告警并丢弃该报文，如图 5-2-8 所示。

笔记

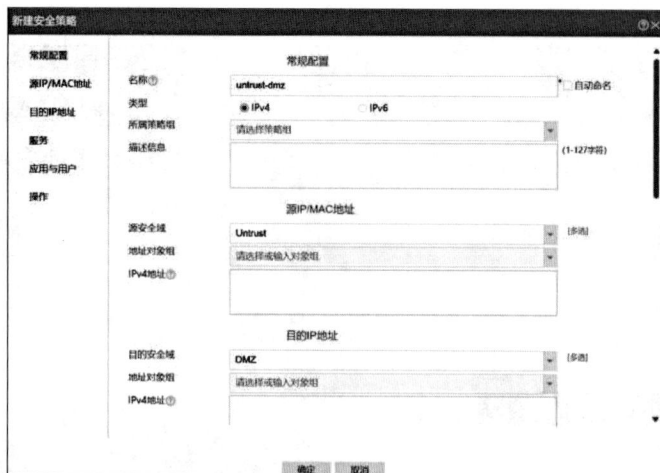

图 5-2-6　创建 Untrust 域访问 DMZ 区域的安全策略

图 5-2-7　配置扫描防范在 Untrust 域

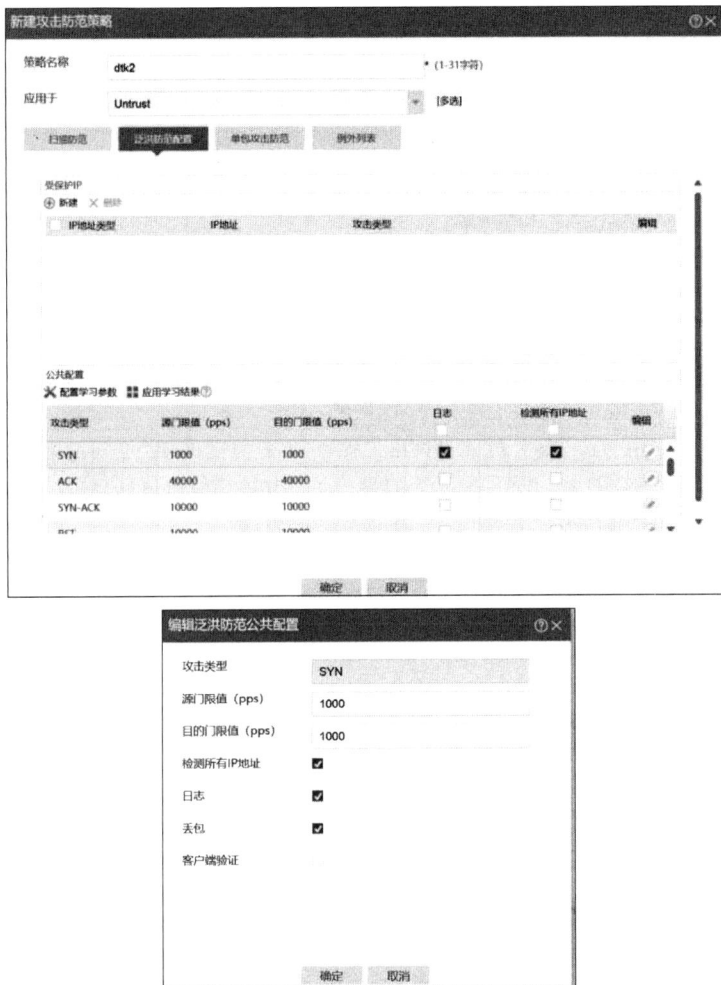

图 5-2-8　进行泛洪防范公共配置

5.2.5　任务总结

在本任务中,深入探讨了 H3C 网络设备中防火墙的配置过程。通过实践操作,学生可以掌握防火墙的基本概念和工作原理,如何在 H3C 路由器上配置防火墙以及解决可能出现的问题。

为了进一步提升网络配置能力和综合素质,可以在本任务的基础上进行以下任务拓展。

(1) 防火墙的状态检测和会话表:基于流的流量检测,即设备仅对流量的第一个数据包进行过滤,并将结果作为这一条数据的“特征”记录下来(记录在本地的“会话表”),之后,该数据流后续的报文都将基于这个特征来进行转发,而不再去匹配安全策略。这样做的目的是提高转发效率。

(2) 复杂网络场景模拟:设计更复杂的网络拓扑图,模拟实际网络环境中的多种路由协议配置和故障排查场景,提高应变能力和问题解决能力。

(3) 自动化配置工具学习:学习使用自动化配置工具(如 Ansible、Terraform 等)来管理网络设备,提高配置效率和准确性。

笔记

5.2.6 任务工单

任务工单一

工作任务单基础信息				
工单编号		工单名称	公司防火墙防护设置	
工单来源	教材配套	工单提供		
工单介绍	了解防火墙的原理与配置			
工单环境	计算机一台,H3C Cloud Club			
接单人	班级:	姓名:	学号:	岗位:
团队成员	组长:	其他组员:		
工作任务单主体				
任务介绍	李华是一家小型公司 A 的网络工程师,负责构建和维护公司的跨地域网络。目前公司内部需要有些部门间不能互相通信,为了优化内部路由信息交换,提高网络性能,李华决定通过配置防火墙来禁用一些路由条目达到目的			
预期目标	(1) 了解防火墙的优势。 (2) 掌握防火墙的使用方法。 (3) 成功使得公司 A 与公司 B 实现业务网络通信。			
任务资讯 (10分)	(1) 防火墙有哪些优势? (2) 防火墙适用什么场景?			
任务计划 (10分)	**子任务 1:认识防火墙** **子任务 2:使用防护墙** **子任务 3:测试及文档制作** 提示:项目计划仅作参考,请根据实际情况进行修改。			
任务部署 (10分)	项目实施前应联系管理老师安排场地,领取相关设施设备,严格按照实训室操作规范进行项目实施,完成项目后需要将所有设备设施恢复原位,资料规范存档,并将实训场地清理干净。			
任务实施 (50分)	**子任务 1:认识防火墙** (1) 防火墙的概念、功能。 (2) 防火墙的配置。 **子任务 2:使用防火墙** (1) 下载并安装 H3C Cloud Club。 (2) 熟悉 H3C Cloud Club 基本使用方法。 (3) 在 H3C Cloud Club 演示防火墙配置过程,主要过程截图上传。			
任务实施 (50分)	**子任务 3:测试及文档制作** **1. 测试功能** 按照设计要求测试功能。 **2. 制作用户使用说明书** 参考帮助说明,制作用户使用说明书,并交给同学进行测试。			

工作任务单主体		

任务总结 （10分）	1. 过程记录		

序号	内容	思考及解决方法

2. 编写完成本项目的工作总结

3. 答辩

工作任务单质量控制		

（与工作任务单主体部分相对应）

	评分项	内容	思考及解决方法
实施 评价表	项目资讯（10分）		
	项目计划（10分）		
	环境部署（10分）		
	任务实施（50分）		
	任务总结（10分）		
	其他（10分）		
	合计		

教师评语	

说明：使用者使用笔绘制，有条件的可以放入教学平台自动生成。

综合能力 评定	内容	分数	综合能力评定雷达图
	学习内容		
	学习表现		
	实践应用		
	自主学习		
	协助创新		

笔记

任务工单二

工作任务单基础信息

工单编号		工单名称	公司防火墙防护设置
工单来源	教材配套	工单提供	
工单介绍	了解防火墙的原理与配置		
工单环境	计算机一台,H3C Cloud Club		
接单人	班级:	姓名:　　　学号:	岗位:
团队成员	组长:　　其他组员:		

工作任务单主体

任务部署 (10分)	项目实施前应联系管理老师安排场地,领取相关设施设备,严格按照实训室操作规范进行项目实施,完成项目后需要将所有设备设施恢复原位,资料规范存档,并将实训场地清理干净。
任务实施 (50分)	**子任务1:认识防火墙** (1)防火墙的概念、功能。 (2)防火墙的配置。 **子任务2:使用防火墙** (1)下载并安装H3C Cloud Club。 (2)熟悉H3C Cloud Club基本使用方法。 (3)在H3C Cloud Club演示防火墙配置过程,主要过程截图上传。 **子任务3:测试及文档制作** **1.测试功能** 按照设计要求测试功能。 **2.制作用户使用说明书** 参考帮助说明,制作用户使用说明书,并交给同学进行测试。

任务总结 (10分)	**1.过程记录** {序号|内容|思考及解决方法} **2.编写完成本项目的工作总结** **3.答辩**

表格:

序号	内容	思考及解决方法

工作任务单质量控制

(与工作任务单主体部分相对应)

实施 评价表	评分项	内容	思考及解决方法
	项目资讯(10分)		
	项目计划(10分)		
	环境部署(10分)		
	任务实施(50分)		
	任务总结(10分)		
	其他(10分)		
	合计		

	工作任务单质量控制
教师评语	
综合能力 评定	说明：使用者使用笔绘制，有条件的可以放入教学平台自动生成。 内容／分数／综合能力评定雷达图 学习内容 学习表现 实践应用 自主学习 协助创新

练习题

1. 某网络连接形如：Host A——GE0/0——MSR-1——S1/0——S1/0——MSR-2——GE0/0——Host B，其中两台 MSR 路由 MSR-1、MSR-2 各自的 S1/0 接口背靠背互连，各自的 GE0/0 接口分别连客户端主机 Host A 和 Host B 通过配置地址和路由，目前网络中 Host A 可以和 Host B 实现互通。Host A 的地址是 192.168.0.2/24，默认网关为 192.168.0.1，MSR-1 的 GE0/0 接口地址为 192 168.0.1/24。在 MSR-1 上增加了如下配置：

```
acl advanced 3003
rule 0 deny icmp source 192.168.0.2 0 icmp-type echo-reply
interface GigabitEthernet0/0
packet-filter 3003 inbound
```

那么（　　）。

A. 在 MSR-1 上可以 ping 通 Host A

B. 在 Host A 上无法 ping 通 MSR-1 的接口 GE0/0 的 IP 地址

C. 在 Host A 上可以 ping 通 MSR-1 的接口 GE0/0 的 IP 地址

D. 在 MSR-1 上无法 ping 通 Host A

2. 路由器 MSR-1 的以太网口 Ethernet0/0 配置如下：interface Ethernet0/0 ip address 192.168.0.1 255.255.255.0，在该接口下连接了一台三层交换机，而此三层交换机为客户办公网络的多个网段的默认网关所在，出于安全考虑，现在客户要求在 MSR1 的接口 Ethernet0/0 上配置 ACL（不限制应用的方向）来禁止办公网络所有用户 ping 通 192.168.0.1，可以用的配置是(　　)。

    A. acl advanced 3000 rule 0 deny icmp destination 192.168.0.1 0

    B. acl advanced 3000 rule 0 deny icmp destination 192.168.0.1 0 icmp-type echo-reply

    C. acl advanced 3000 rule 0 deny icmp destination 192.168.0.1 0 icmp-type echo

    D. acl advanced 3000 rule 0 deny ip destination 192.168.0.1 0 eq icmp

3. 客户的网络如下：Host A——GE0/0——MSR-1——S1/0——S1/0——MSR-2——GE0/0——Host B,在两台路由器上的广域网接口分别作了如下配置：

MSR-1:

```
acl advanced 3000
rule 0 deny ip source 192.168.0.0 0.0.0.255
rule 5 permit ip
interface Serial1/0
link-protocol ppp
packet-filter 3000 outbound
ip address 6.6.6.2 255.255.255.0
```

MSR-2:

```
interface Serial1/0
link-protocol ppp
ip address 6.6.6.1 255.255.255.0
```

假设 Host A 的 IP 地址为 192.168.0.2/24,路由以及其他相关接口配置都正确,那么(　　)。

    A. 在 MSR-2 上能 ping 通 Host A

    B. Host A 可以 ping 通 6.6.6.2,但是不能 ping 通 6.6.6.1

    C. Host A 不能 ping 通 6.6.6.2,同时也不能 ping 通 6.6.6.1

    D. Host A 能 ping 通 6.6.6.2,同时也能 ping 通 6.6.6.1

4. 客户的一台 MSR 路由器通过广域网接口 S1/0 连接 Internet,通过局域网接口 GE0/0 连接办公网络,目前办公网络用户可以正常访问 Internet。在路由器上增加如下的 ACL 配置：

```
acl advanced 3000
rule 0 deny icmp
rule 5 permit tcp destination-port eq 20
interface GigabitEthernet0/0
packet-filter 3000 inbound
packet-filter 3000 outbound
```

那么(　　)。

    A. 办公网用户发起的到达该路由器 GE0/0 的 Telnet 报文可以正常通过

    B. 办公网用户发起的到 Internet 的 ICMP 报文被该路由器禁止通过

    C. 办公网用户发起的到达该路由器的 FTP 流量可以正常通过

    D. 办公网用户发起的到 Internet 的 FTP 流量被允许通过该路由器,其他所有报文都被禁止通过该路由器

5. 路由器 MSR-1 的 GE0/0 接口地址为 192.168.100.1/24,该接口连接了一台三层交换机,而此三层交换机为客户办公网络的多个网段的默认网关所在。MSR-1 通过串口 S1/0 连接 Internet。全网已经正常互通,办公网用户可以访问 Internet。出于安全性考虑,需要禁止客户主机 ping 通 MSR-1 的 GE0/0 接口,于是在该路由器上配置了如下 ACL:

```
acl advanced 3008
rule 0 deny icmp source 192.168.1.0 0.0.0.255
```

同时,该 ACL 被应用在 GE0/0 的 inbound 方向,发现局域网内 192.168.0.0/24 网段的用户依然可以 ping 通 GE0/0 接口地址。根据如上信息可以推测(   )。

    A. 该 ACL 应用的方向错误

    B. 防火墙默认规则是允许

    C. 该 ACL 没有生效

    D. 对接口 GE0/0 执行 shutdown 和 undo shutdown 命令后,才会实现 192.168.0.0/24 网段 ping 不通 MSR-1 以太网接口地址

6. 两台 MSR 路由器 MSR-1、MSR-2 通过各自的 S1/0 接口背靠背互连,各自的 GE0/0 接口分别连接客户端主机 Host A 和 Host B; Host A——GE0/0——MSR-1——S1/0——S1/0——MSR-2——GE0/0——Host B。通过配置 IP 地址和路由,目前网络中 Host A 可以和 Host B 实现互通,如今在路由器 MSR-1 上增加如下 ACL 配置:

```
acl advanced 3000
rule 0 deny icmp icmp-type echo
interface GigabitEthernet 0/0
ip address 192.168.0.1 255.255.255.0
packet-filter 3000 inbound
```

那么以下说法正确的是(   )。

    A. 在 MSR-1 上能 ping 通 Host B

    B. 在 Host A 上将 ping 不通自己的网关地址,即 MSR-1 上的 GE0/0 的接口地址

    C. 在 Host A 上 ping 不通 Host B

    D. 在 Host B 上能 ping 通 Host A

7. 客户的网络结构如下图所示。要实现如下需求:

(1) Host C 与 Host B 互访;

(2) Host B 和 Host A 不能互访;

(3) Host A 和 Host C 不能互访。

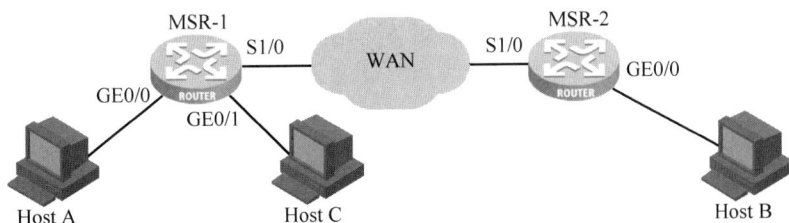

🕊️ 笔记

那么( )。

    A. 分别在 MSR-1 的接口 S1/0、GE0/0 上应用高级 ACL 可以实现该需求

    B. 只在 MSR-1 的接口 GE0/0 上应用高级 ACL 可以实现该需求

    C. 只在 MSR-1 的接口 GE0/0 上应用 ACL 无法实现该需求

    D. 分别在两台路由器的接口 GE0/0 上应用高级 ACL 可以实现该需求

8. 某网络连接：Host A——GE0/0——MSR-1——S1/0——S1/0——MSR-2——GE0/0——Host B,两台 MSR 路由器 MSR-1、MSR-2 通过各自的 S1/0 接口背靠背连接各自的 GE0/0 接口分别连接客户端主机 Host A 和 Host B,其中 A 的 IP 地址为 192.168.0.2/24。MRS-2 的 S1/0 接口地址为 1.1.1.2/30,通过配置其他相关的目的地址和路由,目前网络中 Host A 可以和 Host B 实现互通。如今客户要求不允许 Host A 通过地址 1.1.1.2 Telnet 登录 MSR-2。那么以下配置可以满足上述需求的是( )。

    A. 在 MSR-1 上配置如下 ACL 并将其应用在 MSR-1 的 S1/0 的 inbound 方向：

```
[MSR-1]acl advanced 3000
[MSR-1-acl-ipv4-adv-3000]rule 0 deny tcp source 192.168.0.1 0.0.0.255 destination
1.1.1.2 0
destination-port eq telnet
```

    B. 在 MSR-1 上配置如下 ACL 并将其应用在 MSR-1 的 GE0/0 的 inbound 方向：

```
[MSR-1]acl advanced 3000
[MSR-1-acl-ipv4-adv-3000]rule 0 deny tcp source 192.168.0.1 0.0.0.255 destination
1.1.1.2 0.0.0.3
destination-port eq telnet
```

    C. 在 MSR-1 上配置如下 ACL 并将其应用在 MSR-1 的 GE0/0 的 outbound 方向：

```
[MSR-1]acl advanced 3000
[MSR-1-acl-ipv4-adv-3000]rule 0 deny tcp source 192.168.0.2 0 destination 1.1.1.2 0
destination-port eq telnet
```

    D. 在 MSR-1 上配置如下 ACL 并将其应用在 MSR-1 的 S1/0 的 outbound 方向：

```
[MSR-1]acl advanced 3000
[MSR-1-acl-ipv4-ady-3000]rule 0 deny tcp source 192.168.0.2 0 destination 1.1.1.2
0.0.0.3
destination-port eq telnet
```

9. 客户路由器 MSR-1 的 G0/0 接口网 IP 地址为 1.1.1.1/24,MSR-1 的 G0/1 接口 IP 地址为 192.168.0.254/24,G0/1 接口连接了一台交换机,该交换机连接了网段 192.168.0.1/24~192.168.0.4/24 的 4 台主机。现在客户要求在 MSR-1 上配置 NAT 实现 4 台主机全部可以访问公网。在 MSR 上做如下配置：

```
acl basic 2000
rule 0 permit source 192.168.0.0 0.0.0.255
```

```
nat address-group 1
address 1.1.1.1 1.1.1.1
interface GigabitEthernet 0/0
nat outbound 2000 address-group 1
```

那么以下 ACL 的配置可以满足客户需求的是(　　)。

    A．rule 0 permit source 192.168.0.0 0.0.0.7

    B．rule 0 permit source 192.168.0.0 0.0.0.254

    C．rule 0 permit source 192.168.0.0 0.0.0.6

    D．rule 0 permit source 192.168.0.0 0.0.0.255

10. 在 MSR 路由器上配置了如下 ACL：

```
acl advanced 3999
rule permit tcp source 10.10.10.1 255.255.255.255 destination 20.20.20.1 0.0.0.0
time-range Lucky
```

以下对于该 ACL 的理解正确的是(　　)。

    A．该 rule 可以匹配来自于任意源网段的 TCP 数据包

    B．该 rule 只在 lucky 时间段内生效

    C．该 rule 只匹配来源于 10.10.10.1 的数据包

    D．该 rule 只匹配去往 20.20.20.1 的数据包

    E．该 rule 可以匹配去往任意目的网段的 TCP 数据包

11. 客户的路由器 MSR-1 的 GE0/0 接口下连接了一台三层交换机，而此三层交换机为客户办公网络的多个网段的默认网关所在．同时该路由器的广域网接口连接到 Internet，而 Internet 上有 DNS 服务器为客户局域网内的主机提供服务，客户的办公网络可以正常访问 Internet，如今在 MSR-1 的 GigabitEthernet0/0 的 inboud 方向应用了如下 ACL：

```
acl advanced 3006
rule 0 deny tcp source 192.168.1.0 0.0.0.255
rule 5 permit ip
```

那么(　　)。

    A．192.168.1.0/24 网段的客户不能通过 WWW 方式打开外部网页

    B．192.168.0.0/24 网段的客户可以通过 FTP 方式从 Internet 上下载数据

    C．192.168.1.0/24 网段的客户可以通过 Outlook 等邮件客户端正常收发外部邮件

    D．192.168.1.0/24 网段的客户不能够通过 Outlook 等邮件客户端收发外部邮件

12. 在一台路由器上配置了如下的 ACL：

```
acl basic 2000 match-order auto
rule 0 deny
rule 5 permit source 192.168.9.0 0.0.7.255
```

假设该 ACL 应用在正确的接口以及正确的方向上，那么(　　)。

    A．源网段为 192.168.9.0/22 发出的数据流被禁止通过

B. 源网段为 192.168.15.0/24 发出的数据流被允许通过

C. 源网段为 192.168.9.0/21 发出的数据流被允许通过

D. 源网段为 192.168.9.0/21 发出的数据流被禁止通过

E. 任何源网段发出的数据流都被禁止通过

13. 一台 MSR 路由器通过 S1/0 接口连接 Internet,GE0/0 接口连接局域网主机,局域网主机所在网段为 10.0.0.0/8,在 Internet 上有一台地址为 202.102.2.1 的 FTP 服务器。通过在路由器上配置 IP 地址和路由,目前局域网内的主机可以正常访问 Internet(包括公网 FTP 服务器),如今在路由器上增加如下配置:

```
acl advanced 3000
rule 0 deny tcp source 10.1.1.1 0 source-port eq ftp destination 202.102.2.1 0
```

然后将此 ACL 应用在 GE0/0 接口的 inbound 和 outbound 方向,那么这条 ACL 能实现的意图是( )。

A. 对从 10.1.1.1 向 202.102.2.1 发起的 FTP 连接没有任何限制作用

B. 禁止源地址为 10.1.1.1 的主机向目的主机 202.102.2.1 发起 FTP 连接

C. 只禁止源地址为 10.1.1.1 的主机到目的主机 202.102.2.1 的端口为 TCP 21 的 FTP 控制连接

D. 只禁止源地址为 10.1.1.1 的主机到目的主机 202.102.2.1 的端口为 TCP 20 的 FTP 数据连接

14. 某网络连接如下所示:Host A——GE0/0——MSR-1——S1/0——S1/0——MSR-2——GE0/0——Host B 客户要求仅仅限制 Host A 与 Host B 之间的 ICMP 报文,以下做法可行的是( )。

A. 在 MSR-1 上配置 ACL 禁止源主机 Host B 到目的主机 Host A 的 ICMP 报文,并将此 ACL 应用在 MSR-1 的 S1/0 的 outbound 方向

B. 在 MSR-1 上配置 ACL 禁止源主机 Host A 到目的主机 Host B 的 ICMP 报文,并将此 ACL 应用在 MSR-1 的 GE0/0 的 outbound 方向

C. 在 MSR-1 上配置 ACL 禁止源主机 Host A 到目的主机 Host B 的 ICMP 报文,并将此 ACL 应用在 MSR-1 的 S1/0 的 outbond 方向

D. 在 MSR-1 上配置 ACL 禁止源主机 Host B 到目的主机 Host A 的 ICMP 报文,并将此 ACL 应用在 MSR-1 的 GE0/0 的 outbound 方向

15. 客户的网络连接形如:Host A——GE0/0——MSR-1——S1/0——S1/0——MSR-2——GE0/0——Host B,该网络已经正确配置了 IP 地址和路由,目前网络中 Host A 可以和 Host B 实现互通。出于某种安全考虑,客户要求 Host B 不能 ping 通 Host A,但同时 Host A 可以 ping 通 Host B,那么以下说法正确的是( )。

A. 仅在 MSR-2 上配置 ACL 就可以实现此需求

B. 仅在 MSR-1 上配置 ACL 无法实现此需求

C. 仅在 MSR-2 上配置 ACL 无法实现此需求

D. 仅在 MSR-1 上配置 ACL 就可以实现此需求

E. 使用 ping 命令时两主机之间的 ICMP 报文是双向的,这个单项互通的需求无法实现

16. 客户路由器的接口 GigabitEhthernet0/0 下连接了局域网主机 Host A,其地址为 192.168.0.2/24;接口 Serial6/0 接口连接远端,目前运行正常,现增加 ACL 配置如下:

```
acl advanced 3003
rule 0 permit tcp
rule 5 permit icmp
acl basic 2003
rule 0 deny source 192.168.0.0 0.0.0.255
interface GigabitEthernet0/0
packet-filter 3003 inbound
packet-filter 2003 outbound
ip address 192.168.0.1 255.255.255.0
interface Serial6/0
link-protocol ppp
ip address 6.6.6.2 255.255.255.0
```

假设其他相关配置都正确,那么(   )。

   A. Host A 不能 ping 通 6.6.6.2,但是可以 ping 通 192.168.0.1

   B. Host A 不能 ping 通 192.168.0.1,但是可以 ping 通 6.6.6.2

   C. Host A 不能 ping 通该路由器上的两个接口地址

   D. Host A 可以 Telnet 到该路由器上

17. NAPT 主要对数据包的(   )信息进行转换。

   A. 传输层   B. 数据链路层   C. 网络层   D. 应用层

18. NAPT 可以对(   )进行转换。

   A. 端口号   B. MAC 地址   C. IP 地址   D. 协议号

19. 在 MSR 路由器上,使用(   )命令查看路由器的 NAT 老化时间。

   A. display nat expire   B. display session aging-time state

   C. display nat time   D. display nat time-out

20. 在 MSR 路由器上,可以使用(   )命令清除 NAT 会话表项。

   A. clear nat session   B. reset nat session

   C. clear nat   D. reset nat table

21. 某私网设备 A 的 IP 地址是 192.168.1.1/24,其对应的公网 IP 地址是 2.2.2.1;公网设备 B 的 IP 地址是 2.2.2.5。若希望 B 能 ping 通 A,可以在 NAT 设备上使用的配置是(   )。

   A. nat server protocol icmp global 2.2.2.1 inside 192.168.1.1

   B. acl basic 2000

       rule 0 permit source 192.168.1.1 0.0.0.255 nat address-group 1

       address 2.2.2.1 2.2.2.1

       interface GigabitEthernet 0/1

       nat outbound 2000 address-group 1

   C. acl basic 2000

rule 0 permit source 192.168.1.1 0.0.0.255 interface GigabitEthernet 0/1

nat outbound 2000

    D. nat server protocol icmp global 192.168.1.1 inside 2.2.2.1

22. 若 NAT 设备的公网地址是通过 ADSL 由运营商动态分配的,在这种情况下,可以使用(　　)。

    A. 地址池的 NAPT　　　　　　　　B. Basic NAT

    C. 静态 NAT　　　　　　　　　　　D. Easy IP

23. 在配置完 NAPT 后,发现有些内网地址始终可以 ping 通外网,有些则始终不能,可能的原因有(　　)。

    A. NAT 设备能不足　　　　　　　　B. ACL 设置不正确

    C. NAT 的地址池只有一个地址　　　D. NAT 配置没有生效

24. 下面关于 EasyIP 的说法正确的是(　　)。

    A. 配置 Easy IP 时不需要配置 ACL 来匹配需要被 NAT 转换的报文

    B. 配置 Easy IP 时不需要配置 NAT 地址池

    C. Easy IP 是 NAPT 的一种特例

    D. Easy IP 适合用于 NAT 设备拨号或动态获得公网 IP 地址的场合

25. 在 MSR 路由器上,使用(　　)命令配置 NAT 地址池。

    A. nat pool　　　　　　　　　　　　B. nat address-group

    C. nat ip pool　　　　　　　　　　　D. nat net pool

26. 使用(　　)命令查看 NAT 表项。

    A. display nat entry　　　　　　　　B. display nat

    C. display nat table　　　　　　　　D. display nat session

27. 以下 IP 地址可以在公网上使用的是(　　)。

    A. 172.16.1.2　　　　　　　　　　　B. 10.1.1.2

    C. 192.168.1.2　　　　　　　　　　D. 152.106.1.2

项目 6

公司业务对外服务

随着信息技术的迅猛发展,公司业务的数字化转型已成为大势所趋,而企业网络的安全性和灵活性显得尤为重要。在公司业务对外服务的过程中,如何高效地管理 IP 地址资源,保障内部网络的安全性,是每一个企业必须面对的挑战。由于 IPv4 地址资源匮乏,直接使用公网 IP 地址进行编址显然是不现实的,而且那样做也会直接暴露内部网络结构,以至于带来严重的安全隐患。为了实现公司对外服务的需求,可以采用网络地址转换(NAT)技术。同时,为了保证路由信息交换的安全,提高网络性能,公司通过配置 VPN 来确保路由安全地达到目的。

通过本项目的学习,学生能够深入理解 NAT 技术和 VPN 技术的工作原理和应用场景,掌握 NAT 技术和 VPN 技术的配置方法,并能够在实际工作中灵活运用 NAT 技术和 VPN 技术解决公司网络中的实际问题。

任务 6.1　公司广域网接入服务

6.1.1　任务陈述

李华是一家大型企业的网络工程师,负责构建和维护公司的跨地域网络。公司网络由多个自治系统(AS)组成,为了优化内部路由信息交换,提高网络性能,李华决定在公司路由器 R1 网络出接口上配置 NAT 地址转换,R3 使用 Easy IP 和公网通信,通过 NAT 配置,公司不同区域的 H3C 路由器实现高效地共享路由信息,确保公司内部自治系统间路由信息的正确传递,实现公司网络连通性和稳定性。

6.1.2　任务分析

1. 需求分析

(1) 掌握 NAT 技术的基本概念,了解其在公司业务对外服务中的应用。

(2) 熟悉 H3C 设备 NAT 的配置方法,实现内外网地址的转换。

（3）确保 NAT 配置后，公司业务能正常对外提供服务。

2. 知识要求

（1）了解静态 NAT、动态 NAT 和 NAPT。

（2）熟悉 H3C 设备 NAT 的配置命令和流程。

（3）理解内外网地址的规划原则。

3. 技能要求

（1）能够配置 H3C 设备的 NAT 功能。

（2）能够验证 NAT 转换的正确性和业务连通性。

（3）能够根据业务需求调整 NAT 配置。

4. 任务拓扑

公司广域网接入服务拓扑图如图 6-1-1 所示。

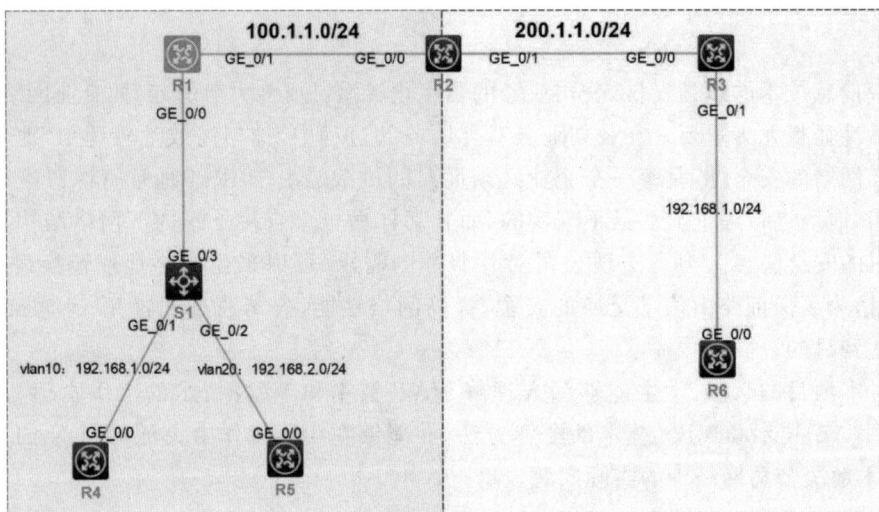

图 6-1-1　公司广域网接入服务拓扑图

6.1.3　知识准备

6.1.3.1　NAT 技术概述

1. NAT 技术的基本概念

NAT（Network Address Translation，网络地址转换）技术是一种将内部私有 IP 地址转换为公有 IP 地址的技术，实现了内部网络与外部互联网的通信。NAT 技术通过使用少量的公网 IP 地址代表较多的私网 IP 地址，不仅有助于减缓可用 IP 地址空间的枯竭，同时也增加了企业内网的安全性和私密性。

2. NAT 的工作原理

NAT 最初的设计目的是实现私有网络访问公共网络的功能，后扩展到实现任意两个网络间进行访问时的地址转换应用。这两个网络分别称为内部网络（内网）和外部网络（外网),通常将私网作为内部网络,将公网作为外部网络。NAT 的工作原理可以简述为以下步骤。

(1) 内网用户主机向外网服务器发送 IP 报文:内网用户主机(如 192.168.1.3)向外网服务器(如 1.1.1.2)发送的 IP 报文通过 NAT 设备。

(2) NAT 设备转换源 IP 地址:NAT 设备查看报头内容,发现该报文是发往外网的,将其源 IP 地址字段的私网地址 192.168.1.3 转换成可在 Internet 上选路的公网地址(如 20.1.1.1),并将该报文发送给外网服务器。同时,NAT 设备在网络地址转换表中记录这一映射。

(3) 外网服务器向内网用户发送应答报文:外网服务器给内网用户发送的应答报文(其初始目的 IP 地址为 20.1.1.1)到达 NAT 设备后,NAT 设备再次查看报头内容,然后查找当前网络地址转换表的记录,用内网私有地址 192.168.1.3 替换初始的目的 IP 地址。

上述过程对外网服务器而言,会认为内网用户主机的 IP 地址就是 20.1.1.1,而不知道有 192.168.1.3 这个地址。可见,NAT"隐藏"了企业的私有网络。

3. NAT 技术的类型

NAT 技术主要分为以下几种类型。

(1) 静态 NAT(Static NAT)。静态 NAT 是指预先配置好 IP 地址和端口的转换规则。在静态 NAT 中,内部网络的每个 IP 地址都被映射到一个固定的外部 IP 地址,这种映射关系是一对一的,且不会改变。静态 NAT 通常用于将内部网络的服务器映射到外部网络,使得外部用户可以访问这些服务器。

(2) 动态 NAT(Dynamic NAT)。动态 NAT 是在数据包传输时动态进行 IP 地址和端口的转换。在动态 NAT 中,内部网络的 IP 地址被映射到外部网络的一个 IP 地址池中的某个 IP 地址,内部网络的主机每次访问外部网络时,NAT 设备都会从地址池中动态地选择一个 IP 地址进行映射。动态 NAT 解决了静态 NAT 中 IP 地址资源有限的问题,使得多个内部网络的主机可以共享一个外部 IP 地址池。

(3) 网络地址端口转换(Network Address Port Translation,NAPT)。NAPT 是基本地址转换的一种变形,它允许多个内部地址映射到同一个公有地址上,也可称为"多对一地址转换"。NAPT 同时映射 IP 地址和端口号,来自不同内部地址的数据报文的源地址可以映射到同一个外部地址,但它们的端口号被转换为该地址的不同端口号,因而仍然能够共享同一个地址,这种转换方式实现了"私网 IP 地址+端口号"与"公网 IP 地址+端口号"之间的转换。NAPT 可以更加充分地利用 IP 地址资源,实现更多内部网络主机对外部网络的同时访问。

4. NAT 技术的优点与缺点

1) NAT 技术的优点

(1) 节省 IP 地址:NAT 通过使用少量的公网 IP 地址代表较多的私网 IP 地址,有效地节省了 IP 地址资源。

(2) 处理地址重复:NAT 能够处理地址重复的情况,使得不同的内部网络可以使用相同的 IP 地址段而不会发生冲突。

（3）增加灵活性：NAT 使得内部网络的结构更加灵活，因为内部网络的 IP 地址可以随意更改，而不会影响外部网络的访问。

（4）消除地址重新编号：当内部网络的规模发生变化时，不需要对内部网络的 IP 地址进行重新编号，只需更改 NAT 的映射规则即可。

（5）隐藏内部 IP 地址：NAT 隐藏了内部的 IP 地址，增加了企业内网的安全性和私密性。外部攻击者难以直接攻击内部网络设备。

2）NAT 技术的缺点

（1）增加延迟：NAT 需要对数据报文进行 IP 地址的转换，这会增加数据报文的处理时间，从而增加延迟。

（2）丢失端到端 IP 跟踪过程：由于 NAT 隐藏了内部的 IP 地址，使得端到端的 IP 跟踪过程变得困难。

（3）需要更多的内存和 CPU 资源：NAT 设备需要维护一个网络地址转换表，则需要更多的内存来存储。同时，NAT 过程也需要更多的 CPU 资源进行处理。

5．防火墙的 NAT 配置

NAT 配置有很多类型，此处以 H3C 防火墙的 NAT 配置为例，介绍 NAT 配置的基本操作。NAT 配置通常涉及创建 ACL、定义地址池、配置 NAT 策略等操作过程。配置示例如下。

1）创建 ACL

需要创建一个 ACL(Access Control List，访问控制列表)来匹配需要进行 NAT 转换的内部网络 IP 地址范围。例如：

```
[H3C] acl basic 2000
[H3C-acl-basic-2000] rule permit source 192.168.1.0 0.0.0.255
```

2）定义地址池

需要定义一个地址池来存储可供 NAT 转换的公网 IP 地址。例如：

```
[H3C] nat address-group 1
[H3C-address-group-1] address 100.1.1.1 100.1.1.10
```

3）配置 NAT 策略

需要配置 NAT 策略来指定 ACL 和地址池之间的映射关系。例如：

```
[H3C] interface GigabitEthernet0/0/1
[H3C-GigabitEthernet0/0/1] nat outbound 2000 address-group 1
```

这条命令表示将 ACL 2000 匹配到的内部网络 IP 地址转换为地址池 1 中的公网 IP 地址。

6.1.3.2 静态 NAT 与动态 NAT

NAT 技术包括静态 NAT 与动态 NAT：静态 NAT 将内部私有 IP 地址与外部公共 IP 地址一一对应，适用于需要对外提供服务的场景；而动态 NAT 则通过维护转换表，动态地将内部 IP 地址和端口映射到外部 IP 地址和端口,适用于大量内部客户端同时访问外部资源的场景。

1. 静态 NAT

1) 静态 NAT 的概念

静态 NAT 是一种常见的网络地址转换技术,它允许将一个内部 IP 地址映射到一个外部 IP 地址,从而实现内部主机与外部网络的通信。静态 NAT 的实现通常在网络边界设备上,例如路由器或防火墙,主要是通过将内部主机的私有 IP 地址映射为一个公有 IP 地址,使得内部主机可以通过这个公有 IP 地址与外部网络进行通信。

2) 静态 NAT 的工作原理

内部主机发送一个数据包到外部网络,数据包中包含源 IP 地址和目标 IP 地址,NAT 设备接收到数据包后,检查数据包中的源 IP 地址,并通过查询静态 NAT 转换表,查找与源 IP 地址匹配的映射规则,如果找到匹配的映射规则,NAT 设备将源 IP 地址替换为映射后的外部 IP 地址,修改后的数据包被发送到外部网络。当外部网络的响应数据包返回时,静态 NAT 设备会将目标 IP 地址还原为内部主机的私有 IP 地址,并将数据包传递给对应的内部主机。

3) 静态 NAT 的应用场景

(1) 服务器映射:通过将服务器的私有 IP 地址映射为公有 IP 地址,外部网络可以直接访问服务器,而不必暴露内部网络的其他主机。服务器映射可以用于各种服务,例如 Web 服务器、邮件服务器、FTP 服务器等。

(2) 网络安全控制:通过将特定的内部主机映射为一个公有 IP 地址,可以对该主机的访问进行严格控制。例如,内部网络中的某个重要主机可以被映射为一个公有 IP 地址,而其他主机则无法直接访问。这种安全控制机制有助于保护内部网络免受未经授权的访问和攻击。

(3) 路由优化:当内部网络使用非路由的私有 IP 地址范围时,通过静态 NAT 将内部主机的私有 IP 地址映射为公有 IP 地址,可以使得内部主机直接与外部网络通信,无须经过网络地址转换和路由器的处理。这种路由优化可以减少网络中的路由表项和转发处理,提高网络性能和效率。

(4) 特殊应用程序的需求:某些特殊的应用程序可能需要使用固定的公有 IP 地址进行通信。通过静态 NAT,可以将特定的内部主机映射为固定的公有 IP 地址,以满足这些应用程序的需求。例如,某些视频会议系统、VoIP 应用或其他需要与特定 IP 地址进行通信的应用程序,可以通过静态 NAT 将其内部主机的私有 IP 地址映射为指定的公有 IP 地址。

4) 静态 NAT 的配置代码

在 H3C 设备上配置静态 NAT 的代码格式如下:

```
[H3C] nat static {内部 IP 地址} {公共 IP 地址} mapping
```

例如:

```
[H3C] nat static 192.168.1.1 203.0.113.1 mapping
```

5) 静态 NAT 的优缺点

(1) 静态 NAT 的优点如下。

① 简单易懂:静态 NAT 的实现相对简单,易于理解和配置。

② 安全性高：通过映射内部主机的私有 IP 地址为公有 IP 地址，可以隐藏内部网络的真实拓扑结构和内部主机的真实 IP 地址。

③ 一对一映射：每个内部主机都可以具有唯一的公有 IP 地址，避免了 IP 地址冲突和重复问题。

(2) 静态 NAT 的缺点如下。

① IP 地址消耗多：静态 NAT 要为每个需要映射的内部主机分配一个公有 IP 地址，因此会占用较多的 IP 地址资源。

② 可伸缩性差：静态 NAT 不适用于大规模网络中的动态地址映射需求，因为需要手动配置每个映射规则。

③ 配置复杂：当内部网络的拓扑结构发生变化时，需要手动更新和维护静态 NAT 的配置，增加了管理和维护的复杂性。

2. 动态 NAT

1) 动态 NAT 的概念

动态 NAT 是指将内部网络的私有 IP 地址转换为公用 IP 地址时，IP 地址是不确定的、随机的。所有被授权访问 Internet 的私有 IP 地址可随机转换为任何指定的合法 IP 地址。也就是说，只要指定哪些内部地址可以进行转换，以及用哪些合法地址作为外部地址，就可以进行动态转换。

动态 NAT 通常在网络边界设备上实现，例如路由器或防火墙，通过使用地址池和端口号(在某些情况下)来实现内、外网之间的通信。它维护一个地址池，其中包含一组可用的公共 IP 地址。当内部主机发送数据包到外部网络时，动态 NAT 从地址池中分配一个公共 IP 地址(有时还包括唯一的端口号)，并将内部主机的私有 IP 地址替换为分配的公共 IP 地址和端口号。这样，内部主机可以通过动态 NAT 的转换实现与外部网络的通信。

2) 动态 NAT 的工作原理

内部主机发送一个数据包到外部网络，数据包中包含源 IP 地址和目标 IP 地址，NAT 设备接收到数据包后，检查数据包中的源 IP 地址。NAT 设备查询动态 NAT 地址池，分配一个可用的公共 IP 地址给该内部主机，并将源 IP 地址替换为分配的公共 IP 地址，修改后的数据包被发送到外部网络。当外部网络的响应数据包返回时，动态 NAT 设备会根据之前建立的映射关系，将目标 IP 地址还原为内部主机的私有 IP 地址，并将数据包传递给相应的内部主机。

3) 动态 NAT 的应用场景

(1) 地址池管理：当 ISP 提供的合法 IP 地址略少于网络内部的计算机数量时，可以采用动态 NAT 的方式，使得多个内部主机共享一组公共 IP 地址。

(2) 灵活性高：动态 NAT 允许内部网络中的多个主机根据需要动态地获取外部 IP 地址，从而提高了网络的灵活性和可扩展性。

(3) 节约 IP 地址：通过动态 NAT，可以更有效地利用有限的公有 IP 地址资源，避免 IP 地址的浪费。

4) 动态 NAT 的配置示例

在 H3C 设备上配置动态 NAT 的代码如下：

笔记

```
# 配置地址池
[H3C] nat address-group 1 203.0.113.1 203.0.113.10
# 配置动态 NAT
[H3C] acl number 3000
[H3C-acl-basic-3000] rule permit source 192.168.1.0 0.0.0.255
[H3C] interface GigabitEthernet0/0
[H3C-GigabitEthernet0/0] nat outbound 3000 address-group 1
```

5）动态 NAT 技术的优缺点

（1）动态 NAT 的优点如下。

① 地址复用：动态 NAT 可以实现内部私有 IP 地址到外部公有 IP 地址池的动态映射，提高了公有 IP 地址的利用效率。

② 灵活性高：动态 NAT 可以适应网络地址变化的需求，无须手动配置每个映射规则，降低了配置复杂性。

（2）动态 NAT 的缺点如下。

① 地址消耗：虽然动态 NAT 比静态 NAT 节省地址，但在地址池资源有限的情况下，仍可能面临地址不足的问题。

② 配置复杂：需要配置地址池和访问控制列表，相对于静态 NAT，配置过程稍显复杂。

③ 影响性能：动态 NAT 在地址转换过程中可能增加网络延迟，消耗路由器性能。

6.1.4 任务实施

1. 配置基础网络

（1）配置各设备的名字。

路由器 R1 配置如下：

```
<H3C>system-view
[H3C]sysname R1
```

路由器 R2 配置如下：

```
<H3C>system-view
[H3C]sysname R2
```

路由器 R3 配置如下：

```
<H3C>system-view
[H3C]sysname R3
```

路由器 R4 配置如下：

```
<H3C>system-view
[H3C]sysname R4
```

路由器 R5 配置如下：

笔记

```
<H3C>system-view
[H3C]sysname R5
```

路由器 R6 配置如下：

```
<H3C>system-view
[H3C]sysname R6
```

交换机 S1 配置如下：

```
<H3C>system-view
[H3C]sysname S1
```

（2）在 S1 上配置 VLAN 和 IP 地址，将 g1/0/3 接口类型修改为 Trunk。

```
[S1]vlan 10
[S1-vlan10]port g1/0/1
[S1]vlan 20
[S1-vlan20]port g1/0/2
[S1]interface vlan 10
[S1-Vlan-interface10]ip address 192.168.1.2 24
[S1]interface vlan 20
[S1-Vlan-interface20]ip address 192.168.2.2 24
[S1]interface g1/0/3
[S1-GigabitEthernet1/0/3]port link-type trunk
[S1-GigabitEthernet1/0/3]port trunk permit vlan 10 20
```

（3）在 R1 上配置单臂路由使得能够访问 R1。

```
[R1]interface g0/0.10
[R1-GigabitEthernet0/0.10]vlan-type dot1q vid 10
[R1-GigabitEthernet0/0.10]ip address 192.168.1.254 24
[R1]interface g0/0.20
[R1-GigabitEthernet0/0.20]vlan-type dot1q vid 20
[R1-GigabitEthernet0/0.20]ip address 192.168.2.254 24
```

（4）配置其他设备的 IP 地址。
路由器 R2 配置如下：

```
[R2]interface g0/0
[R2-GigabitEthernet0/0]ip address 100.1.1.2 24
[R2]interface g0/1
[R2-GigabitEthernet0/1]ip address 200.1.1.2 24
```

路由器 R3 配置如下：

笔记

```
[R3]interface g0/0
[R3-GigabitEthernet0/0]ip address 200.1.1.3 24
[R3]interface g0/1
[R3-GigabitEthernet0/1]ip address 192.168.1.3 24
```

路由器 R6 配置如下：

```
[R6]interface g0/0
[R6-GigabitEthernet0/0]ip address 192.168.1.6 24
```

（5）配置默认路由。

路由器 R1 配置如下：

```
[R1]ip route-static 0.0.0.0 0 100.1.1.2
```

路由器 R3 配置如下：

```
[R3]ip route-static 0.0.0.0 0 200.1.1.2
```

路由器 R4 配置如下：

```
[R4]ip route-static 0.0.0.0 0 192.168.1.254
```

路由器 R5 配置如下：

```
[R5]ip route-static 0.0.0.0 0 192.168.2.254
```

路由器 R6 配置如下：

```
[R6]ip route-static 0.0.0.0 0 192.168.1.3
```

2. NAT 的配置

（1）在 R1 上配置基本 ACL。

```
[R1]acl basic 2000
[R1-acl-ipv4-basic-2000]rule permit source 192.168.1.0 0.0.0.255
[R1-acl-ipv4-basic-2000]rule permit source 192.168.2.0 0.0.0.255
```

（2）在 R1 上创建 NAT 地址池，设置公网地址。

```
[R1]nat address-group 1
[R1-address-group-1]address 100.1.1.1 100.1.1.1
```

（3）在 R1 的 g0/1 接口（公网接口）上配置 NAPT。

```
[R1]interface g0/1
[R1-GigabitEthernet0/1]nat outbound 2000 address-group 1
```

（4）在 R4 上携带源地址 ping R3 的公网地址，测试连通性。

```
[R4]ping -a 192.168.1.1 200.1.1.3
Ping 200.1.1.3 (200.1.1.3) from 192.168.1.1: 56 data bytes, press CTRL+C to break
56 bytes from 200.1.1.3: icmp_seq=0 ttl=253 time=1.576 ms
56 bytes from 200.1.1.3: icmp_seq=1 ttl=253 time=1.187 ms
56 bytes from 200.1.1.3: icmp_seq=2 ttl=253 time=1.473 ms
56 bytes from 200.1.1.3: icmp_seq=3 ttl=253 time=1.099 ms
56 bytes from 200.1.1.3: icmp_seq=4 ttl=253 time=1.545 ms

--- Ping statistics for 200.1.1.3 ---
5 packet(s) transmitted, 5 packet(s) received, 0.0% packet loss
round-trip min/avg/max/std-dev = 1.099/1.376/1.576/0.195 ms
[R4]%Aug  6 11:55:20:467 2024 R4 Ping/6/Ping_STATISTICS: Ping statistics for 200.
1.1.3: 5 packet(s) transmitted, 5 packet(s) received, 0.0% packet loss, round-tri
p min/avg/max/std-dev = 1.099/1.376/1.576/0.195 ms.
```

3. Easy IP 的配置

（1）在 R3 上配置基本 ACL，抓取并允许 192.168.1.0/24 网段。

```
[R3]acl basic 2000
[R3-acl-ipv4-basic-2000]rule permit source 192.168.1.0 0.0.0.255
```

（2）在 R3 公网接口上配置 Easy IP。

```
[R3]interface g0/0
[R3-GigabitEthernet0/0]nat outbound 2000
```

（3）在 R6 上携带源地址 ping R1 的公网地址，测试连通性。

```
<R6>ping -a 192.168.1.6 100.1.1.1
Ping 100.1.1.1 (100.1.1.1) from 192.168.1.6: 56 data bytes, press CTRL+C to break
56 bytes from 100.1.1.1: icmp_seq=0 ttl=253 time=1.092 ms
56 bytes from 100.1.1.1: icmp_seq=1 ttl=253 time=1.173 ms
56 bytes from 100.1.1.1: icmp_seq=2 ttl=253 time=1.004 ms
56 bytes from 100.1.1.1: icmp_seq=3 ttl=253 time=1.343 ms
56 bytes from 100.1.1.1: icmp_seq=4 ttl=253 time=1.192 ms

--- Ping statistics for 100.1.1.1 ---
5 packet(s) transmitted, 5 packet(s) received, 0.0% packet loss
round-trip min/avg/max/std-dev = 1.004/1.161/1.343/0.113 ms
<R6>%Aug  6 12:41:57:992 2024 R6 Ping/6/Ping_STATISTICS: Ping statistics for 100.1.1.
1: 5 packet(s) transmitted, 5 packet(s) received, 0.0% packet loss, round-trip min/av
g/max/std-dev = 1.004/1.161/1.343/0.113 ms.
```

4. 配置 NAT Server

（1）在 R4 上配置 FTP。

```
[R4]ftp server enable
[R4]undo password-control length enable
[R4]undo password-control composition enable
[R4]undo password-control enable
[R4]local-user scyd class manage
[R4-luser-manage-scyd]password simple admin
[R4-luser-manage-scyd]service-type ftp
[R4-luser-manage-scyd]authorization-attribute user-role level-15
```

（2）在 R1 上配置映射。

```
[R1]interface g0/1
[R1-GigabitEthernet0/1]nat server protocol tcp global current-interface 20 21
inside 192.168.1.1 20 21
```

（3）验证在 R6 上通过 FTP 是否能登录。

```
<R6>ftp 100.1.1.1
Press CTRL+C to abort.
Connected to 100.1.1.1 (100.1.1.1).
220 FTP service ready.
User (100.1.1.1:(none)):
```

6.1.5　任务总结

本任务深入探讨了 H3C 网络设备中 NAT 的配置与应用。通过一系列的实践任务，要求掌握 NAT 的基本概念、特点及其在自治系统（AS）内部的作用，还需要掌握如何在华三交换机和路由器上具体配置 NAT。

为了进一步拓宽知识面和视野，可以进行以下知识拓展。

（1）NAT ALG：ALG 是传统 NAT 的增强特性。它能够识别应用层协议内嵌的网络底层信息，在转换 IP 地址和 TU Port 的同时，对应用层数据中的网络底层信息进行正确转换。

（2）故障排查与性能优化：通过案例分析，学会如何快速定位 NAT 故障，并采取有效措施进行排除；同时，了解 NAT 性能优化的方法和技巧，帮助自己提升网络管理水平。

6.1.6　任务工单

工作任务单基础信息					
工单编号		工单名称	公司广域网接入服务		
工单来源	教材配套	工单提供			
工单介绍	了解 NAT 的原理与配置				
工单环境	计算机一台，H3C Cloud Club				
接 单 人	班级：	姓名：		学号：	岗位：
团队成员	组长：	其他组员：			
工作任务单主体					
任务介绍	李华是一家大型企业的网络工程师，负责构建和维护公司的跨地域网络。公司网络由多个自治系统（AS）组成，为了优化路由信息交换，提高网络性能，李华决定在内部自治系统间部署 IBGP（内部边界网关协议）对等体组，通过 INAT 配置，公司不同区域的华三（H3C）路由器实现高效地共享路由信息，确保公司与公网完成路由信息的正确传递，实现公司网络连通性和稳定性。				
预期目标	（1）了解 NAT 的优势。 （2）掌握 NAT 的使用方法。				
任务资讯 （10分）	（1）常见的 NAT 建立过程失败是什么情况？ （2）NAT 有哪些优势？ （3）NAT 适用什么场景？				
任务计划 （10分）	子任务1：认识 NAT 子任务2：使用 NAT 子任务3：测试及文档制作 提示：项目计划仅作参考，请根据实际情况进行修改。				

笔记

	工作任务单主体
任务部署 **（10 分）**	项目实施前应联系管理老师安排场地,领取相关设施设备,严格按照实训室操作规范进行项目实施,完成项目后需要将所有设备设施恢复原位,资料规范存档,并将实训场地清理干净。
任务实施 **（50 分）**	**子任务 1：认识 NAT** （1）NAT 的概念、功能。 （2）NAT 的配置。 **子任务 2：使用 NAT** （1）下载并安装 H3C Cloud Club。 （2）熟悉 H3C Cloud Club 基本使用方法。 （3）在 H3C Cloud Club 演示 NAT 配置过程,主要过程截图上传。 **子任务 3：测试及文档制作** **1. 测试功能** 按照设计要求测试功能。 **2. 制作用户使用说明书** 参考帮助说明,制作用户使用说明书,并交给同学进行测试。

1. 过程记录

序号	内容	思考及解决方法

左侧栏：**任务总结**
（10 分）

2. 编写完成本项目的工作总结

3. 答辩

	工作任务单质量控制

（与工作任务单主体部分相对应）

左侧栏：**实施**
评价表

评分项	内容	思考及解决方法
项目资讯(10 分)		
项目计划(10 分)		
环境部署(10 分)		
任务实施(50 分)		
任务总结(10 分)		
其他(10 分)		
合计		

教师评语

续表

工作任务单质量控制		
	说明：使用者使用笔绘制，有条件的可以放入教学平台自动生成。	
综合能力评定	内容	分数
	学习内容	
	学习表现	
	实践应用	
	自主学习	
	协助创新	

综合能力评定雷达图

任务 6.2　实现分公司远程接入

6.2.1　任务陈述

李华是公司的网络工程师，负责构建和维护公司的跨地域网络。目前公司拓展出多个分公司，为了保证路由信息交换的安全，提高网络性能，李华决定通过配置 VPN 来确保路由安全地达到目的。

6.2.2　任务分析

1．需求分析

（1）需要实现分公司远程安全接入总部网络。

（2）掌握 H3C VPN 配置方法，确保数据传输安全。

（3）实现分公司与总部间的可靠路由交换。

2．知识要求

（1）了解 IPSec、SSL VPN 等的工作原理。

（2）熟悉 H3C 设备上的 VPN 配置命令。

（3）理解加密、认证技术。

3．技能要求

（1）配置 H3C 设备上的 VPN。

（2）验证 VPN 连接及数据传输安全性。

（3）排查并解决 VPN 配置中的常见问题。

4. 拓扑图

实现分公司远程接入拓扑图如图 6-2-1 所示。

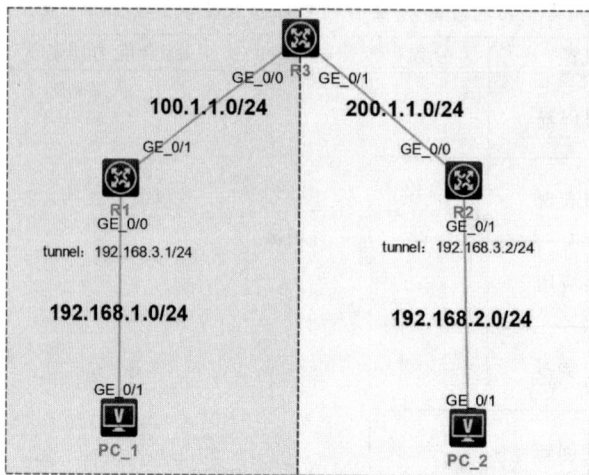

图 6-2-1 实现分公司远程接入拓扑图

6.2.3 知识准备

6.2.3.1 办公网交换机登录安全配置

在现代办公网络中,交换机作为核心设备之一,承担着数据传输和流量控制的重要任务。为了确保网络的安全性和稳定性,对交换机进行合理的配置和管理至关重要。接下来,以 H3C 交换机为例,介绍交换机登录安全配置步骤。

1. 配置主机名

进入系统视图,并配置交换机的主机名。

```
<H3C> system-view
[H3C] system-name H3C_Switch
```

2. Console 口登录安全配置

Console 口是交换机管理的重要接口,通过 Console 口可以直接连接到交换机进行配置。为了确保安全,需要对 Console 口进行密码保护。

```
[H3C] user-interface console 0
[H3C-ui-console0] authentication-mode password
[H3C-ui-console0] set authentication password cipher YourConsolePassword
[H3C-ui-console0] user privilege level 3
```

在上述配置中,authentication-mode password 命令设置了 Console 口登录的认证模式为密码认证;set authentication password cipher YourConsolePassword 命令设置了登录密码(注意使用 cipher 加密方式);user privilege level 3 命令设置了登录后的用户权限级别为 3

（最高级别）。

3. VTY0 用户接口配置

VTY(Virtual Teletype)接口用于远程登录交换机,如通过 Telnet 或 SSH。为了确保远程登录的安全,需要对 VTY 接口进行配置。

```
[H3C] user-interface vty 0 4
[H3C-ui-vty0-4] authentication-mode password
[H3C-ui-vty0-4] set authentication password cipher YourVTYPassword
[H3C-ui-vty0-4] user privilege level 3
[H3C-ui-vty0-4] protocol inbound telnet ssh
```

在上述配置中,使用 user-interface vty 0 4 命令进入了 VTY0 到 VTY4 的用户接口视图;authentication-mode password 命令设置了 VTY 接口的认证模式为密码认证;set authentication password cipher YourVTYPassword 命令设置了 VTY 接口的登录密码;user privilege level 3 命令设置了登录后的用户权限级别为 3;protocol inbound telnet ssh 命令允许通过 Telnet 和 SSH 协议进行远程登录。

6.2.3.2 交换机端口安全配置

端口安全是网络管理中的一项重要任务,它允许网络管理员对交换机端口进行细粒度的控制。通过配置端口安全,可以限制接入网络的设备数量,防止未经授权的设备接入网络,从而提高网络的安全性。接下来,以 H3C 交换机为例,介绍端口安全配置步骤。

1. 进入系统视图

在进行任何配置之前,首先需要进入系统视图。可以输入以下命令进入:

```
system-view
```

2. 配置端口安全

进入需要配置端口安全的接口视图,然后启用端口安全功能。例如:

```
interface GigabitEthernet1/0/1
port-security enable
```

此命令将启用 GigabitEthernet1/0/1 接口的端口安全功能。

3. 配置最大 MAC 地址数量

为了防止过多的设备接入网络,可以配置端口允许的最大 MAC 地址数量。例如,设置最大 MAC 地址数量为 1:

```
port-security max-mac-count 1
```

此命令将限制 GigabitEthernet1/0/1 接口最多只能学习一个 MAC 地址。

4. 配置静态 MAC 地址

如果需要将某个特定的 MAC 地址与端口绑定,可以配置静态 MAC 地址。例如,将

笔记

MAC 地址为 00E0.4C68.0001 的设备与 GigabitEthernet1/0/1 接口绑定：

```
port-security mac-address 00E0.4C68.0001
```

5. 配置安全违例的处理方式

当端口安全功能检测到违例行为时，可以配置不同的处理方式。例如，当检测到违例行为时关闭端口：

```
port-security violation shutdown
```

此命令将配置当 GigabitEthernet1/0/1 接口检测到违例行为时，自动关闭该端口。

6. 查看端口安全状态

想要验证配置是否正确，以及查看端口的当前安全状态，可以使用以下命令：

```
display port-security interface GigabitEthernet1/0/1
```

此命令将显示 GigabitEthernet1/0/1 接口的端口安全配置和当前状态。

6.2.3.3 VPN 技术概述

1. VPN 概述

虚拟专用网络（Virtual Private Network，VPN）是一种通过公共网络（如互联网）为远程用户和分支机构提供安全连接的技术。VPN 采用加密和隧道技术，确保数据在传输过程中的安全性和完整性。目前，VPN 技术已经成为连接分支机构、远程办公的重要工具，为企业信息化建设提供了重要的支持。

2. H3C VPN 设备类型

（1）防火墙：H3C 的防火墙设备不仅具备强大的安全防护功能，还可以作为 VPN 网关，实现安全的远程访问和站点间的连接。

（2）路由器：H3C 的路由器支持多种 VPN 协议，可以通过配置实现远程 VPN 和站点间 VPN。

（3）专用 VPN 网关：H3C 的专用 VPN 网关设备，专门用于实现高性能、高可靠性的 VPN 连接，适用于大规模企业网络。

6.2.3.4 VPN 接入设备配置

1. H3C VPN 简介

H3C 作为网络设备领域的领导者，提供了丰富的 VPN 解决方案，包括 IPSec VPN、SSL VPN、GRE VPN 等，能够满足企业不同的网络需求。H3C 的 VPN 设备具有高性能、高可靠性和易于管理的特点，包括防火墙、路由器和专用 VPN 网关等，能够灵活配置，支持多种 VPN 协议和应用场景。GRE VPN 和 IPSec VPN 作为常见的 VPN 解决方案，将是接下来本项目研究的重点。

2. H3C 的 GRE VPN 技术

通用路由封装(Generic Routing Encapsulation,GRE)VPN 是一种三层隧道封装技术,提供了将一种协议的报文封装在另一种协议的报文中的机制。GRE VPN 可以在两个网络之间构建虚拟点对点链路,使得报文可以透明地通过 GRE 隧道传输,从而解决异种网络之间的传输问题。

1) GRE VPN 的原理

GRE VPN 的核心在于其封装机制。当数据报文需要穿越一个不支持该报文协议的网络时,GRE VPN 会将原始报文封装在一个新的 IP 报文头部中,这个新的 IP 报文头部包含了能够在目标网络中传输的必要信息,如源地址和目的地址。原始报文则成为新报文的有效载荷。当封装后的报文到达目的地时,GRE 隧道末端的设备会去除封装头部,恢复原始报文,并将其传递给目标主机。

2) GRE VPN 的配置步骤

配置 GRE VPN 通常包括以下几个步骤。

(1) 创建虚拟 Tunnel 接口:在 H3C 设备上,创建一个虚拟的 Tunnel 接口,并指定其协议类型为 GRE。

(2) 配置 Tunnel 接口的网络地址:为 Tunnel 接口配置 IP 地址,这个地址将用于 GRE 隧道内的通信。

(3) 指定 Tunnel 的源端 IP 地址和目的端 IP 地址:源端 IP 地址是封装报文时使用的本地地址,而目的端 IP 地址是封装报文时指定的目标地址。

(4) 配置路由协议:在 Tunnel 接口和与私网相连接口上配置路由协议(如 OSPF),使得私网流量能够通过 GRE 隧道传输。

3) GRE VPN 的应用场景

GRE VPN 常用于需要跨越不同网络协议进行通信的场景,通过在 IPv4 网络中建立 GRE 隧道,可以解决两个 IPv6 网络之间的通信问题。此外,GRE VPN 还具备封装组播报文的能力,在需要传递组播路由数据的场景中也被广泛应用。

4) GRE VPN 的优缺点

GRE VPN 的优点在于其具有很强的灵活性和通用性,它可以封装多种协议,适用于各种网络需求。GRE VPN 的缺点在于它不支持加密和认证,因此数据的安全传输得不到很好的保障。在安全性要求较高的场景中,GRE VPN 可能需要与其他安全协议(如 IPSec)结合使用。

3. H3C 的 IPSec VPN 技术

互联网协议安全(Internet Protocol Security,IPSec)VPN 是一种用于在不安全的网络(如互联网)上提供安全通信的协议套件。它通常用于虚拟专用网络(VPN)中,以确保数据在传输过程中的保密性、完整性和身份验证。

1) IPSec VPN 的原理

IPSec VPN 通过加密和验证来保护数据的安全,使用认证头(AH)和封装安全载荷(ESP)两种安全协议来传输和封装数据。AH 协议主要用于提供认证服务,而 ESP 协议则同时提供认证和加密服务。在 IPSec VPN 中,通信双方需要协商并建立安全联盟(SA),SA

笔记

包含了加密和认证所需的密钥和其他安全参数。

2）IPSec VPN 的配置步骤

配置 IPSec VPN 通常包括以下 6 个步骤。

（1）配置接口 IP 地址：为设备的内网接口和外网接口配置 IP 地址。

（2）配置路由协议：在内网接口上配置路由协议（如 OSPF），使得私网流量能够正确路由。

（3）配置 IPSec 策略：定义 IPSec VPN 的策略，包括加密算法、认证方法、SA 的生存期等；同时，需要指定本端和对端的接口地址和 ID。

（4）配置加密数据流：定义需要加密的数据流，包括源地址、目的地址和协议类型等。

（5）配置安全策略：放行需要加密的数据流，并指定使用前面定义的 IPSec 策略。

（6）配置 IKE 协议：IKE(Internet Key Exchange)协议用于自动协商 IPSec SA 所需的密钥，在配置 IPSec VPN 时，需要启用 IKE 协议，并指定 IKE 的协商参数。

3）IPSec VPN 应用场景

IPSec VPN 常用于需要确保数据传输安全性的远程访问和企业间互联场景。通过在 IP 层实施加密和认证机制，IPSec VPN 能够保护数据在公共网络（如互联网）上传输时的机密性、完整性和真实性，并且凭借强大的安全特性和广泛的应用兼容性，成为解决远程访问、企业间互联及云资源访问等场景中数据安全问题的理想选择。

4）IPSec VPN 优缺点

IPSec VPN 的优点在于其强大的加密和认证机制，确保数据在传输过程中的安全性和完整性，适用于需要高安全性保障的企业级网络互联，如远程办公、跨地域分支机构的互联等。缺点是 IPSec VPN 的配置相对复杂，可能需要专业人员进行部署和维护。

6.2.4　任务实施

6.2.4.1　GRE VPN 的配置

1. 配置基础环境

（1）配置各设备的名字。

路由器 R1 配置如下：

```
<H3C>system-view
[H3C]sysname R1
```

路由器 R2 配置如下：

```
<H3C>system-view
[H3C]sysname R2
```

路由器 R3 配置如下：

```
<H3C>system-view
[H3C]sysname R3
```

（2）配置各设备的 IP 地址。

路由器 R1 配置如下：

```
[R1]interface g0/0
[R1-GigabitEthernet0/0]ip address 192.168.1.1 24
[R1]interface g0/1
[R1-GigabitEthernet0/1]ip address 100.1.1.1 24
```

路由器 R2 配置如下：

```
[R2]interface g0/0
[R2-GigabitEthernet0/0]ip address 200.1.1.1 24
[R2]interface g0/1
[R2-GigabitEthernet0/1]ip address 192.168.2.1 24
```

路由器 R3 配置如下：

```
[R3]interface g0/0
[R3-GigabitEthernet0/0]ip address 100.1.1.2 24
[R3]interface g0/1
[R3-GigabitEthernet0/1]ip address 200.1.1.2 24
```

PC1 的 IP 地址配置如图 6-2-2 所示。

图 6-2-2　PC1 的 IP 地址配置

PC2 的 IP 地址配置如图 6-2-3 所示。

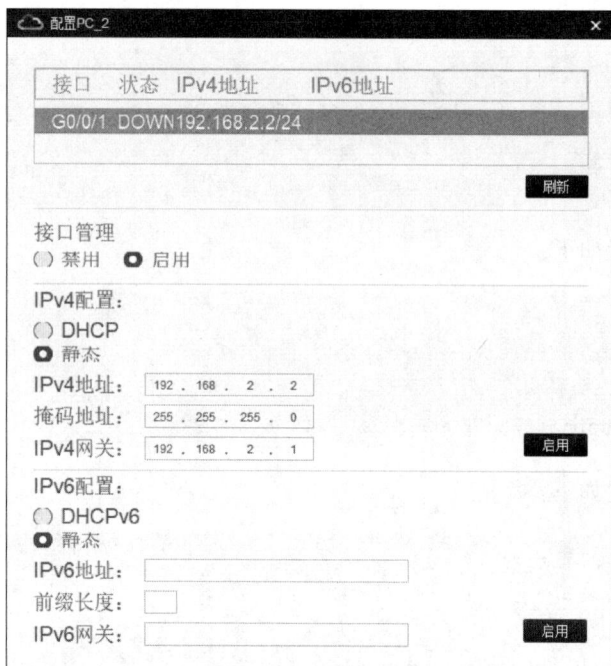

图 6-2-3　PC2 的 IP 地址配置

（3）在 R1 和 R2 上配置默认路由使其实现互通。

路由器 R1 配置如下：

```
[R1]ip route-static 0.0.0.0 0 100.1.1.2
```

路由器 R2 配置如下：

```
[R2]ip route-static 0.0.0.0 0 200.1.1.2
```

2. GRE VPN 的配置

（1）创建 Tunnle 隧道口。

路由器 R1 配置如下：

```
[R1]interface Tunnel 0 mode gre            # 配置隧道模式为 GRE
[R1-Tunnel0]ip address 192.168.3.1 24
[R1-Tunnel0]source 100.1.1.1               # 配置源地址为 R1 公网接口
[R1-Tunnel0]destination 200.1.1.1          # 配置目的地址为 R2 公网接口
```

路由器 R2 配置如下：

```
[R2]interface Tunnel 0 mode gre
[R2-Tunnel0]ip address 192.168.3.2 24
[R2-Tunnel0]source 200.1.1.1
[R2-Tunnel0]destination 100.1.1.1
```

（2）配置 RIPv2。

路由器 R1 配置如下：

```
[R1]rip
[R1-rip-1]version 2
[R1-rip-1]undo summary
[R1-rip-1]network 192.168.3.0
[R1-rip-1]network 192.168.1.0
```

路由器 R2 配置如下：

```
[R2]rip
[R2-rip-1]version 2
[R2-rip-1]undo summary
[R2-rip-1]network 192.168.2.0
[R2-rip-1]network 192.168.3.0
```

3．测试

在 PC1 上 ping 测试 PC2 连通性。

```
<H3C>ping 192.168.2.2
Ping 192.168.2.2 (192.168.2.2): 56 data bytes, press CTRL_C to break
56 bytes from 192.168.2.2: icmp_seq=0 ttl=253 time=1.075 ms
56 bytes from 192.168.2.2: icmp_seq=1 ttl=253 time=1.272 ms
56 bytes from 192.168.2.2: icmp_seq=2 ttl=253 time=1.104 ms
56 bytes from 192.168.2.2: icmp_seq=3 ttl=253 time=1.298 ms
56 bytes from 192.168.2.2: icmp_seq=4 ttl=253 time=1.353 ms

--- Ping statistics for 192.168.2.2 ---
5 packet(s) transmitted, 5 packet(s) received, 0.0% packet loss
round-trip min/avg/max/std-dev = 1.075/1.220/1.353/0.110 ms
<H3C>%Aug  7 11:42:15:923 2024 H3C PING/6/PING_STATISTICS: Ping statistics for 192.168.2
.2: 5 packet(s) transmitted, 5 packet(s) received, 0.0% packet loss, round-trip min/avg/
max/std-dev = 1.075/1.220/1.353/0.110 ms.
```

6.2.4.2 IPSec VPN 的配置

1．配置基础环境

（1）配置设备的名字。

路由器 R1 配置如下：

```
<H3C>system-view
[H3C]sysname R1
```

路由器 R2 配置如下：

```
<H3C>system-view
[H3C]sysname R2
```

路由器 R3 配置如下：

```
<H3C>system-view
[H3C]sysname R3
```

笔记

（2）配置各设备的 IP 地址。

路由器 R1 配置如下：

```
[R1]interface g0/0
[R1-GigabitEthernet0/0]ip address 192.168.1.1 24
[R1]interface g0/1
[R1-GigabitEthernet0/1]ip address 100.1.1.1 24
```

路由器 R2 配置如下：

```
[R2]interface g0/0
[R2-GigabitEthernet0/0]ip address 200.1.1.1 24
[R2]interface g0/1
[R2-GigabitEthernet0/1]ip address 192.168.2.1 24
```

路由器 R3 配置如下：

```
[R3]interface g0/0
[R3-GigabitEthernet0/0]ip address 100.1.1.2 24
[R3]interface g0/1
[R3-GigabitEthernet0/1]ip address 200.1.1.2 24
```

PC1 的 IP 地址配置如图 6-2-2 所示。

PC2 的 IP 地址配置如图 6-2-3 所示。

（3）在 R1 和 R2 上配置默认路由使其实现互通。

路由器 R1 配置如下：

```
[R1]ip route-static 0.0.0.0 0 100.1.1.2
```

路由器 R2 配置如下：

```
[R2]ip route-static 0.0.0.0 0 200.1.1.2
```

2. IPSec VPN 的配置

（1）配置高级 ACL。

路由器 R1 配置如下：

```
[R1]acl advanced 3000
[R1-acl-ipv4-adv-3000]rule permit ip source 192.168.1.0 0.0.0.255 destination
192.168.2.0 0.0.0.255
```

路由器 R2 配置如下：

```
[R2]acl advanced 3000
[R2-acl-ipv4-adv-3000]rule permit ip source 192.168.2.0 0.0.0.255 destination
192.168.1.0 0.0.0.255
```

（2）创建 IKE。

路由器 R1 配置如下：

```
[R1]ike proposal 1
[R1-ike-proposal-1]authentication-method pre-share
[R1-ike-proposal-1]encryption-algorithm aes-cbc-128
```

路由器 R2 配置如下：

```
[R2]ike proposal 1
[R2-ike-proposal-1]authentication-method pre-share
[R2-ike-proposal-1]encryption-algorithm aes-cbc-128
```

（3）创建域共享密钥。

路由器 R1 配置如下：

```
[R1]ike keychain r2
[R1-ike-keychain-r2]pre-shared-key address 200.1.1.1 key simple 123456
```

路由器 R2 配置如下：

```
[R2]ike keychain r1
[R2-ike-keychain-r1]pre-shared-key address 100.1.1.1 key simple 123456
```

（4）创建 IKE Profile。

路由器 R1 配置如下：

```
[R1]ike profile r2
[R1-ike-profile-r2]keychain r2
[R1-ike-profile-r2]local-identity address 100.1.1.1
[R1-ike-profile-r2]match remote identity address 200.1.1.1
[R1-ike-profile-r2]proposal 1
```

路由器 R2 配置如下：

```
[R2]ike profile r1
[R2-ike-profile-r1]keychain r1
[R2-ike-profile-r1]local-identity address 200.1.1.1
[R2-ike-profile-r1]match remote identity address 100.1.1.1
[R2-ike-profile-r1]proposal
```

（5）创建 IPSec 转换集，配置加密和验证算法。

路由器 R1 配置如下：

```
[R1]ipsec transform-set r2
[R1-ipsec-transform-set-r2]esp authentication-algorithm MD5
[R1-ipsec-transform-set-r2]esp encryption-algorithm aes-cbc-128
```

路由器 R2 配置如下：

```
[R2]ipsec transform-set r1
[R2-ipsec-transform-set-r1]esp authentication-algorithm MD5
[R2-ipsec-transform-set-r1]esp encryption-algorithm aes-cbc-128
```

笔记

（6）创建 IPSec 策略。

路由器 R1 配置如下：

```
[R1]ipsec policy r2 1 isakmp
[R1-ipsec-policy-isakmp-r2-1]security acl 3000
[R1-ipsec-policy-isakmp-r2-1]ike-profile r2
[R1-ipsec-policy-isakmp-r2-1]transform-set r2
[R1-ipsec-policy-isakmp-r2-1]remote-address 200.1.1.1
```

路由器 R2 配置如下：

```
[R2]ipsec policy r1 1 isakmp
[R2-ipsec-policy-isakmp-r1-1]security acl 3000
[R2-ipsec-policy-isakmp-r1-1]ike-profile r1
[R2-ipsec-policy-isakmp-r1-1]transform-set r1
[R2-ipsec-policy-isakmp-r1-1]remote-address 100.1.1.1
```

（7）在公网接口下发 IPSec 策略。

路由器 R1 配置如下：

```
[R1-GigabitEthernet0/1]ipsec apply policy r2
```

路由器 R2 配置如下：

```
[R2-GigabitEthernet0/0]ipsec apply policy r1
```

3. 验证结果

（1）在 PC1 上 ping 测试 PC2 连通性。

```
<H3C>ping 192.168.2.2
Ping 192.168.2.2 (192.168.2.2): 56 data bytes, press CTRL_C to break
56 bytes from 192.168.2.2: icmp_seq=0 ttl=253 time=1.466 ms
56 bytes from 192.168.2.2: icmp_seq=1 ttl=253 time=1.384 ms
56 bytes from 192.168.2.2: icmp_seq=2 ttl=253 time=1.464 ms
56 bytes from 192.168.2.2: icmp_seq=3 ttl=253 time=1.212 ms
56 bytes from 192.168.2.2: icmp_seq=4 ttl=253 time=1.428 ms

--- Ping statistics for 192.168.2.2 ---
5 packet(s) transmitted, 5 packet(s) received, 0.0% packet loss
round-trip min/avg/max/std-dev = 1.212/1.391/1.466/0.094 ms
<H3C>.%Aug  7 15:38:48:312 2024 H3C Ping/6/Ping_STATISTICS: Ping stati
stics for 192.168.2.2: 5 packet(s) transmitted, 5 packet(s) received,
0.0% packet loss, round-trip min/avg/max/std-dev = 1.212/1.391/1.466/0
.094 ms.
```

（2）在 R1 上查看 IKE SA。

```
<R1>display ike sa
    Connection-ID    Local              Remote              Flag
DOI
------------------------------------------------------------------
---
    1                100.1.1.1          200.1.1.1           RD
IPsec:
Flags:
RD--READY RL--REPLACED FD-FADING RK-REKEY
```

（3）在 R1 上查看 IPSec SA。

```
<R1>display ipsec sa
-----------------------------
Interface: GigabitEthernet0/1
-----------------------------

  -----------------------------
  IPsec policy: r2
  Sequence number: 1
  Mode: ISAKMP

    Tunnel id: 0
    Encapsulation mode: tunnel
    Perfect Forward Secrecy:
    Inside VPN:
    Extended Sequence Numbers enable: N
    Traffic Flow Confidentiality enable: N
    Transmitting entity: Responder
    Path MTU: 1428
    Tunnel:
        local  address: 100.1.1.1
        remote address: 200.1.1.1
    Flow:
        sour addr: 192.168.1.0/255.255.255.0  port: 0  protocol: ip
        dest addr: 192.168.2.0/255.255.255.0  port: 0  protocol: ip
```

6.2.5　任务总结

本教学任务深入探讨了 H3C 网络设备中 VPN 的配置过程。通过实践操作，学生可以掌握 VPN 的基本概念和工作原理，以及如何在 H3C 路由器上配置 NAT。

为了进一步提升网络配置能力和综合素质，可以在本任务的基础上进行以下任务拓展。

（1）复杂网络场景模拟：设计更复杂的网络拓扑图，模拟实际网络环境中的多种路由协议配置和故障排查场景，提高应变能力和问题解决能力。

（2）故障排查与性能优化：通过案例分析，学会如何快速定位 VPN 故障，并采取有效措施予以排除；同时，了解 VPN 性能优化的方法和技巧，帮助自己提升网络管理水平。

（3）自动化配置工具学习：学习使用自动化配置工具（如 Ansible、Terraform 等）来管理网络设备，提高配置效率和准确性。

6.2.6　任务工单

工作任务单基础信息						
工单编号		工单名称	实现分公司远程接入			
工单来源	教材配套	工单提供				
工单介绍	了解 VPN 的原理与配置					
工单环境	计算机一台，H3C Cloud Club					
接 单 人	班级：		姓名：	学号：		岗位：
团队成员	组长：		其他组员：			
工作任务单主体						
任务介绍	李华是一家小型公司 A 的网络工程师，负责构建和维护公司的跨地域网络。目前公司拓展出多个分公司，为了保证路由信息交换的安全，提高网络性能，李华决定通过配置 VPN 来确保路由安全地达到目的。					

续表

	工作任务单主体
预期目标	(1) 了解 VPN 的优势。 (2) 掌握 VPN 的使用方法。 (3) 成功使得公司 A 与公司 B 实现业务网络通信。
任务资讯 （10 分）	(1) VPN 有哪些优势? (2) VPN 适用什么场景?
任务计划 （10 分）	**子任务 1：认识 VPN** **子任务 2：使用 VPN** **子任务 3：测试及文档制作** 提示：项目计划仅作参考,请根据实际情况进行修改。
任务部署 （10 分）	项目实施前应联系管理老师安排场地,领取相关设施设备,严格按照实训室操作规范进行项目实施,完成项目后需要将所有设备设施恢复原位,资料规范存档,并将实训场地清理干净。
任务实施 （50 分）	**子任务 1：认识 VPN** (1) VPN 的概念、功能。 (2) VPN 的配置。 **子任务 2：使用 VPN** (1) 下载并安装 H3C Cloud Club。 (2) 熟悉 H3C Cloud Club 基本使用方法。 (3) 在 H3C Cloud Club 演示 VPN 配置过程,主要过程截图上传。 **子任务 3：测试及文档制作** **1. 测试功能** 按照设计要求测试功能。 **2. 制作用户使用说明书** 参考帮助说明,制作用户使用说明书,并交给同学进行测试。
任务总结 （10 分）	**1. 过程记录** 表格如下： **2. 编写完成本项目的工作总结** **3. 答辩**

1. 过程记录

序号	内容	思考及解决方法

续表　　　　✏️ 笔记

工作任务单质量控制		
实施评价表	（与工作任务单主体部分相对应）	

	评分项	内容	思考及解决方法
实施评价表	项目资讯(10分)		
	项目计划(10分)		
	环境部署(10分)		
	任务实施(50分)		
	任务总结(10分)		
	其他(10分)		
	合计		

教师评语	

综合能力评定

说明：使用者使用笔绘制，有条件的可以放入教学平台自动生成。

内容	分数	综合能力评定雷达图
学习内容		学习内容 100 90 80 70 60 50 40 30 20 10 0
学习表现		协助创新　　　　　　学习表现
实践应用		
自主学习		自主学习　　　　　实践应用
协助创新		

练习题

1. 以下关于 FTP 传输模式的说法正确的是(　　)。

A. FTP 的被动传输模式的服务器及客户端均采用临时端口建立数据连接口

B. FTP 的主动传输模式由 FTP 客户端主动向服务器建立数据连接口

C. FTP 的被动传输模式使用 PORT 命令

D. FTP 的主动传输模式由 FTP 服务器主动向客户端建立数据连接口

E. FTP 的被动传输模式使用 PASV 命令

2. 在 MSR 路由器上，如果想从 FTP Server 下载文件，应使用 FTP 命令中的(　　)命令。

A. load 　　　　　　B. get 　　　　　　C. put 　　　　　　D. got

3. 以下关于 FTP 连接的说法正确的是(　　)。

A. FTP 的控制连接在整个 FTP 会话过程中一直保持打开

  B. FTP 的数据连接在数据传输结束后关闭

  C. FTP 的数据连接在整个 FTP 会话过程中一直保持打开

  D. FTP 的控制连接在数据传输结束后关闭

4. FTP 数据连接的作用包括(　　)。

  A. 服务器向客户机发送文件列表　　　　B. 客户机向服务器发送文件

  C. 服务器向客户机发送文件　　　　　　D. 服务器向客户机传送告警信息

5. FTP 协议是基于(　　)的协议。

  A. IPX　　　　　　B. UDP　　　　　　C. TCP　　　　　　D. SSH

6. FTP 常用文件传输类型包括(　　)。

  A. 本地类型　　　　　　　　　　　　　B. ASCII 码类型

  C. 二进制类型　　　　　　　　　　　　D. EBCDIC 类型

7. TFTP 协议是基于(　　)的协议。

  A. SSH　　　　　　B. UDP　　　　　　C. TCP　　　　　　D. IPX

8. FTP 客户端向 FTP 服务器发送 PORT 命令(202,10,10,111,20,122)并顺利建立连接,FTP 服务器侧数据连接的端口号是(　　)。

  A. 5242　　　　　　B. 20　　　　　　C. 21　　　　　　D. 31252

9. 根据对报文的封装形式,IPSec 工作模式分为(　　)。

  A. 隧道模式　　　　B. 主模式　　　　C. 传输模式　　　　D. 野蛮模式

10. IPSec 安全策略包括(　　)。

  A. 手工配置参数的安全策略　　　　　　B. 利用 IKE 协商参数的安全策略

  C. 利用 GRE 自动协商方式　　　　　　D. 利用 L2TP 自动协商方式

11. 在两台远程路由器之间抓取报文,发现数据包由 IP 头部、ESP 头部以及被加密后的数据组成。那么该数据包有可能经历(　　)过程。

  A. GRE over IPSec,IPSec 采用传输模式

  B. GRE over IPSec,IPSec 采用隧道模式

  C. IPSec over GRE,IPSec 采用传输模式

  D. IPSec over GRE,IPSec 采用隧道模式

12. 两台路由器间配置 IPSec 策略,将策略下发到相应接口上后,使用 ping 命令检查被保护数据流互通性,发现数据 100% 通过。使用 display ike sa 和 display ipsec sa 命令,显示为 IPSec SA 未建立。则 IPSec 配置失败的原因在于(　　)。

  A. IPSec proposal 中使用了传输模式,而被保护数据流是网段到网段的数据

  B. IKE 的 remote-address 地址不是对端路由器的接口地址

  C. IKE 的 pre-shared-ke 配置不匹配

  D. ACL 配置不正确

13. 两台路由器间配置 IPSec 策略,将策略下发到相应接口上后,使用 ping 命令检查被保护数据流互通性,发现数据 100% 通过。使用 display ike sa 和 display ipsec sa 命令,显示为 IPSec SA 未建立。则 IPSec 配置失败的原因在于(　　)。

  A. IPSec proposal 中使用了隧道模式,而被保护数据流是网段到网段的数据

  B. 使用的是 IKE 野蛮模式

    C. ACL 配置不正确

    D. IKE 的 pre-shared-ke 配置不匹配

14. 下列关于 IPSec 与 IKE 的说法正确的是（　　）。

    A. IPSec 只能通过与 IKE 配合方式才能建立起安全联盟

    B. IKE 只能与 IPSec 配合使用

    C. IKE 只负责为 IPSec 建立提供安全密钥，不参与 IPSec SA 协商

    D. IPSec SA 建立后，数据转发与 IKE 无关

15. 下列关于 IKE 的说法正确的是（　　）。

    A. IKE 第一阶段交换模式有主模式和野蛮模式

    B. IKE 第二阶段完成时产生 IKE SA

    C. IKE 两种模式下交换密钥都需要进行身份验证

    D. IKE 交换密钥时采用对称密钥算法

16. 下列关于 AH（Authentication Header，验证头）和 ESP（Encapsulating Security Payload，封装安全载荷）的描述正确的有（　　）。

    A. 两者都可以提供数据的完整性保护

    B. 两者都可以提供数据源验证以及可选的抗重播服务

    C. 两者都可以提供机密性保护

    D. 两者都可以同时使用

17. 某企业部门间的业务传输需要采用 IPSec 提供端到端的安全保护，并要求数据必须进行加密传输。针对该企业业务传输安全性的要求，IPSec 应采用（　　）工作模式和（　　）封装协议。

    A. 传输　　　　　B. 隧道　　　　　C. ESP　　　　　D. AH

18. 用 IKE 为 IPSec 提供自动协商交换密钥，建立 SA 的服务时，在 IKE 协商的第一阶段定义了 IKE 交换模式的是（　　）。

    A. 主模式　　　　　　　　　　B. 快速模式

    C. 野蛮模式　　　　　　　　　D. 信息交换模式

19. 和 IKE 野蛮模式相比，IKE 主模式具备（　　）特点。

    A. IKE 主模式可以提供身份验证

    B. 采用 IKE 主模式可以提高协商速度

    C. 在通信双方能预先得知发起者的 IP 地址，并且需要使用预共享密钥的情况下，只能使用主模式

    D. IKE 主模式的安全性高于野蛮模式

20. 和 IKE 主模式相比，IKE 野蛮模式具备（　　）优点。

    A. IKE 野蛮模式能提供身份验证

    B. 采用 IKE 野蛮模式可以提高协商速度

    C. 在通信双方可以预先得知发起者的 IP 地址，并且需要使用预共享密钥的情况下，可以使用野蛮模式

    D. IKE 野蛮模式的安全性高于主模式

21. 要清除 IKE 建立的安全隧道,应该使用( )命令。
  A. reset ike   B. reset ike tunnel
  C. reset ipsec sa   D. reset ike sa

22. 以下描述属于 SSL 协议握手层功能的有( )。
  A. 负责建立维护 SSL 会话   B. 保证数据传输可靠
  C. 异常情况下关闭 SSL 连接   D. 协商加密所使用的密钥参数

23. SSL(Secure Socket Layer,安全套接层)协议握手层包括的协议模块有( )。
  A. 握手协议   B. 会话维护协议
  C. 告警协议   D. 密钥改变协议

24. 下列关于 SSL VPN 运作流程的说法正确的是( )。
  A. SSL VPN 构成包括远程主机、SSL VPN 网关和内网资源服务器
  B. SSL VPN 域管理员具有最高管理权限
  C. 域管理员创建域的本地用户、用户组、资源和资源组
  D. 用户登录后,VPN 网关终结 SSL 连接,根据配置的用户权限决定用户访问的网络资源

25. SSL VPN 提供的接入方式是( )。
  A. WEB 接入方式   B. UDP 接入方式
  C. IP 接入方式   D. TCP 接入方式

26. 下列关于 SSL VPN 访问控制的说法正确的是( )。
  A. 静态授权的身份认证包括本地认证和外部认证两种方式
  B. 动态授权需要创建安全策略
  C. 动态授权需要终端安装客户端程序
  D. 动态授权和静态授权是两种独立的访问控制方式

27. 下列关于 SSL VPN 访问控制的说法正确的是( )。
  A. 静态授权的身份认证包括本地认证和外部认证两种方式
  B. 动态授权不需要创建安全策略
  C. 动态授权不需要终端安装客户端程序
  D. 动态授权是静态授权和安全策略授权的交集

28. 下列关于 SSL VPN 部署方式的说法正确的是( )。
  A. 若内网需要被完全保护,则需要采用单臂部署方式
  B. 若内网中只有部分网络流量需要被保护,则需采用双臂部署方式
  C. 为避免 SSL VPN 的单点故障影响网络连通性,需要采用单臂部署方式
  D. 双臂部署方式多用在 SSL VPN 网关与防火墙集成的组网中

29. 下列属于 LDP 协议的是( )。
  A. 发现消息(Discover messages)   B. 保持消息(Keeplive messages)
  C. 通告消息(Advertisement messages)   D. 通知消息(Notification messages)

网络综合实践

通过前面 6 个项目的学习,我们已经掌握了局域网组建的技术细节,从以太网技术到无线网络的配置,学会了如何利用交换机、路由器等设备,搭建起高效、安全的网络环境,并通过 IP 地址规划、子网划分以及 VLAN 技术的应用,对网络架构的优化有了深刻理解,同时,通过网络安全与防护的学习,防火墙配置、加密技术的应用,为网络世界筑起了一道坚实的防线。通过本次综合实践的学习,能将所学知识更好地融会贯通,巩固理论知识,在实践中锤炼解决复杂网络问题的能力,迈向网络技术应用的更高台阶。

任务 7.1　富华园区网络建设

7.1.1　任务陈述

李华是一家大型企业的网络工程师,负责构建和维护公司的网络。公司网络由多个自治系统(AS)组成,为了优化内部路由信息交换,提高网络性能,公司要求李华配置各种路由协议,使公司不同区域的 H3C 设备实现高效地共享路由信息,确保公司内部自治系统间路由信息的正确传递,实现富华园区网络连通性和稳定性。

7.1.2　任务分析

1. 需求分析

根据对任务的分析和梳理,要完成此任务,需要从以下几个方面进行综合考虑和实施:

(1)如图 7-1-1 所示完成 IP 地址配置。

(2)由于需要使总部局域网内 S3 实现双上行链路灵活备份,设置 smart-link 组 1 引用实例 1(绑定 VLAN 10)的流量从经过 S1 的链路通向出口路由器 R1,设置 smart-link 组 2 引用实例 2(绑定 VLAN 20)的流量从经过 S2 的链路通向 R2,组 1 和组 2 分别在 VLAN 100 和 VLAN 200 内发送和接收 flush 报文。

(3)OSPF 路由规划如图 7-1-1 所示,为了减少分部的路由数量,将区域 100 配置为

stub 区域。

（4）在 R1 和出差处之间运行 rip v2,建立 gre over IPSec 连接。

（5）在 R1 上建立一条静态路由,汇总所有到出差处 a 流的路由,并将此静态路由引入 OSPF 协议,同时另建一条到总部和分部 a 流的聚合流,并引入 RIP 协议。

（6）Sw5 模拟互联网,保证公网上路径可达。

（7）通过源 IP 对网管用户进行控制,仅允许 17.16.0.100 的 SNMP 用户访问总部设备 R2,要求 SNMP 使用 v2c 版本,写团体名密码为 123456,读团体名为 654321。

（8）为了使出差处和总部之间的业务流量不占用过多带宽,可以配置接口限速限制出差处发往总部的流量每秒不能超过 1000KB。

2. 任务拓扑

根据任务需求分析,得出如图 7-1-1 所示的任务拓扑图。

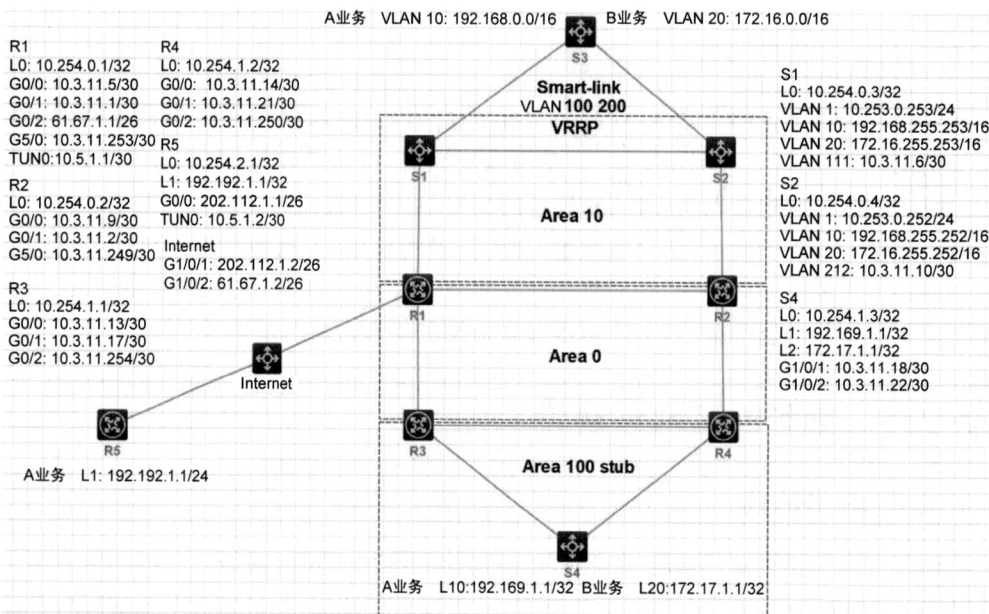

图 7-1-1　富华园区网络建设拓扑图

7.1.3　任务实施

1. 基础配置

在 S1 上配置 VLAN、IP 地址以及设备名:

```
[H3C]sysname S1
[S1]interface LoopBack 0
[S1-LoopBack0]ip address 10.254.0.3 32
[S1-LoopBack0]int vlan 1
[S1-Vlan-interface1]ip address 10.253.0.253 24
[S1]vlan 10
[S1-vlan10]vlan 20
```

笔记

```
[S1-vlan20]vlan 111
[S1-vlan111]port g1/0/4
[S1-vlan111]int vlan 10
[S1-Vlan-interface10]ip address 192.168.255.253 16
[S1-Vlan-interface10]qu
[S1]int vlan 20
[S1-Vlan-interface20]ip address 172.16.255.253 16
[S1-Vlan-interface20]int vlan 111
[S1-Vlan-interface111]ip address 10.3.11.6 30
[S1]vlan 100
[S1-vlan100]vlan 200
[S1]interface range g1/0/1 g1/0/3
[S1-if-range]port link-type trunk
[S1-if-range]port trunk permit vlan 10 20 100 200
```

在 S2 上配置 VLAN、IP 地址以及设备名：

```
[H3C]sysname S2
[S2-LoopBack0]ip address 10.254.0.4 32
[S2-LoopBack0]int vlan 1
[S2-Vlan-interface1]ip address 10.253.0.252 24
[S2-Vlan-interface1]qu
[S2]vlan 10
[S2-vlan10]vlan 20
[S2-vlan20]vlan 212
[S2-vlan212]port g1/0/4
[S2-vlan212]int vlan 10
[S2-Vlan-interface10]ip address 192.168.255.252 16
[S2-Vlan-interface10]int vlan 20
[S2-Vlan-interface20]ip address 172.16.255.252 16
[S2-Vlan-interface20]int vlan 212
[S2-Vlan-interface212]ip address 10.3.11.10 30
[S2]vlan 100
[S2-vlan100]vlan 200
[S2]interface range g1/0/1 g1/0/3
[S2-if-range]port link-type trunk
[S2-if-range]port trunk permit vlan 10 20 100 200
```

在 S3 上配置 VLAN、IP 地址以及设备名：

```
[H3C]sysname S3
[S3]vlan 10
[S3-vlan10]vlan 20
[S3-vlan20]vlan 100
[S3-vlan100]vlan 200
[S3]interface range g1/0/1 g1/0/2
[S3-if-range]port link-type trunk
[S3-if-range]port trunk permit vlan 10 20 100 200
```

在 S4 上配置 VLAN、IP 地址以及设备名：

```
[H3C]sysname S4
[S4]interface LoopBack 0
[S4-LoopBack0]ip address 10.254.1.3 32
[S4-LoopBack0]qu
[S4]interface LoopBack 1
[S4-LoopBack1]ip address 192.169.1.1 32
[S4-LoopBack1]qu
[S4]interface LoopBack 2
[S4-LoopBack2]ip address 172.17.1.1 32
[S4-LoopBack2]qu
[S4]interface g1/0/1
[S4-GigabitEthernet1/0/1]port link-mode route
[S4-GigabitEthernet1/0/1]ip address 10.3.11.18 30
[S4-GigabitEthernet1/0/1]qu
[S4]int g1/0/2
[S4-GigabitEthernet1/0/2]port link-mode route
[S4-GigabitEthernet1/0/2]ip address 10.3.11.22 30
```

在 R1 上配置 VLAN、IP 地址以及设备名：

```
[H3C]sysname R1
[R1]int LoopBack 0
[R1-LoopBack0]ip address 10.254.0.1 32
[R1-LoopBack0]int g0/0
[R1-GigabitEthernet0/0]ip address 10.3.11.5 30
[R1-GigabitEthernet0/0]qu
[R1]int g0/1
[R1-GigabitEthernet0/1]ip address 10.3.11.1 30
[R1-GigabitEthernet0/1]qu
[R1]int g0/2
[R1-GigabitEthernet0/2]ip address 61.67.1.1 26
[R1-GigabitEthernet0/2]qu
[R1]int g5/0
[R1-GigabitEthernet5/0]ip address 10.3.11.253 30
```

在 R2 上配置 VLAN、IP 地址以及设备名：

```
[H3C]sysname R2
[R2]interface LoopBack 0
[R2-LoopBack0]ip address 10.254.0.2 32
[R2-LoopBack0]int g0/0
[R2-GigabitEthernet0/0]ip address 10.3.11.9 30
[R2-GigabitEthernet0/0]int g0/1
[R2-GigabitEthernet0/1]ip address 10.3.11.2 30
[R2-GigabitEthernet0/1]int g5/0
[R2-GigabitEthernet5/0]ip address 10.3.11.249 30
```

在 R3 上配置 VLAN、IP 地址以及设备名：

```
[H3C]sysname R3
[R3]int LoopBack 0
[R3-LoopBack0]ip address 10.254.1.1 32
[R3-LoopBack0]int g0/0
[R3-GigabitEthernet0/0]ip address 10.3.11.13 30
[R3-GigabitEthernet0/0]int g0/1
[R3-GigabitEthernet0/1]ip address 10.3.11.17 30
[R3-GigabitEthernet0/1]int g0/2
[R3-GigabitEthernet0/2]ip address 10.3.11.254 30
```

在 R4 上配置 VLAN、IP 地址以及设备名：

```
[H3C]sysname R4
[R4]int LoopBack 0
[R4-LoopBack0]ip address 10.254.1.2 32
[R4-LoopBack0]int g0/0
[R4-GigabitEthernet0/0]ip address 10.3.11.14 30
[R4-GigabitEthernet0/0]int g0/1
[R4-GigabitEthernet0/1]ip address 10.3.11.21 30
[R4-GigabitEthernet0/1]int g0/2
[R4-GigabitEthernet0/2]ip address 10.3.11.250 30
```

在 R5 上配置 VLAN、IP 地址以及设备名：

```
[H3C]sysname R5
[R5]interface LoopBack 0
[R5-LoopBack0]ip address 10.254.2.1 32
[R5-LoopBack0]qu
[R5]interface LoopBack 1
[R5-LoopBack1]ip address 192.192.1.1 32
[R5-LoopBack1]int g0/0
[R5-GigabitEthernet0/0]ip address 202.112.1.1 26
```

在 INTERNET 上配置 VLAN、IP 地址以及设备名：

```
[H3C]sysname INTERNET
[INTERNET]int g1/0/1
[INTERNET-GigabitEthernet1/0/1]port link-mode route
[INTERNET-GigabitEthernet1/0/1]ip address 202.112.1.2 26
[INTERNET-GigabitEthernet1/0/1]int g1/0/2
[INTERNET-GigabitEthernet1/0/2]port link-mode route
[INTERNET-GigabitEthernet1/0/2]ip address 61.67.1.2 26
```

2. 配置 Smartlink

在 S3 上配置 Smartlink 组：

```
[S3]interface range g1/0/1 g1/0/2
[S3-if-range]undo stp enable
[S3]stp region-configuration
```

笔记

```
[S3-mst-region]instance 1 vlan 10 100
[S3-mst-region]instance 2 vlan 20 200
[S3-mst-region]active region-configuration
[S3-mst-region]qu
[S3]smart-link group 1
[S3-smlk-group1]protected-vlan reference-instance 0 1
[S3-smlk-group1]flush enable control-vlan 100
[S3-smlk-group1]port g1/0/1 primary
[S3-smlk-group1]port g1/0/2 secondary
[S3-smlk-group1]preemption mode role
[S3-smlk-group1]qu
[S3]smart-link group 2
[S3-smlk-group2]protected-vlan reference-instance 2
[S3-smlk-group2]flush enable control-vlan 200
[S3-smlk-group2]port g1/0/1 secondary
[S3-smlk-group2]port g1/0/2 primary
[S3-smlk-group2]preemption mode role
```

在 S3 上查看 Smartlink 组状态：

```
[S3]display smart-link group all
Smart link group 1 information:
  Device ID       : 887f-6410-0100
  Preemption mode : Role
  Preemption delay: 1(s)
  Control VLAN    : 100
  Protected VLAN  : Reference Instance 0 to 1

Member            Role      State     Flush-count  Last-flush-time
------------------------------------------------------------------
GE1/0/1           PRIMARY   ACTIVE    2            09:24:38 2024/09/29
GE1/0/2           SECONDARY STANDBY   0            NA
Smart link group 2 information:
  Device ID       : 887f-6410-0100
  Preemption mode : Role
  Preemption delay: 1(s)
  Control VLAN    : 200
  Protected VLAN  : Reference Instance 2

Member            Role      State     Flush-count  Last-flush-time
------------------------------------------------------------------
GE1/0/2           PRIMARY   ACTIVE    1            09:27:53 2024/09/29
GE1/0/1           SECONDARY STANDBY   2            09:27:45 2024/09/29
```

S1：

```
[S1]interface range g1/0/1 g1/0/3
[S1-if-range]smart-link flush enable control-vlan 100 200
```

S2：

```
[S2]interface range g1/0/1 g1/0/3
[S2-if-range]smart-link flush enable control-vlan 100 200
```

3. 配置 VRRP

（1）配置 virtual 地址和优先级。

交换机 S1 配置如下：

```
[S1]interface vlan 10
[S1-Vlan-interface10]vrrp vrid 10 virtual-ip 192.168.255.254
[S1-Vlan-interface10]vrrp vrid 10 priority 120
[S1-Vlan-interface10]qu
[S1]interface vlan 20
[S1-Vlan-interface20]vrrp vrid 20 virtual-ip 172.16.255.254
```

交换机 S2 配置如下：

```
[S2]interface vlan 10
[S2-Vlan-interface10]vrrp vrid 10 virtual-ip 192.168.255.254
[S2-Vlan-interface10]qu
[S2]interface vlan 20
[S2-Vlan-interface20]vrrp vrid 20 virtual-ip 172.16.255.254
[S2-Vlan-interface20]vrrp vrid 20 priority 120
```

（2）查看 VRRP 备分组状态。

在 S1 上查看 VRRP 备份组状态：

```
[S1]display vrrp
IPv4 Virtual Router Information:
Running mode : Standard
Total number of virtual routers : 2
Interface        VRID  State    Running Adver  Auth          Virtual
                              Pri     Timer  Type          IP
--------------------------------------------------------------------
Vlan10           10    Master   120     100    Not supported  192.168.255.254
Vlan20           20    Backup   100     100    Not supported  172.16.255.254
```

在 S2 上查看 VRRP 备份组状态：

```
[S2]display vrrp
IPv4 Virtual Router Information:
Running mode : Standard
Total number of virtual routers : 2
Interface        VRID  State    Running Adver  Auth          Virtual
                              Pri     Timer  Type          IP
--------------------------------------------------------------------
Vlan10           10    Backup   100     100    Not supported  192.168.255.254
Vlan20           20    Master   120     100    Not supported  172.16.255.254
```

4. 配置 OSPF

在 S1 上宣告网段 0.0.0.0 255.255.255.255：

```
[S1]ospf router-id 10.254.0.3
[S1-ospf-1]area 10
[S1-ospf-1-area-0.0.0.10]network 0.0.0.0 255.255.255.255
```

在 S2 上宣告网段 0.0.0.0 255.255.255.255：

```
[S2]ospf router-id 10.254.0.4
[S2-ospf-1]area 10
[S2-ospf-1-area-0.0.0.10]network 0.0.0.0 255.255.255.255
```

在 S4 上宣告网段 0.0.0.0 255.255.255.255 并将区域 100 设置为 stub 区域：

```
[S4]ospf router-id 10.254.1.3
[S4-ospf-1]area 100
```

```
[S4-ospf-1-area-0.0.0.100]stub
[S4-ospf-1-area-0.0.0.100]network 0.0.0.0 255.255.255.255
```

在 R1 上宣告直连网段：

```
[R1]ospf router-id 10.254.0.1
[R1-ospf-1]area 10
[R1-ospf-1-area-0.0.0.10]network 10.3.11.5 0.0.0.0
[R1-ospf-1-area-0.0.0.10]qu
[R1-ospf-1]area 0
[R1-ospf-1-area-0.0.0.0]network 10.3.11.1 0.0.0.0
[R1-ospf-1-area-0.0.0.0]network 10.3.11.253 0.0.0.0
[R1-ospf-1-area-0.0.0.0]network 10.254.0.1 0.0.0.0
```

在 R2 上宣告直连网段：

```
[R2]ospf router-id 10.254.0.2
[R2-ospf-1]area 10
[R2-ospf-1-area-0.0.0.10]network 10.3.11.9 0.0.0.0
[R2-ospf-1-area-0.0.0.10]qu
[R2-ospf-1]area 0
[R2-ospf-1-area-0.0.0.0]network 10.3.11.2 0.0.0.0
[R2-ospf-1-area-0.0.0.0]network 10.3.11.249 0.0.0.0
[R2-ospf-1-area-0.0.0.0]network 10.254.0.2 0.0.0.0
```

在 R3 上宣告直连网段：

```
[R3]ospf router-id 10.254.1.1
[R3-ospf-1]area 0
[R3-ospf-1-area-0.0.0.0]network 10.3.11.254 0.0.0.0
[R3-ospf-1-area-0.0.0.0]network 10.254.1.1 0.0.0.0
[R3-ospf-1-area-0.0.0.0]qu
[R3-ospf-1]area 100
[R3-ospf-1-area-0.0.0.100]stub
[R3-ospf-1-area-0.0.0.100]network 10.3.11.13 0.0.0.0
[R3-ospf-1-area-0.0.0.100]network 10.3.11.17 0.0.0.0
```

在 R4 上宣告直连网段并将区域 100 设置为 stub 区域：

```
[R4]ospf router-id 10.254.1.2
[R4-ospf-1]area 0
[R4-ospf-1-area-0.0.0.0]network 10.3.11.250 0.0.0.0
[R4-ospf-1-area-0.0.0.0]network 10.254.1.2 0.0.0.0
[R4-ospf-1-area-0.0.0.0]qu
[R4-ospf-1]area 100
[R4-ospf-1-area-0.0.0.100]network 10.3.11.14 0.0.0.0
[R4-ospf-1-area-0.0.0.100]network 10.3.11.21 0.0.0.0
[R4-ospf-1-area-0.0.0.100]stub
```

在 S1 上查看 OSPF 邻居建立情况：

```
[S1]display ospf peer

        OSPF Process 1 with Router ID 10.254.0.3
               Neighbor Brief Information

 Area: 0.0.0.10
 Router ID        Address          Pri Dead-Time  State         Interface
 10.254.0.4       10.253.0.252     1   34         Full/BDR      Vlan1
 10.254.0.4       192.168.255.252  1   36         Full/BDR      Vlan10
 10.254.0.4       172.16.255.252   1   35         Full/BDR      Vlan20
 10.254.0.1       10.3.11.5        1   33         Full/BDR      Vlan111
```

在 S2 上查看 OSPF 邻居建立情况：

```
[S2]display ospf peer

        OSPF Process 1 with Router ID 10.254.0.4
               Neighbor Brief Information

 Area: 0.0.0.10
 Router ID        Address          Pri Dead-Time  State         Interface
 10.254.0.3       10.253.0.253     1   32         Full/DR       Vlan1
 10.254.0.3       192.168.255.253  1   34         Full/DR       Vlan10
 10.254.0.3       172.16.255.253   1   33         Full/DR       Vlan20
 10.254.0.2       10.3.11.9        1   30         Full/BDR      Vlan212
```

在 S4 上查看 OSPF 邻居建立情况：

```
[S4]display ospf peer

        OSPF Process 1 with Router ID 10.254.1.3
               Neighbor Brief Information

 Area: 0.0.0.100
 Router ID        Address          Pri Dead-Time  State         Interface
 10.254.1.1       10.3.11.17       1   39         Full/DR       GE1/0/1
 10.254.1.2       10.3.11.21       1   36         Full/BDR      GE1/0/2
```

在 R1 上查看 OSPF 邻居建立情况：

```
[R1]display ospf peer

        OSPF Process 1 with Router ID 10.254.0.1
               Neighbor Brief Information

 Area: 0.0.0.0
 Router ID        Address          Pri Dead-Time  State         Interface
 10.254.0.2       10.3.11.2        1   30         Full/BDR      GE0/1
 10.254.1.1       10.3.11.254      1   39         Full/BDR      GE5/0

 Area: 0.0.0.10
 Router ID        Address          Pri Dead-Time  State         Interface
 10.254.0.3       10.3.11.6        1   31         Full/DR       GE0/0
```

在 R2 上查看 OSPF 邻居建立情况：

```
[R2]display ospf peer

        OSPF Process 1 with Router ID 10.254.0.2
               Neighbor Brief Information

 Area: 0.0.0.0
 Router ID        Address          Pri Dead-Time  State         Interface
 10.254.0.1       10.3.11.1        1   34         Full/DR       GE0/1
 10.254.1.2       10.3.11.250      1   39         Full/BDR      GE5/0

 Area: 0.0.0.10
 Router ID        Address          Pri Dead-Time  State         Interface
 10.254.0.4       10.3.11.10       1   32         Full/DR       GE0/0
```

在 R3 上查看 OSPF 邻居建立情况：

笔记

```
[R3]display ospf peer
        OSPF Process 1 with Router ID 10.254.1.1
                Neighbor Brief Information

Area: 0.0.0.0
Router ID       Address         Pri Dead-Time State       Interface
10.254.0.1      10.3.11.253     1   35        Full/DR     GE0/2

Area: 0.0.0.100
Router ID       Address         Pri Dead-Time State       Interface
10.254.1.2      10.3.11.14      1   35        Full/BDR    GE0/0
10.254.1.3      10.3.11.18      1   34        Full/BDR    GE0/1
```

在 R4 上查看 OSPF 邻居建立情况：

```
[R4]display ospf peer
        OSPF Process 1 with Router ID 10.254.1.2
                Neighbor Brief Information

Area: 0.0.0.0
Router ID       Address         Pri Dead-Time State       Interface
10.254.0.2      10.3.11.249     1   32        Full/DR     GE0/2

Area: 0.0.0.100
Router ID       Address         Pri Dead-Time State       Interface
10.254.1.1      10.3.11.13      1   33        Full/DR     GE0/0
10.254.1.3      10.3.11.22      1   32        Full/DR     GE0/1
```

5. 配置默认路由

路由器 R1 配置如下：

```
[R1]ip route-static 0.0.0.0 0 61.67.1.2
```

路由器 R5 配置如下：

```
[R5]ip route-static 0.0.0.0 0 202.112.1.2
```

ping 测试公网口是否能通：

```
[R5]ping 61.67.1.1
Ping 61.67.1.1 (61.67.1.1): 56 data bytes, press CTRL+C to break
56 bytes from 61.67.1.1: icmp_seq=0 ttl=254 time=1.055 ms
56 bytes from 61.67.1.1: icmp_seq=1 ttl=254 time=1.018 ms
56 bytes from 61.67.1.1: icmp_seq=2 ttl=254 time=0.880 ms
56 bytes from 61.67.1.1: icmp_seq=3 ttl=254 time=1.024 ms
56 bytes from 61.67.1.1: icmp_seq=4 ttl=254 time=0.948 ms

--- Ping statistics for 61.67.1.1 ---
5 packet(s) transmitted, 5 packet(s) received, 0.0% packet loss
round-trip min/avg/max/std-dev = 0.880/0.985/1.055/0.063 ms
[R5]%Sep 29 10:47:27:479 2024 R5 PING/6/PING_STATISTICS: Ping statistics for 61.67.1.1: 5 packe
t(s) transmitted, 5 packet(s) received, 0.0% packet loss, round-trip min/avg/max/std-dev = 0.88
0/0.985/1.055/0.063 ms.
```

6. 配置互联网 Tunnel 口

路由器 R1 配置如下：

```
[R1]interface Tunnel10 mode gre
[R1-Tunnel10]ip address 10.5.1.1 30
[R1-Tunnel10]sou
[R1-Tunnel10]source LoopBack 0
[R1-Tunnel10]destination 10.254.2.1
```

路由器 R5 配置如下：

```
[R5]interface Tunnel0 mode gre
[R5-Tunnel0]ip address 10.5.1.2 30
[R5-Tunnel0]source LoopBack 0
[R5-Tunnel0]destination 10.254.0.1
```

7. 配置 GRE over IPSec

路由器 R1 配置如下：

```
[R1]ike proposal 1
[R1]ike keychain r5
[R1-ike-keychain-r5]pre-shared-key address 202.112.1.1 key simple 123456
[R1-ike-keychain-r5]qu
[R1]ike profile r5
[R1-ike-profile-r5]proposal 1
[R1-ike-profile-r5]keychain r5
[R1-ike-profile-r5]match remote identity address 202.112.1.1
[R1-ike-profile-r5]qu
[R1]ipsec transform-set r5 1
[R1-ipsec-transform-set-r5]esp authentication-algorithm md5
[R1-ipsec-transform-set-r5]esp encryption-algorithm des-cbc
[R1-ipsec-transform-set-r5]qu
[R1]ipsec policy-template r5 1
[R1-ipsec-policy-template-r5-1]ike-profile r5
[R1-ipsec-policy-template-r5-1]transform-set r5
[R1-ipsec-policy-template-r5-1]qu
[R1]ipsec policy fz 1 isakmp template r5
[R1]interface g0/2
[R1-GigabitEthernet0/2]ipsec apply policy fz
```

路由器 R5 配置如下：

```
[R5]ike proposal 1
[R5-ike-proposal-1]qu
[R5]ike keychain r1
[R5-ike-keychain-r1]pre-shared-key address 61.67.1.1 key simple 123456
[R5-ike-keychain-r1]qu
[R5]ike profile r1
[R5-ike-profile-r1]proposal 1
[R5-ike-profile-r1]keychain r1
[R5-ike-profile-r1]match remote identity address 61.67.1.1
[R5-ike-profile-r1]qu
[R5]acl ad
[R5]acl advanced 3000
[R5-acl-ipv4-adv-3000]rule permit ip source 192.192.1.0 0.0.0.255 destination
192.168.0.0 0.0.255.255
[R5-acl-ipv4-adv-3000]qu
[R5]ipsec transform-set r1
```

```
[R5-ipsec-transform-set-r1]esp authentication-algorithm md5
[R5-ipsec-transform-set-r1]esp encryption-algorithm des-cbc
[R5-ipsec-transform-set-r1]qu
[R5]ipsec policy r1 1 isakmp
[R5-ipsec-policy-isakmp-r1-1]security acl 3000
[R5-ipsec-policy-isakmp-r1-1]ike-profile r1
[R5-ipsec-policy-isakmp-r1-1]transform-set r1
[R5-ipsec-policy-isakmp-r1-1]remote-address 61.67.1.1
[R5-ipsec-policy-isakmp-r1-1]qu
[R5]interface g0/0
[R5-GigabitEthernet0/0]ipsec apply policy r1
```

在 R5 上 ping 测试连通性：

```
[R5]ping 10.5.1.1
Ping 10.5.1.1 (10.5.1.1): 56 data bytes, press CTRL+C to break
Request time out
56 bytes from 10.5.1.1: icmp_seq=1 ttl=255 time=1.233 ms
56 bytes from 10.5.1.1: icmp_seq=2 ttl=255 time=1.006 ms
56 bytes from 10.5.1.1: icmp_seq=3 ttl=255 time=1.424 ms
56 bytes from 10.5.1.1: icmp_seq=4 ttl=255 time=0.463 ms

--- Ping statistics for 10.5.1.1 ---
5 packet(s) transmitted, 4 packet(s) received, 20.0% packet loss
round-trip min/avg/max/std-dev = 0.463/1.031/1.424/0.360 ms
[R5]%Sep 29 11:22:09:371 2024 R5 PING/6/PING_STATISTICS: Ping statistics for 10.5.1.1: 5 packet
(s) transmitted, 4 packet(s) received, 20.0% packet loss, round-trip min/avg/max/std-dev = 0.46
3/1.031/1.424/0.360 ms.
```

8. 配置 RIP

在 RIP 进程内宣告直连网段并配置静态路由。

路由器 R1 配置如下：

```
[R1]rip
[R1-rip-1]version 2
[R1-rip-1]undo summary
[R1-rip-1]network 10.0.0.0
[R1-rip-1]qu
[R1]ip route-static 10.254.2.1 32 61.67.1.2
```

路由器 R5 配置如下：

```
[R5]rip
[R5-rip-1]version 2
[R5-rip-1]undo summary
[R5-rip-1]network 10.0.0.0
[R5-rip-1]network 192.192.1.0
[R5-rip-1]qu
[R5]ip route-static 10.254.0.1 32 202.112.1.2
```

9. 配置路由引入

在 R1 上配置路由策略并配置双向路由引入：

笔记

```
[R1]ip route-static 192.168.0.0 15 NULL 0
[R1]ip route-static 192.192.0.0 23 NULL 0
[R1]acl basic 2000
[R1-acl-ipv4-basic-2000]rule permit source 192.168.0.0 0.1.255.255
[R1-acl-ipv4-basic-2000]qu
[R1]acl basic 2001
[R1-acl-ipv4-basic-2001]rule permit source 192.192.1.0 0.0.1.255
[R1-acl-ipv4-basic-2001]qu
[R1]route-policy o2r permit node 10
[R1-route-policy-o2r-10]if-match ip address acl 2000
[R1-route-policy-o2r-10]qu
[R1]route-policy r2o permit node 10
[R1-route-policy-r2o-10]if-match ip address acl 2001
[R1-route-policy-r2o-10]qu
[R1]ospf
[R1-ospf-1]import-route static route-policy r2o
[R1-ospf-1]qu
[R1]rip
[R1-rip-1]import-route static route-policy o2r
```

在 R5 上查看并验证是否学习到路由：

```
[R5]display ip routing-table

Destinations : 21        Routes : 21

Destination/Mask    Proto   Pre  Cost      NextHop          Interface
0.0.0.0/0           Static  60   0         202.112.1.2      GE0/0
0.0.0.0/32          Direct  0    0         127.0.0.1        InLoop0
10.3.11.0/30        RIP     100  1         10.5.1.1         Tun0
10.3.11.4/30        RIP     100  1         10.5.1.1         Tun0
10.3.11.252/30      RIP     100  1         10.5.1.1         Tun0
10.5.1.0/30         Direct  0    0         10.5.1.2         Tun0
10.5.1.2/32         Direct  0    0         127.0.0.1        InLoop0
10.5.1.3/32         Direct  0    0         10.5.1.2         Tun0
10.254.0.1/32       Static  60   0         202.112.1.2      GE0/0
10.254.2.1/32       Direct  0    0         127.0.0.1        InLoop0
127.0.0.0/8         Direct  0    0         127.0.0.1        InLoop0
127.0.0.1/32        Direct  0    0         127.0.0.1        InLoop0
127.255.255.255/32  Direct  0    0         127.0.0.1        InLoop0
192.168.0.0/15      RIP     100  1         10.5.1.1         Tun0
192.192.1.1/32      Direct  0    0         127.0.0.1        InLoop0
202.112.1.0/26      Direct  0    0         202.112.1.1      GE0/0
202.112.1.1/32      Direct  0    0         127.0.0.1        InLoop0
202.112.1.63/32     Direct  0    0         202.112.1.1      GE0/0
224.0.0.0/4         Direct  0    0         0.0.0.0          NULL0
224.0.0.0/24        Direct  0    0         0.0.0.0          NULL0
255.255.255.255/32  Direct  0    0         127.0.0.1        InLoop0
```

10. 配置路由限速

路由器 R1 配置如下：

```
[R1]interface Tunnel 0
[R1-Tunnel0]qos lr outbound cir 1000
```

路由器 R5 配置如下：

```
[R5]interface Tunnel0
[R5-Tunnel0]qos lr outbound cir 1000
```

11. 配置 SNMP

在 R2 上配置 ACL 抓取 17.16.0.100 并配置读团体名和写团体名：

```
[R2]acl advanced 3100
[R2-acl-ipv4-adv-3100]rule permit ip source 17.16.0.100 0
[R2-acl-ipv4-adv-3100]qu
[R2]snmp-agent community read simple 123456 acl 3100
[R2]snmp-agent community write simple 654321 acl 3100
[R2]snmp-agent sys-info version v2c
[R2]undo snmp-agent sys-info version v3
[R2]snmp-agent target-host trap address udp-domain 17.16.0.100 params securityname
123456
```

7.1.4 任务总结

本任务深入探讨了 H3C 网络设备中大规模路由的配置与应用。通过一系列的实践任务，学生能掌握路由协议的基本概念、特点及其在自治系统（AS）内部的作用，以及如何在 H3C 交换机和路由器上具体配置路由协议。

为了进一步拓宽知识面和视野，可以进行以下知识拓展。

（1）虚连接：如果出现骨干区域被分割，或者非骨干区域无法和骨干区域保持连通的问题，可以通过配置 OSPF 虚连接（Virtual Link）予以解决。

（2）复杂网络场景模拟：设计更复杂的网络拓扑图，模拟实际网络环境中的多种路由协议配置和故障排查场景，提高应变能力和问题解决能力。

（3）路由优化与策略配置：了解路由优化技术和策略路由配置方法，理解如何通过路由策略来优化网络性能和安全性。

7.1.5 任务工单

任务工单一

工作任务单基础信息					
工单编号		工单名称	富华园区网络建设		
工单来源	教材配套	工单提供			
工单介绍	了解园区网综合实验				
工单环境	计算机一台，H3C Cloud Club				
接 单 人	班级：	姓名：	学号：		岗位：
团队成员	组长：	其他组员：			
工作任务单主体					
任务介绍	李华是一家大型企业的网络工程师，负责构建和维护公司的网络。公司网络由多个自治系统（AS）组成，为了优化内部路由信息交换，提高网络性能，公司要求李华配置各种路由协议，使公司不同区域的 H3C 设备实现高效地共享路由信息，确保公司内部自治系统间路由信息的正确传递，实现富华园区网络连通性和稳定性。				

工作任务单主体	
预期目标	(1) 了解路由协议的优势。 (2) 掌握路由协议的使用方法。 (3) 掌握各种路由协议之间的区别。
任务资讯 **（10分）**	(1) 常见的邻居关系建立过程失败有什么情况？ (2) OSPF有哪些优势？ (3) OSPF适用什么场景？
任务计划 **（10分）**	**子任务1：认识路由协议** **子任务2：使用路由协议** **子任务3：测试及文档制作** 提示：项目计划仅作参考，请根据实际情况进行修改。
任务部署 **（10分）**	项目实施前应联系管理老师安排场地，领取相关设施设备，严格按照实训室操作规范进行项目实施，完成项目后需要将所有设备设施恢复原位，资料规范存档，并将实训场地清理干净。
任务实施 **（50分）**	**子任务1：认识路由协议** (1) 路由协议的概念、功能。 (2) 路由协议的配置。 **子任务2：使用路由协议** (1) 下载并安装H3C Cloud Club。 (2) 熟悉H3C Cloud Club基本使用方法。 (3) 在H3C Cloud Club演示大规模路由综合实验配置过程，主要过程截图上传。 **子任务3：测试及文档制作** **1. 测试功能** 按照设计要求测试功能。 **2. 制作用户使用说明书** 参考帮助说明，制作用户使用说明书，并交给同学进行测试。
任务总结 **（10分）**	**1. 过程记录** 序号 内容 思考及解决方法 **2. 编写完成本项目的工作总结** **3. 答辩**

1. 过程记录

序号	内容	思考及解决方法

笔记

工作任务单质量控制

<table>
<tr><td rowspan="8">实施
评价表</td><td colspan="4" align="center">（与工作任务单主体部分相对应）</td></tr>
<tr><td align="center">评分项</td><td align="center">内容</td><td colspan="2" align="center">思考及解决方法</td></tr>
<tr><td align="center">项目资讯（10分）</td><td></td><td colspan="2"></td></tr>
<tr><td align="center">项目计划（10分）</td><td></td><td colspan="2"></td></tr>
<tr><td align="center">环境部署（10分）</td><td></td><td colspan="2"></td></tr>
<tr><td align="center">任务实施（50分）</td><td></td><td colspan="2"></td></tr>
<tr><td align="center">任务总结（10分）</td><td></td><td colspan="2"></td></tr>
<tr><td align="center">其他（10分）</td><td></td><td colspan="2"></td></tr>
<tr><td></td><td align="center">合计</td><td></td><td colspan="2"></td></tr>
<tr><td>教师评语</td><td colspan="4"></td></tr>
<tr><td rowspan="6">综合能力
评定</td><td colspan="4">说明：使用者使用笔绘制，有条件的可以放入教学平台自动生成。</td></tr>
<tr><td align="center">内容</td><td align="center">分数</td><td colspan="2" rowspan="5" align="center">综合能力评定雷达图</td></tr>
<tr><td align="center">学习内容</td><td></td></tr>
<tr><td align="center">学习表现</td><td></td></tr>
<tr><td align="center">实践应用</td><td></td></tr>
<tr><td align="center">自主学习</td><td></td></tr>
</table>

综合能力评定雷达图（学习内容、学习表现、实践应用、自主学习、协助创新，刻度 0～100）

协助创新

任务工单二

工作任务单基础信息

工单编号		工单名称	富华园区网络建设	
工单来源	教材配套	工单提供		
工单介绍	了解园区网综合实验			
工单环境	计算机一台，H3C Cloud Club			
接 单 人	班级：	姓名：	学号：	岗位：
团队成员	组长：	其他组员：		

工作任务单主体

任务部署 （10分）	项目实施前应联系管理老师安排场地，领取相关设施设备，严格按照实训室操作规范进行项目实施，完成项目后需要将所有设备设施恢复原位，资料规范存档，并将实训场地清理干净。
任务实施 （50分）	**子任务1：认识路由协议** （1）路由协议的概念、功能。 （2）路由协议的配置。

续表

笔记

工作任务单主体	
任务实施 （50分）	**子任务2：使用路由协议** （1）下载并安装 H3C Cloud Club。 （2）熟悉 H3C Cloud Club 基本使用方法。 （3）在 H3C Cloud Club 演示大规模路由综合实验配置过程，主要过程截图上传。 **子任务3：测试及文档制作** **1．测试功能** 按照设计要求测试功能。 **2．制作用户使用说明书** 参考帮助说明，制作用户使用说明书，并交给同学进行测试。
任务总结 （10分）	**1．过程记录** | 序号	内容	思考及解决方法 | |---|---|---| | | | | | | | | | | | | | | | | **2．编写完成本项目的工作总结** **3．答辩**

工作任务单质量控制	
实施 评价表	（与工作任务单主体部分相对应） | 评分项	内容	思考及解决方法 | |---|---|---| | 项目资讯（10分） | | | | 项目计划（10分） | | | | 环境部署（10分） | | | | 任务实施（50分） | | | | 任务总结（10分） | | | | 其他（10分） | | | | 合计 | | |
教师评语	
综合能力 评定	**说明**：使用者使用笔绘制，有条件的可以放入教学平台自动生成。 | 内容	分数	综合能力评定雷达图 | |---|---|---| | 学习内容 | | | | 学习表现 | | | | 实践应用 | | | | 自主学习 | | | | 协助创新 | | |

笔记

任务7.2 富华集团办公网络建设

7.2.1 任务陈述

李华是一家大型公司 A 的网络工程师,负责构建和维护公司的跨地域网络。目前公司新建了一个分公司 B,为保证分公司之间的网络通信,需要在它们各自的网络设备上进行配置,以确保分公司之间的路由信息能够正确交换,实现富华集团网络资源的互访。

7.2.2 任务分析

1. 需求分析

根据对任务的分析和梳理,要完成此任务,需要从以下几个方面进行综合考虑和实施。

(1) 在 S1 和 S2 之间的直连链路上配置链路聚合。

(2) 配置公司内部业务网段为 VLAN 10 和 VLAN 20;PC1 属于 VLAN 10,PC2 属于 VLAN 20。

(3) VLAN 30 用于 S1 和 S2 建立 OSPF 邻居关系;VLAN 111 为 S1 和 R1 的互联 VLAN,VLAN 222 为 S2 和 R2 的互联 VLAN。

(4) 所有交换机相连的端口配置为 Trunk,允许相关流量通过。

(5) 为了使 PC 不会收到路由信息,将交换机连接 PC 的端口配置为边缘端口。

(6) 在各个交换机上配置 MSTP,mst 域为 scyd,将 VLAN 10 映射到 instance1,VLAN 20 映射到 instance2,通过合理规划 primary 设备,VLAN 10 的流量默认走 S1,VLAN 20 的流量默认走 S2。

(7) 在 S1 和 S2 上配置 VRRP 备份组,使 S1 和 S2 互为备份,并配置监听上行接口,当上行链路出现故障时主设备自动降低优先级,角色变为备份设备。

(8) 在 S1 上配置 DHCP 服务,为 VLAN 10 和 VLAN 20 的 PC 动态分配 IP 地址、网关和 DNS 地址;要求 VLAN 10 的网关是 192.168.1.252,VLAN 20 的网关是 192.168.2.253。

(9) 配置 OSPF 实现公司内部网络全网互通,将 ABR 的环回口宣告进骨干区域,并且保证业务网段不允许出现协议报文。

(10) 在 R1 上配置默认路由指向互联网,并引入 OSPF。

(11) 配置 Easy IP,只有业务网段 192.168.1.0/24 和 192.168.2.0/24 的数据流可以通过 R1 访问互联网。

(12) 在 R1 上开启 Telnet 远程管理,使用用户 telnet 登录,密码是 scyd123456,只允许 PC2 远程管理 R1。

2. 任务拓扑

根据任务需求分析,得出如图 7-2-1 所示的任务拓扑图。

7.2.3 任务实施

1. 基础配置

在 R1 上配置 VLAN、IP 地址以及环回口地址:

教学视频

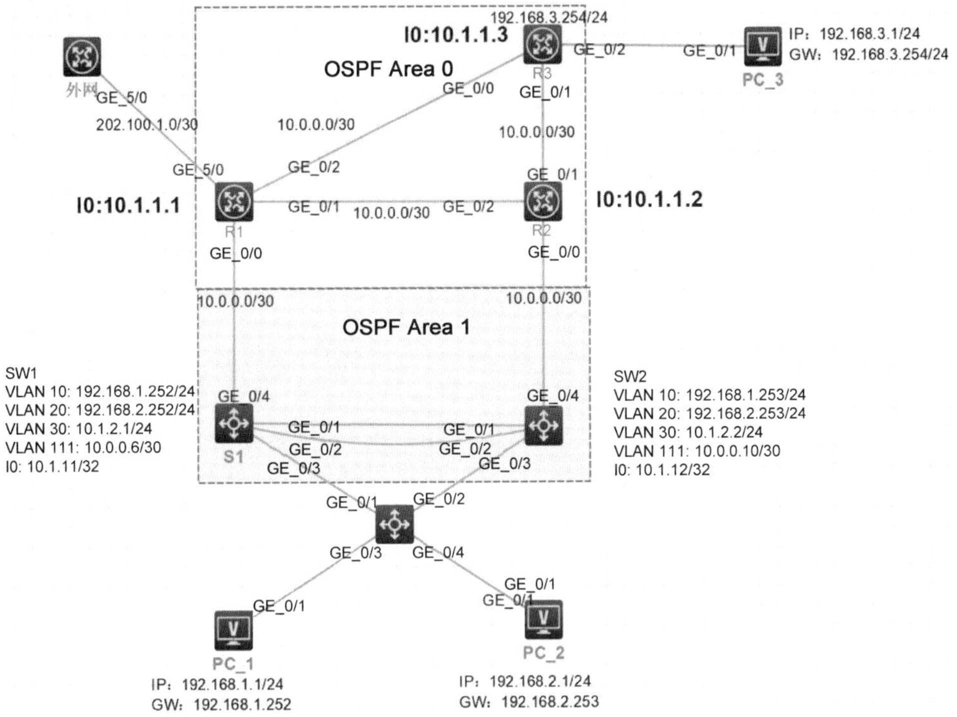

图 7-2-1 富华集团办公网络建设拓扑图

```
[R1]int g0/0
[R1-GigabitEthernet0/0]ip address 10.0.0.5 30
[R1-GigabitEthernet0/0]int g0/1
[R1-GigabitEthernet0/1]ip address 10.0.0.1 30
[R1-GigabitEthernet0/1]int g0/2
[R1-GigabitEthernet0/2]ip address 10.0.0.14 30
[R1]int LoopBack 0
[R1-LoopBack0]ip address 10.1.1.1 32
[R1]int g5/0
[R1-GigabitEthernet5/0]ip address 202.100.1.1 30
```

在 R2 上配置 VLAN、IP 地址以及环回口地址：

```
[R2]int g0/0
[R2-GigabitEthernet0/0]ip address 10.0.0.9 30
[R2-GigabitEthernet0/0]int g0/2
[R2-GigabitEthernet0/2]ip address 10.0.0.2 30
[R2-GigabitEthernet0/2]int g0/1
[R2-GigabitEthernet0/1]ip address 10.0.0.18 30
[R2]int LoopBack 0
[R2-LoopBack0]ip address 10.1.1.2 32
```

在 R3 上配置 VLAN、IP 地址以及环回口地址：

笔记

```
[R3]int g0/0
[R3-GigabitEthernet0/0]ip address 10.0.0.13 30
[R3-GigabitEthernet0/0]int g0/1
[R3-GigabitEthernet0/1]ip address 10.0.0.17 30
[R3-GigabitEthernet0/1]int g0/2
[R3-GigabitEthernet0/2]ip address 192.168.3.254 24
[R3]int LoopBack 0
[R3-LoopBack0]ip address 10.1.1.3 32
```

在 S1 上配置 VLAN、IP 地址以及环回口地址：

```
[S1]vlan 10
[S1-vlan10]vlan 20
[S1-vlan20]vlan 30
[S1-vlan30]vlan 111
[S1-vlan111]qu
[S1]int vlan 10
[S1-Vlan-interface10]ip address 192.168.1.252 24
[S1-Vlan-interface10]int vlan 20
[S1-Vlan-interface20]ip address 192.168.2.252 24
[S1-Vlan-interface20]int vlan 30
[S1-Vlan-interface30]ip address 10.1.2.1 30
[S1-Vlan-interface30]int vlan 111
[S1-Vlan-interface111]ip address 10.0.0.6 30
[S1-Vlan-interface111]qu
[S1]int LoopBack 0
[S1-LoopBack0]ip address 10.1.1.11 32
```

在 S2 上配置 VLAN、IP 地址以及环回口地址：

```
[S2]vlan 10
[S2-vlan10]vlan 20
[S2-vlan20]vlan 30
[S2-vlan30]vlan 222
[S2-vlan222]qu
[S2]int vlan 10
[S2-Vlan-interface10]ip address 192.168.1.253 24
[S2-Vlan-interface10]int vlan 20
[S2-Vlan-interface20]ip address 192.168.2.253 24
[S2-Vlan-interface20]int vlan 30
[S2-Vlan-interface30]ip address 10.1.2.2 30
[S2-Vlan-interface30]int vlan 222
[S2-Vlan-interface222]ip address 10.0.0.10 30
[S2-Vlan-interface222]qu
[S2]int LoopBack 0
[S2-LoopBack0]ip address 10.1.1.12 32
```

在外网上配置 IP 地址以及环回口地址：

```
[H3C]int g5/0
[H3C-GigabitEthernet5/0]ip address 202.100.1.2 30
[H3C]int LoopBack 0
[H3C-LoopBack0]ip address 100.1.1.1 32
```

2. 配置链路聚合

在 S1 上配置 Bridge-Aggregation 1 并设置接口类型为 Trunk：

```
[S1]int Bridge-Aggregation 1
[S1-Bridge-Aggregation1]port link-type trunk
[S1-Bridge-Aggregation1]port trunk permit vlan 10 20 30
[S1]int range g1/0/1 g1/0/2
[S1-if-range]port link-type trunk
[S1-if-range]port trunk permit vlan 10 20 30
[S1-if-range]port link-aggregation group 1
```

在 S2 上配置 Bridge-Aggregation 1 并设置接口类型为 Trunk：

```
[S2]int Bridge-Aggregation 1
[S2-Bridge-Aggregation1]port link-type trunk
[S2-Bridge-Aggregation1]port trunk permit vlan 10 20 30
[S2]int range g1/0/1 g1/0/2
[S2-if-range]port link-type trunk
[S2-if-range]port trunk permit vlan 10 20 30
[S2-if-range]port link-aggregation group 1
```

在 S1 上查看：

```
[S1]dis link-aggregation v
[S1]dis link-aggregation verbose
Loadsharing Type: Shar -- Loadsharing, NonS -- Non-Loadsharing
Port Status: S -- Selected, U -- Unselected, I -- Individual
Port: A -- Auto port, M -- Management port, R -- Reference port
Flags:  A -- LACP_Activity, B -- LACP_Timeout, C -- Aggregation,
        D -- Synchronization, E -- Collecting, F -- Distributing,
        G -- Defaulted, H -- Expired

Aggregate Interface: Bridge-Aggregation1
Aggregation Mode: Static
Loadsharing Type: Shar
Management VLANs: None
  Port            Status  Priority Oper-Key
  GE1/0/1(R)      S       32768    1
  GE1/0/2         S       32768    1
```

在 S2 上查看：

```
[S2]dis link-aggregation verbose
Loadsharing Type: Shar -- Loadsharing, NonS -- Non-Loadsharing
Port Status: S -- Selected, U -- Unselected, I -- Individual
Port: A -- Auto port, M -- Management port, R -- Reference port
Flags:  A -- LACP_Activity, B -- LACP_Timeout, C -- Aggregation,
        D -- Synchronization, E -- Collecting, F -- Distributing,
        G -- Defaulted, H -- Expired

Aggregate Interface: Bridge-Aggregation1
Aggregation Mode: Static
Loadsharing Type: Shar
Management VLANs: None
  Port            Status  Priority Oper-Key
  GE1/0/1(R)      S       32768    1
  GE1/0/2         S       32768    1
```

笔记

3. 配置边缘端口

在 S3 上将端口 GE1/0/3 和 GE1/0/4 配置为边缘端口：

```
[S3]int GigabitEthernet1/0/3
[S3-GigabitEthernet1/0/3]stp edged-port
[S3-GigabitEthernet1/0/3]int g1/0/4
[S3-GigabitEthernet1/0/4]stp edged-port
```

4. 配置 MSTP

在 S1 上将 VLAN 10 映射进实例 1，将 VLAN 20 映射进实例 2 并设置主备关系：

```
[S1]stp region-configuration
[S1-mst-region]region-name scyd
[S1-mst-region]instance 1 vlan 10
[S1-mst-region]instance 2 vlan 20
[S1-mst-region]active region-configuration
[S1-mst-region]qu
[S1]stp instance 1 root primary
[S1]stp instance 2 root secondary
```

在 S2 上将 VLAN 10 映射进实例 1，将 VLAN 20 映射进实例 2 并设置主备关系：

```
[S2]stp region-configuration
[S2-mst-region]region-name scyd
[S2-mst-region]instance 1 vlan 10
[S2-mst-region]instance 2 vlan 20
[S2-mst-region]active region-configuration
[S2-mst-region]qu
[S2]stp instance 1 root secondary
[S2]stp instance 2 root primary
```

在 S3 上将 VLAN 10 映射进实例 1，将 VLAN 20 映射进实例 2 并设置主备关系：

```
[S3]stp region-configuration
[S3-mst-region]region-name scyd
[S3-mst-region]instance 1 vlan 10
[S3-mst-region]instance 2 vlan 20
[S3-mst-region]active region-configuration
```

5. 配置 VRRP

在 S1 上配置 virtual 地址和优先级，并配置 track 跟踪：

```
[S1]track 1 interface g1/0/4
[S1-track-1]int vlan 10
[S1-Vlan-interface10]vrrp vrid 10 virtual-ip 192.168.1.254
[S1-Vlan-interface10]vrrp vrid 10 priority 120
[S1-Vlan-interface10]vrrp vrid 10 track 1 priority reduced 30
[S1-Vlan-interface10]int vlan 20
[S1-Vlan-interface20]vrrp vrid 20 virtual-ip 192.168.2.254
```

在 S2 上配置 virtual 地址和优先级，并配置 track 跟踪：

```
[S2]track 1 interface g1/0/4
[S2-track-1]int vlan 10
[S2-Vlan-interface10]vrrp vrid 10 virtual-ip 192.168.1.254
[S2-Vlan-interface10]int vlan 20
[S2-Vlan-interface20]vrrp vrid 20 virtual-ip 192.168.2.254
[S2-Vlan-interface20]vrrp vrid 20 priority 120
[S2-Vlan-interface20]vrrp vrid 20 track 1 priority reduced 30
```

在 S1 上查看：

```
[S1]dis vrrp
IPv4 Virtual Router Information:
 Running mode : Standard
 Total number of virtual routers : 2
 Interface        VRID State   Running Adver Auth         Virtual
                               Pri     Timer Type         IP
 ----------------------------------------------------------------
 Vlan10           10   Master  120     100   Not supported 192.168.1.254
 Vlan20           20   Backup  100     100   Not supported 192.168.2.254
```

在 S2 上查看：

```
[S2]dis vrrp
IPv4 Virtual Router Information:
 Running mode : Standard
 Total number of virtual routers : 2
 Interface        VRID State   Running Adver Auth         Virtual
                               Pri     Timer Type         IP
 ----------------------------------------------------------------
 Vlan10           10   Backup  100     100   Not supported 192.168.1.254
 Vlan20           20   Master  120     100   Not supported 192.168.2.254
```

6. 配置 DHCP

在 S1 上配置 DHCP 地址池：

```
[S1]dhcp enable
[S1]dhcp server ip-pool 1
[S1-dhcp-pool-1]gateway-list 192.168.1.252
[S1-dhcp-pool-1]network 192.168.1.0 mask 255.255.255.0
[S1-dhcp-pool-1]dns-list 8.8.8.8
[S1-dhcp-pool-1]qu
[S1]dhcp server ip-pool 2
[S1-dhcp-pool-2]gateway-list 192.168.2.253
[S1-dhcp-pool-2]network 192.168.2.0 mask 255.255.255.0
[S1-dhcp-pool-2]dns-list 8.8.8.8
[S1]int g1/0/3
[S1-GigabitEthernet1/0/3]port link-type trunk
[S1-GigabitEthernet1/0/3]port trunk permit vlan 10 20
```

在 S2 上配置 GE1/0/1、GE1/0/2、GE1/0/3 的接口类型为 Trunk，允许 VLAN 10 和 VLAN 20 通过：

```
[S3]vlan 10
[S3-vlan10]vlan 20
[S3-vlan20]qu
[S3]int g1/0/3
```

```
[S3-GigabitEthernet1/0/3]port access vlan 10
[S3-GigabitEthernet1/0/3]int g1/0/4
[S3-GigabitEthernet1/0/4]port access vlan 20
[S3-GigabitEthernet1/0/4]qu
[S2]int g1/0/3
[S2-GigabitEthernet1/0/3]port link-type trunk
[S2-GigabitEthernet1/0/3]port trunk permit vlan 10 20
[S3]int range g1/0/1 g1/0/2
[S3-if-range]port link-type trunk
[S3-if-range]port trunk permit vlan 10 20
```

查看 DHCP 配置,如图 7-2-2 所示。

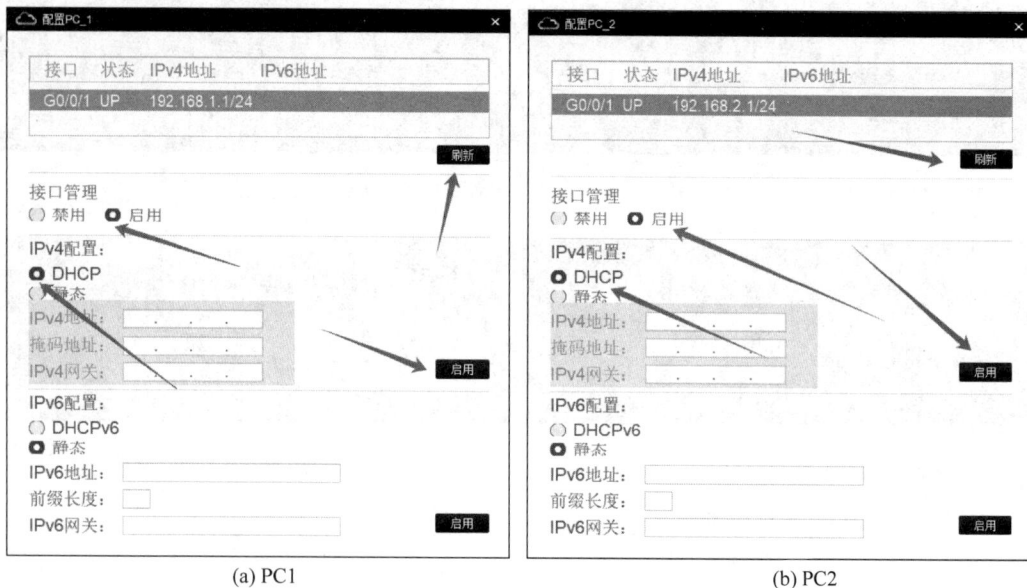

(a) PC1   (b) PC2

图 7-2-2　查看 DHCP 配置

7. 配置 OSPF

(1) 宣告直连网段。

路由器 R1 配置如下:

```
[R1]ospf 1 router-id 10.1.1.1
[R1-ospf-1]area 0.0.0.0
[R1-ospf-1-area-0.0.0.0]network 10.0.0.1 0.0.0.0
[R1-ospf-1-area-0.0.0.0]network 10.0.0.14 0.0.0.0
[R1-ospf-1-area-0.0.0.0]network 10.1.1.1 0.0.0.0
[R1-ospf-1-area-0.0.0.0]area 0.0.0.1
[R1-ospf-1-area-0.0.0.1]network 10.0.0.5 0.0.0.0
```

路由器 R2 配置如下:

```
[R2]ospf 1 router-id 10.1.1.2
[R2-ospf-1]area 0.0.0.0
```

```
[R2-ospf-1-area-0.0.0.0]network 10.0.0.2 0.0.0.0
[R2-ospf-1-area-0.0.0.0]network 10.0.0.18 0.0.0.0
[R2-ospf-1-area-0.0.0.0]network 10.1.1.2 0.0.0.0
[R2-ospf-1-area-0.0.0.0]area 0.0.0.1
[R2-ospf-1-area-0.0.0.1]network 10.0.0.9 0.0.0.0
```

路由器 R3 配置如下：

```
[R3]ospf 1 router-id 10.1.1.3
[R3-ospf-1]silent-interface g0/2
[R3-ospf-1]area 0.0.0.0
[R3-ospf-1-area-0.0.0.0]network 10.0.0.13 0.0.0.0
[R3-ospf-1-area-0.0.0.0]network 10.0.0.17 0.0.0.0
[R3-ospf-1-area-0.0.0.0]network 10.1.1.3 0.0.0.0
[R3-ospf-1-area-0.0.0.0]network 192.168.3.254 0.0.0.0
```

交换机 S1 配置如下：

```
[S1]ospf 1 router-id 10.1.1.11
[S1-ospf-1]silent-interface vlan 10
[S1-ospf-1]silent-interface vlan 20
[S1-ospf-1]area 0.0.0.1
[S1-ospf-1-area-0.0.0.1]network 10.0.0.6 0.0.0.0
[S1-ospf-1-area-0.0.0.1]network 10.1.1.11 0.0.0.0
[S1-ospf-1-area-0.0.0.1]network 10.1.2.1 0.0.0.0
[S1-ospf-1-area-0.0.0.1]network 192.168.1.252 0.0.0.0
[S1-ospf-1-area-0.0.0.1]network 192.168.2.252 0.0.0.0
[S1]int g1/0/4
[S1-GigabitEthernet1/0/4]port access vlan 111
```

交换机 S2 配置如下：

```
[S2]ospf 1 router-id 10.1.1.12
[S2-ospf-1]silent-interface vlan 10
[S2-ospf-1]silent-interface vlan 20
[S2-ospf-1]area 0.0.0.1
[S2-ospf-1-area-0.0.0.1]network 10.0.0.10 0.0.0.0
[S2-ospf-1-area-0.0.0.1]network 10.1.1.12 0.0.0.0
[S2-ospf-1-area-0.0.0.1]network 10.1.2.2 0.0.0.0
[S2-ospf-1-area-0.0.0.1]network 192.168.1.253 0.0.0.0
[S2-ospf-1-area-0.0.0.1]network 192.168.2.253 0.0.0.0
[S1]int g1/0/4
[S1-GigabitEthernet1/0/4]port access vlan 222
```

（2）OSPF 邻居验证。

R1：

```
[R2]dis ospf peer

        OSPF Process 1 with Router ID 10.1.1.2
            Neighbor Brief Information

 Area: 0.0.0.0
 Router ID        Address          Pri Dead-Time  State      Interface
 10.1.1.3         10.0.0.17        1   31          Full/DR    GE0/1
 10.1.1.1         10.0.0.1         1   37          Full/BDR   GE0/2

 Area: 0.0.0.1
 Router ID        Address          Pri Dead-Time  State      Interface
 10.1.1.12        10.0.0.10        1   39          Full/BDR   GE0/0
```

R2：

```
[R2]dis ospf peer

        OSPF Process 1 with Router ID 10.1.1.2
            Neighbor Brief Information

 Area: 0.0.0.0
 Router ID        Address          Pri Dead-Time  State      Interface
 10.1.1.3         10.0.0.17        1   31          Full/DR    GE0/1
 10.1.1.1         10.0.0.1         1   37          Full/BDR   GE0/2

 Area: 0.0.0.1
 Router ID        Address          Pri Dead-Time  State      Interface
 10.1.1.12        10.0.0.10        1   39          Full/BDR   GE0/0
```

R3：

```
<R3>sys
System View: return to User View with Ctrl+Z.
[R3]dis ospf peer

        OSPF Process 1 with Router ID 10.1.1.3
            Neighbor Brief Information

 Area: 0.0.0.0
 Router ID        Address          Pri Dead-Time  State      Interface
 10.1.1.1         10.0.0.14        1   31          Full/BDR   GE0/0
 10.1.1.2         10.0.0.18        1   32          Full/BDR   GE0/1
```

S1：

```
[S1-GigabitEthernet1/0/4]qu
[S1]dis ospf peer

        OSPF Process 1 with Router ID 10.1.1.11
            Neighbor Brief Information

 Area: 0.0.0.1
 Router ID        Address          Pri Dead-Time  State      Interface
 10.1.1.12        10.1.2.2         1   37          Full/DR    Vlan30
 10.1.1.1         10.0.0.5         1   33          Full/DR    Vlan111
```

S2：

```
[S2]dis ospf peer

        OSPF Process 1 with Router ID 10.1.1.12
            Neighbor Brief Information

 Area: 0.0.0.1
 Router ID        Address          Pri Dead-Time  State      Interface
 10.1.1.11        10.1.2.1         1   38          Full/BDR   Vlan30
 10.1.1.2         10.0.0.9         1   35          Full/DR    Vlan222
```

（3）在 R1 上配置默认路由引入 OSPF。

```
[R1]ip route-static 0.0.0.0 0 202.100.1.1
[R1]ospf 1 router-id 10.1.1.1
[R1-ospf-1]default-route-advertise
```

（4）在 S1 上查看是否有外部路由。

```
[S1]dis ip routing-table

Destinations : 34      Routes : 35

Destination/Mask   Proto    Pre Cost      NextHop        Interface
0.0.0.0/0          O ASE2   150 1         10.0.0.5       Vlan111
0.0.0.0/32         Direct   0   0         127.0.0.1      InLoop0
10.0.0.0/30        O_INTER  10  2         10.0.0.5       Vlan111
10.0.0.4/30        Direct   0   0         10.0.0.6       Vlan111
10.0.0.4/32        Direct   0   0         10.0.0.6       Vlan111
10.0.0.6/32        Direct   0   0         127.0.0.1      InLoop0
10.0.0.7/32        Direct   0   0         10.0.0.6       Vlan111
10.0.0.8/30        O_INTRA  10  2         10.1.2.2       Vlan30
10.0.0.12/30       O_INTER  10  2         10.0.0.5       Vlan111
10.0.0.16/30       O_INTER  10  3         10.0.0.5       Vlan111
```

8. 配置 Easy IP

在 R1 上配置 ACL 并在接口 GE5/0 上使能 NAT：

```
[R1]acl basic 2000
[R1-acl-ipv4-basic-2000]rule 0 permit source 192.168.1.0 0.0.0.255
[R1-acl-ipv4-basic-2000]rule 5 permit source 192.168.2.0 0.0.0.255
[R1]int g5/0
[R1-GigabitEthernet5/0]nat outbound 2000
```

9. 配置 telnet

路由器 R1 配置如下：

```
[R1]telnet server enable
[R1]local-user telnet class manage
[R1-luser-manage-telnet]password simple scyd123456
[R1-luser-manage-telnet]service-type telnet
[R1-luser-manage-telnet]authorization-attribute user-role level-15
[R1-luser-manage-telnet]qu
[R1]user-interface vty 0 4
[R1-line-vty0-4]authentication-mode scheme
[R1-line-vty0-4]user-role level-15
[R1-line-vty0-4]qu
[R1]acl basic 2001
[R1-acl-ipv4-basic-2001]rule 0 permit source 192.168.2.0 0.0.0.255
[R1]telnet server acl 2001
```

10. 验证测试连通性

PC1：

```
<H3C>ping -a 192.168.1.1 100.1.1.1
Ping 100.1.1.1 (100.1.1.1) from 192.168.1.1: 56 data bytes, press CTRL_C to break
56 bytes from 100.1.1.1: icmp_seq=0 ttl=253 time=1.967 ms
56 bytes from 100.1.1.1: icmp_seq=1 ttl=253 time=1.499 ms
56 bytes from 100.1.1.1: icmp_seq=2 ttl=253 time=1.750 ms
56 bytes from 100.1.1.1: icmp_seq=3 ttl=253 time=1.383 ms
56 bytes from 100.1.1.1: icmp_seq=4 ttl=253 time=1.836 ms

--- Ping statistics for 100.1.1.1 ---
5 packet(s) transmitted, 5 packet(s) received, 0.0% packet loss
round-trip min/avg/max/std-dev = 1.383/1.687/1.967/0.216 ms
<H3C>%Sep 23 12:00:38:281 2024 H3C PING/6/PING_STATISTICS: Ping statistics for 100.1.1.1
: 5 packet(s) transmitted, 5 packet(s) received, 0.0% packet loss, round-trip min/avg/ma
x/std-dev = 1.383/1.687/1.967/0.216 ms.
```

PC2：

```
<H3C>ping -a 192.168.2.1 100.1.1.1
Ping 100.1.1.1 (100.1.1.1) from 192.168.2.1: 56 data bytes, press CTRL_C to break
56 bytes from 100.1.1.1: icmp_seq=0 ttl=253 time=2.197 ms
56 bytes from 100.1.1.1: icmp_seq=1 ttl=253 time=2.031 ms
56 bytes from 100.1.1.1: icmp_seq=2 ttl=253 time=2.431 ms
56 bytes from 100.1.1.1: icmp_seq=3 ttl=253 time=1.329 ms
56 bytes from 100.1.1.1: icmp_seq=4 ttl=253 time=1.907 ms

--- Ping statistics for 100.1.1.1 ---
5 packet(s) transmitted, 5 packet(s) received, 0.0% packet loss
round-trip min/avg/max/std-dev = 1.329/1.979/2.431/0.369 ms
<H3C>%Sep 23 12:01:03:767 2024 H3C PING/6/PING_STATISTICS: Ping statistics for 100.1.1.1
: 5 packet(s) transmitted, 5 packet(s) received, 0.0% packet loss, round-trip min/avg/ma
x/std-dev = 1.329/1.979/2.431/0.369 ms.
```

PC3：

```
<H3C>ping -a 192.168.3.1 100.1.1.1
Ping 100.1.1.1 (100.1.1.1) from 192.168.3.1: 56 data bytes, press CTRL_C to break
Request time out
Request time out
Request time out
Request time out
Request time out

--- Ping statistics for 100.1.1.1 ---
5 packet(s) transmitted, 0 packet(s) received, 100.0% packet loss
<H3C>%Sep 23 12:01:45:829 2024 H3C PING/6/PING_STATISTICS: Ping statistics for 100.1.1.1
: 5 packet(s) transmitted, 0 packet(s) received, 100.0% packet loss.
```

PC1 和 PC2 都能通外网，PC3 被禁止。

7.2.4 任务总结

本次教学任务深入探讨了 H3C 网络设备中高可靠性技术的配置过程。通过实践操作，学生能掌握高可靠性技术的基本概念、工作原理以及配置步骤。

为了进一步提升网络配置能力和综合素质，可以在本次任务的基础上进行以下任务拓展。

（1）IRF 堆叠角色选举：新设备加入、堆叠分裂或两个堆叠合并，角色选举规则如下：①当前主设备优先；②成员优先级大的优先；③系统运行时间长的优先；④CPU MAC 小的优先。

（2）VRRP 的监视接口功能：如果配置了监视指定接口的功能，当连接上行链路的接口处于 Down 或 Removed 状态时，该路由器将主动降低自己的优先级，使得备份组内其他路由器的优先级高于这个路由器，以便优先级最高的路由器成为 Master 路由器，承担转发任务。

7.2.5 任务工单

工作任务单基础信息					
工单编号		工单名称	富华集团办公网络建设		
工单来源	教材配套	工单提供			
工单介绍	了解高可靠性技术				
工单环境	计算机一台，H3C Cloud Club				
接 单 人	班级：	姓名：		学号：	岗位：
团队成员	组长：	其他组员：			

续表　　　🕊️笔记

	工作任务单主体
任务介绍	李华是一家大型公司 A 的网络工程师,负责构建和维护公司的跨地域网络。目前公司新建一个分公司 B,为了保证分公司之间的网络通信,需要在它们各自的网络设备上进行配置,以确保分公司之间的路由信息能够正确交换,实现富华集团网络资源的互访。
预期目标	(1) 了解高可靠性技术的优势。 (2) 掌握高可靠性技术的使用方法。 (3) 成功使得公司 A 与公司 B 实现业务网络通信。
任务资讯 **(10 分)**	(1) 高可靠性技术之间的区别有什么? (2) 高可靠性技术有哪些优势? (3) 高可靠性技术适用什么场景?
任务计划 **(10 分)**	**子任务 1:认识高可靠性技术** **子任务 2:使用高可靠性技术** **子任务 3:测试及文档制作** 提示:项目计划仅作参考,请根据实际情况进行修改。
任务部署 **(10 分)**	项目实施前应联系管理老师安排场地,领取相关设施设备,严格按照实训室操作规范进行项目实施,完成项目后需要将所有设备设施恢复原位,资料规范存档,并将实训场地清理干净。
任务实施 **(50 分)**	**子任务 1:认识高可靠性技术** (1) 高可靠性技术的概念、功能。 (2) 高可靠性技术的配置。 **子任务 2:使用高可靠性技术** (1) 下载并安装 H3C Cloud Club。 (2) 熟悉 H3C Cloud Club 基本使用方法。 (3) 在 H3C Cloud Club 演示高可靠性技术配置过程,主要过程截图上传。 **子任务 3:测试及文档制作** **1. 测试功能** 按照设计要求测试功能。 **2. 制作用户使用说明书** 参考帮助说明,制作用户使用说明书,并交给同学进行测试。
任务总结 **(10 分)**	**1. 过程记录** | 序号	内容	思考及解决方法
---	---	---
			  2. 编写完成本项目的工作总结 **3. 答辩**

续表

🕊️笔记

工作任务单质量控制			
实施评价表	(与工作任务单主体部分相对应)		
	评分项	内容	思考及解决方法
	项目资讯(10分)		
	项目计划(10分)		
	环境部署(10分)		
	任务实施(50分)		
	任务总结(10分)		
	其他(10分)		
	合计		
教师评语			
综合能力评定	说明：使用者使用笔绘制，有条件的可以放入教学平台自动生成。		

内容	分数	综合能力评定雷达图
学习内容		
学习表现		
实践应用		
自主学习		
协助创新		

练习题

1. 关于配置 BPDU 和 TCN BPDU 的说法正确的有(　　)。

    A. 配置 BPDU 仅从指定端口发出，TCN BPDU 仅从根端口发出

    B. 配置 BPDU 通常仅由根桥周期性发出，TCN BPDU 除根桥外其他网桥都可能发出

    C. 配置 BPDU 通常仅从根端口接收，TCN BPDU 仅从指定端口接收

    D. Alternate 端口既不会发送配 BPDU 也不会发送 TCN BPDU

2. 关于 TCN BPDU 的产生，下列说法正确的有(　　)

    A. 启用 STP 的非根桥交换机如果某端口连接了 PC，当该端口进入 Forwarding 状态时，交换机不会产生 TCN BPDU

    B. 网络中某交换机的指定端口链路断掉，则该交换机一定会产生 TCN BPDU

    C. 网络中某交换机的 Alternate 端口链路断掉，则该交换机不会产生 TCN BPDU

D. 当交换机某端口选择为指定端口或根端口时,交换机会立即发送 TCN BPDU

笔记

3. 两台路由器通过局域网连接在一起,组成 VRRP 备份组,如果路由器 RTA 收到路由器 RTB 发送的 VRRP 协议报文,报文 Priority 字段 Auth Type 字段值为2,则(　　)。

A. 路由器 RTB 启用 VRRP V2 协议

B. 路由器 RTB 启用 VRRP V3 协议

C. 路由器 RTB 为 VRRP IP 地址拥有者

D. 路由器 RTB 启用了 VRRP 简单字符认证

4. 两台路由器通过局域网连接在一起,组成 VRRP 备份组,在各接口上的配置如下:

```
[RTA-GigabitEthernet1/0]display this
ip address 192.168.0.252 255.255.255.0
vrrp vrid 1 virtual-ip 192.168.1.254
vrrp vrid 1 priority 120
[RTB-GigabitEthernet1/0]display this
ip address 192.168.0.253 255.255.255.0
vrrp vrid 1 virtual-ip 192.168.1.254
```

从上述信息可以得知(　　)。

A. RTA 为备份组 Master 路由器

B. RTB 为备份组 Master 路由器

C. RTA、RTB 都处于 VRRP Initialize 状态

D. RTA、RTB 都处于 VRRP Master 状态

5. 两台路由器通过局域网连接在一起,组成 VRRP 备份组在各接口上对 VRRP 计时器配置如下:

```
[RTA-GigabitEthernet1/0]vrrp vrid 1 timer advertise 5
[RTB-GigabitEthernet1/0]vrrp vrid 1 timer advertise 5
```

VRRP 备份组1运行正常,RTA 为 Master,RTB 为 Backup,若设备运行一段时间后,路由器 RTA 故障,则路由器 RTB 从 Backup 变成 Master 的时间可能为(　　)秒。

A. 3　　　　　　　　B. 5　　　　　　　　C. 12　　　　　　　　D. 20

6. 在大型局域网中,网络被分为(　　)。

A. 核心层　　　　　　B. 汇聚层　　　　　　C. 接入层　　　　　　D. 管理层

7. 下列关于 RP 和 BSR 的说法正确的有(　　)。

A. PIM-SM 中 RP 可以通过手工指定,也可以通过动态选举

B. 配置 RP 通过动态选举时,可以把有意成为 RP 的路由器配置为 C-RP

C. 在一个 PIM-SM 域中只能有一个 BSR

D. BSR 负责在 PIM-SM 域收集并发布 RP 信息

8. 在大型局域网中,常用的链路备份技术有(　　)。

A. 链路聚合　　　　　B. STP　　　　　　　C. Smart Link　　　　D. RRPP

9. 组播组管理协议的机制主要包含(　　)。

A. 路由器维护组播组　　　　　　　　　　　B. 查询器的选举

C. 成员报告抑制机制　　　　　　　　　　D. 主机加入和离开组播组

10. 下列关于 PIMSM 中 RP 选择的表述,正确的有(　　　)。

A. 首先比较 C-RP 的优先级,优先级较高者获胜

B. 再比较 Hash 函数计算的哈希值,值较大者获胜

C. 最后比较 C-RP 地址,值较大者获胜

D. 最后比较 C-RP 地址,值较小者获胜

11. 下列关于 PIMSSM 的表述,正确的有(　　　)。

A. 为与 IGMP 早期版本兼容,PIMSSM 中接收者也使用 IGMP V2 发送加入消息

B. PIMSSM 与 PIMSM 类似,在主机发送加入消息后,设备向组播源方向发送
(∗,G)加入消息

C. 组播报文沿着组播源到接收者之间的 SPT 到达接收者

D. 与 PIMSM 相比,PIMSSM 不需要 RP,提高了报文转发效率

12. 下列关于 PIM 加入过程的表述,正确的有(　　　)。

A. PIMSSM 中 DR 的组播加入路径是从源到 DR 的最优转发路径

B. PIMSM 中 DR 的组播加入路径是从源到 DR 的最优转发路径

C. PIMSM 中 RP 的组播源加入路径是从源到 RP 的最优转发路径

D. PIMDM 中 DR 的组播加入路径是从源到 DR 的最优转发路径

13. 高可靠冗余网络设计的核心目标是(　　　)。

A. 最大限度地提高网络带宽

B. 最大限度地确保网络访问安全

C. 最大限度地避免网络单点故障的存在

D. 最大限度地降低网络管理复杂度

14. 下列技术中属于冗余备份技术中的链路备份技术的有(　　　)。

A. STP　　　　　　　B. RRPP　　　　　　C. Smart-Link　　　D. 动态路

E. 链路聚合

15. 通过查看 PIM 路由表项,可以了解到的内容有(　　　)。

A. (S,G)或(∗,G)表项的入接口　　　B. (S,G)或(∗:G)表项的上游邻居

C. (S,G)或(∗,G)表项的下游接口　　D. (S,G)或(∗:G)表项的老化时间

16. 下列技术中属于三层组播技术的有(　　　)。

A. PIM　　　　　　　B. IGMPSnooping　C. IGMP　　　　　　D. MVR

17. 关于 Voice VLAN 的工作模式,下列说法正确的有(　　　)。

A. Voice VLAN 的工作模式包含自动和手动两种

B. 自动模式下,系统会识别 IP Phone 发出的报文,如果匹配为语音报文,则将连
接 IP Phone 的端口加 Voice VLAN

C. 手动模式下,需要手工将 IP Phone 加入 Voice VLAN 中

D. 手动模式下,系统将不会向端口下发 ACL

18. 下列选项中,可用于身份认证的技术包括(　　　)。

A. 802.1X 认证　　　B. PortaL 认证　　　C. RADIUS　　　　　D. 包过滤

E. EAD

19. 关于优先级的映射和优先级的信任,下列说法正确的有(　　)。

A. 报文进入交换机端口后,会默认根据 802.1P 的优先级进入队列

B. 报文进入交换机端口后,会默认根据 DSCP 的优先级进入队列

C. 报文进入交换机后,如果要根据 802.1P 或 DSCP 值进入队列,则必须配置端口信任 802.1P 或 DSCP

D. 报文进入交换机端口后,默认会根据端口的优先级进入队列

20. 交换机的 MAC 地址表项可能包含(　　)。

A. MAC 地址　　　　B. 端口号　　　　C. VLAN ID　　　　D. 老化时间

E. IP 地址

21. 交换机 SWA、SWB 和 SWC 连接形如:SWA——SWB——SWC。三台交换机都正确配置了 GVRP 协议,以便互相通告 VLAN 信息,如果在 SWA 上手工创建 VLAN 2,下列描述正确的是(　　)。

A. SWA 马上向 SWB 发送第一个 Join 信息,再等待 Jointimer 时间发送第二个 Join 消息

B. SWA 等待 Holdtimer 时间向 SWB 发送第一个 Join 消息,再等待 Jointime 时间发送第二个 Join 消息

C. SWB 接收到第一个 Join 消息之后马上向 SWC 发送第一个 Join 信息,再等待 Jointime 时间发送第二个 Join 消息

D. SWB 接收到第一个 Join 消息之后等待 Holdtimer 时间向 SWC 发送第一个 Join 消息,再等待 Jointimer 时间发送第二个 Join 消息

22. 园区网的安全性应该考虑以下(　　)方面。

A. 有效识别合法和非法用户

B. 对网络设备、网络拓扑进行有效管理

C. 有效的访问控制

D. 对物理线路进行保护

23. 园区网中实施网络安全管理措施时,属于针对非法访问网络资源而部署的网络访问控制技术或措施的是(　　)。

A. 添加防火墙

B. 部署端点准入防御

C. Portal 认证

D. 添加 IAS 设备(Illegal Access System,非法访问系统)

24. 如果交换机的某个端口下同时开启了基于端口的 VLAN、基于 MAC 地址的 VLAN、基于协议的 VLAN 和基于 IP 子网的 VLAN,则默认情况下,VLAN 将按照(　　)顺序进行匹配。

A. 端口 VLAN　MAC　VLAN　协议 VLAN　IP 子网 VLAN

B. 端口 VLAN　IP 子网 VLAN　端口 VLAN　MAC　VLAN

C. MAC VLAN　端口 VLAN　协议 VLAN　IP 子网 VLAN

D. MAC VLAN　IP 子网 VLAN　协议 VLAN　端口 VLAN

笔记

笔记

25. 以下( )报文是 TACACS+的认证报文。

    A. Start   B. Request   C. Rsponse   D. Continue

26. ( )具有当用户物理位置移动时,即从一个交换机换到其他的交换机时,VLAN 不用重新配置的优点。

    A. 基于端口的 VLAN   B. 基于 MAC 地址的 VLAN

    C. 基于协议的 VLAN   D. 基于 IP 子网的 VLAN

27. 关于根桥保护,以下说法正确的有( )。

    A. 没有配置根桥保护时,根桥收到优先级更高的 BPDU 会失去根桥的地位

    B. 配置根桥保护后,端口收到了优先级高的 BPDU,这些端口的状态将被设置为 Listening 不再转发报文

    C. 端口会经历从 Listening 状态到 Forwarding 状态的转变,在此期间如果端口没有收到优先级更高的 BPDU 时,端口会恢复原来的转发状态

    D. 根桥保护在端口视图配置

28. 在 SNMP v1 的消息中,由 Agent 发往 NMS 的消息有( )。

    A. GetRequest   B. GetNextRequest   C. SetRequest   D. GetResponse

    E. Trap

29. 要通过 SNMP 查询某设备的 CPU 利用率,在执行查询动作之前,网络管理应用程序应该掌握( )。

    A. 设备的 SNMP 团体属性   B. 设备的管理 IP 地址

    C. 设备 CPU 利用率的 OID   D. 设备 CPU 利用率的实例 ID

30. 下列有关远程端口镜像描述正确的有( )。

    A. 远程端口镜像必须包含镜像源交换目的交换机

    B. 远程端口镜像的反射端口是必不可少的

    C. 远程端口镜像的 ProbeVLAN 应该禁止 MAC 地址学习

31. 在 NTP 客户端和服务器模式中,NTP 验证组合可以成功同步的是( )。

    A. NTP 客户端和服务器都使能验证

    B. NTP 客户端和服务器都未使能验证

    C. NTP 客户端使能验证,服务器端没有使能验证

    D. NTP 客户端未使能验证,服务器端使能验证

参 考 文 献

[1] 谢希仁.计算机网络[M].7 版.北京：机械工业出版社,2018.

[2] Andrew S.Tanenbaum(特南鲍姆).计算机网络[M].潘爱民,译.4 版.北京：清华大学出版社,2014.

[3] 吴功宜.计算机网络[M].2 版.北京：清华大学出版社,2017.

[4] 彼德森,戴维.计算机网络：系统方法[M].叶新铭,等译.北京：机械工业出版社,2015.

[5] 王卫亚,李晓莉,等.计算机网络：原理、应用和实现[M].北京：清华大学出版社,2016.

[6] 董吉文,徐龙玺.计算机网络技术与应用[M].北京：电子工业出版社,2015.

[7] 张连永,等.计算机网络基础应用教程[M].北京：清华大学出版社,2017.

[8] 谢希仁,李锟.计算机网络原理与实践[M].5 版.北京：人民邮电出版社,2017.

[9] 严文.网络传输协议原理与设计[M].北京：电子工业出版社,2017.

[10] 赵建华,祝建华.网络安全技术与实践[M].2 版.北京：人民邮电出版社,2018.

[11] 张恒.网络流量分析与应用[M].北京：电子工业出版社,2017.

[12] 张峰,杨明.计算机网络技术及应用[M].3 版.北京：清华大学出版社,2016.

[13] 马丽梅,徐峰.计算机网络安全与实验教程微课视频版[M].3 版.北京：清华大学出版社,2021.

[14] 周奇,何政伟,等.计算机网络习题与实验指导[M].北京：清华大学出版社,2018.

[15] 付阳光.计算机网络实训教程[M].3 版.北京：高等教育出版社,2014.

[16] 王志华,王琦.计算机网络实验指导书[M].2 版.北京：清华大学出版社,2018.